催化剂制备及催化剂
技术创新实践

张延兵◎ 著

吉林科学技术出版社

图书在版编目（CIP）数据

催化剂制备及催化剂技术创新实践 / 张延兵著. --
长春 : 吉林科学技术出版社，2021.8
ISBN 978-7-5578-8482-6

Ⅰ. ①催… Ⅱ. ①张… Ⅲ. ①催化剂—制备 Ⅳ.
①TQ426.6

中国版本图书馆 CIP 数据核字(2021)第 157122 号

催化剂制备及催化剂技术创新实践
CUIHUAJI ZHIBEI JI CUIHUAJI JISHU CHUANGXIN SHIJIAN

著	张延兵
出 版 人	宛 霞
责任编辑	李永百
幅面尺寸	185mm×260mm　1/16
字 数	397 千字
印 张	17.5
版 次	2022 年 8 月第 1 版
印 次	2022 年 8 月第 1 次印刷

出 版	吉林科学技术出版社
发 行	吉林科学技术出版社
地 址	长春市净月区福祉大路 5788 号
邮 编	130118
发行部电话/传真	0431-81629529　81629530　81629531
	81629532　81629533　81629534
储运部电话	0431-86059116
编辑部电话	0431-81629518
印 刷	北京四海锦诚印刷技术有限公司

书 号	ISBN 978-7-5578-8482-6
定 价	70.00 元

前 言

Preface

化学工业是国民经济的基础和支柱性产业，主要包括无机化工、有机化工、精细化工、生物化工、能源化工、化工新材料等，遍及国民经济建设与发展的重要领域。

催化是化学领域最活跃的分支之一，能源、环境及化学品生产过程大约90%是伴随催化过程进行的，化学工程的内涵可概括为"三传一反"，即动量传递、热量传递、质量传递和化学反应，其中化学反应是核心，随着化学工业的快速发展，化工产品的品种及其生产规模得到快速增长，催化剂在其中发挥了不可替代的作用。在现代化工的生产过程中，90%以上的生产过程需要催化剂，催化剂已广泛应用于化工产品制造、矿物燃料加工与使用、汽车尾气净化、工业尾气治理等诸多产业，催化剂及其催化技术被视为调控化学反应的核心技术，化工生产中的化学反应需要在反应器内完成，装填在反应器内的催化剂的物理和化学性能、宏观和微观结构等对化学反应过程的"三传"均会产生影响，进一步影响到催化反应的结果。由此，催化剂的制备以及催化反应过程中的失活与再生都应成为工业催化工程必须考虑的问题。

本书从催化剂的基础理论出发，介绍了催化剂的含义、分类等，然后由浅入深介绍了催化剂的制备原理、操作过程、评价等，最后拓展介绍了几种催化剂。

全书着力拓宽基础理论和应用实践，有较强的通用性，力求概念清晰、层次分明、简洁易懂，力争做到便于学生自学和培养自我获取知识的能力，本书可作为工业催化课程的参考书，适用于化学工程与工艺、能源化工和环境化工等专业的学生，也可为从事催化剂研发及工业应用的技术人员提供参考，希望本书的出版可以为我国催化剂的制备工作做出贡献。

由于作者水平有限，写作过程中难免有一些疏漏和不当之处，敬请赐教，以便完善。

目 录

Contents

第一章
催化剂的基础理论

第一节 催化剂及其催化作用

催化剂在工业上也称为触媒。根据理论化学与应用化学联合会提出的定义：催化剂是一种物质，它能够改变反应的速率而不改变该反应的标准 Gibbs 自由焓变化，这种作用称为催化作用，催化剂参与的反应为催化反应。

催化是靠用量较少且本身不消耗的一种叫作催化剂的外加物质来增大化学反应速率的现象。催化剂提供了把反应物和产物联结起来的一系列基元步骤，没有催化剂时，不发生这些过程，这样使反应按新的途径进行从而增大反应速率。催化剂参与反应，经过一个化学循环后再生出来。

一、催化作用的特征

同描述一个化学反应过程一样，催化作用作为一个催化剂参与的反应过程，可通过两个方面来描述：一是反应的可行性问题，属热力学范畴；二是反应速率问题，属动力学范畴。

化学反应在催化剂的作用下，通过改变反应路径，使化学反应所需的活化能降低，从而使反应易于进行。催化剂只加速热力学可行的反应，不能改变化学反应的热力学特征。

由化学反应的过渡态理论，反应的活化能表现为反应物初始状态和产物终态的能量差值。化学反应的热效应取决于反应物的基态与产物的基态，是正反应和逆反应活化能的差值。催化反应过程虽有路径的改变，但就一个催化循环中对应的反应物和产物的状态而言，催化反应与非催化反应是一致的，反应的热效应也相同。催化剂参与反应不改变反应的热效应。

化学反应是一个反应物分子化学键断裂，形成新的产物分子化学键的过程。在化学反应过程中伴随着参与反应的分子发生电子云重新排布。化学键的断裂和重新形成均需要一定的能量，即活化能。在催化剂的作用下，通过改变化学反应的路径从而减小了反应的活化能，使反应速率得以加快。通常在较低能量下需要较长时间才能完成的化学反应，在催化剂的作用下只需较少的能量即可快速实现化学反应。

催化剂能同时加速正反应和逆反应过程。催化剂对正、逆反应速率常数增加的倍数相同，反应的平衡常数不变。对于正反应速率和逆反应速率来说，它们不仅与速率常数有关还与浓度有关。在远离平衡的状态下催化剂对正反应和逆反应速率的增加程度不同。由于正反应和逆反应速率的增加，在反应的进程中催化剂可使到达反应平衡的时间缩短。当反应达到平衡状态时，正反应和逆反应速率相等，催化剂参与反应不改变反应的平衡状态。

根据化学反应微观可逆性原理，正反应与逆反应总是沿着相同的反应路径进行。依据催化作用的这些特性，在评价催化剂性能时可通过研究逆反应来进行。如通过研究 CH_3OH 分解为 CO 和 H_2 的反应，来筛选和评价 CO 和 H_2 合成 CH_3OH 的催化剂。

以 N_2 和 H_2 反应合成 NH_3 为例说明催化作用的特征。N_2 分子的解离能为 942 kJ/mol，H_2 分子的解离能为 431 kJ/mol，生成 NH 键的能量为 386 kJ/mol。N_2 的解离活化是关键，动力学研究表明 N_2 的吸附活化是反应的控制步骤。若 N_2 和 H_2 解离形成活化态的 N 和 3H，则需要克服 1 118 kJ/mol 的能量。以此计算，如形成 NH 和 2H 需要 732 kJ/mol，形成 NH_2 和 H 需要 346 kJ/mol，生成产物 NH_3 可释放总的能量为 40 kJ/mol。

$1/2N_2$ 和 $3/2H_2$ 反应生成 1 mol NH_3 的总键能为 40 kJ/mol，实测反应热为 46 kJ/mol（$-\Delta H_{298}$）。反应自由能的变化约为 -33.5 kJ/mol。从反应热力学判定该反应在常温常压下可以自发地进行。计算得出在 20 MPa 压力和 600℃ 温度下可得 8%NH_3。

在没有催化剂参与的条件下，NH_3 合成过程中克服如此高的活化能使反应物分子活化几乎是不可能的。实际上，如将 N_2 和 H_2 按化学式计量比混合，常温常压下长时间放置几乎不生成氨。反应活化能是一个客观存在。较大的反应活化能使得具有自发反应倾向的热力学可行的反应体系，虽然远离平衡状态，具有较大反应推动力，但其反应速率依然非常缓慢。

N_2 和 H_2 在 Fe 催化剂上合成 NH_3 的反应历程描述如下，其中 σ 为催化剂表面的吸附位。

$$N_2 + 2\sigma \rightleftharpoons 2N-\sigma$$

$$H_2 + 2\sigma \rightleftharpoons 2H-\sigma$$

$$N-\sigma + H-\sigma \rightleftharpoons NH-\sigma$$

$$NH-\sigma + H-\sigma \rightleftharpoons NH_2-\sigma + \sigma$$

$$NH_2-\sigma + H-\sigma \rightleftharpoons NH_3-\sigma + \sigma$$

$$NH_3 - \sigma \rightleftharpoons NH_3 + \sigma$$

在 Fe 催化剂的作用下反应路径发生改变，其中 N_2 的吸附活化仍然是控制步骤，但该步骤所需的活化能只需要 50.2 kJ/mol。500℃下，催化剂参与反应使反应的速率增加 3×10^{13} 倍。由此可见，活化能的降低使合成 NH_3 的反应得以顺利进行。

二、催化循环

化学反应在催化剂的作用下，反应物种在催化剂的活性位或活性中心上发生弱的化学吸附，促使反应物分子间化学键断裂，形成产物分子新的化学键。在完成化学反应后催化剂又回到了初始的状态，即完成一个"催化循环"。能否形成催化循环可以作为一个反应过程是不是催化反应的依据。催化剂参与反应，在经历一个催化循环后催化剂可恢复到初始的状态。

以水煤气变换反应为例说明催化循环。水煤气变换（WGS）为合成氨的反应提供 H_2 源，为煤制油合成反应、合成甲醇反应等提供适宜 H/C 比的合成气。水煤气变换反应如下：

$$H_2O + CO = H_2 + CO_2 \qquad (1-1)$$

在催化剂作用下，水煤气变换反应历程为：

$$H_2O + \sigma \rightleftharpoons H_2 + O - \sigma$$

$$O - \sigma + CO \rightleftharpoons CO_2 + \sigma$$

如在 Pt 催化剂作用下乙烯氧化制环氧乙烷，反应式表示为 $2C_2H_4 + O_2 \rightarrow 2C_2H_4O$。催化反应经历反应物 C_2H_4 和 O_2 的吸附（步骤1）和（步骤2）、表面反应（步骤3）和产物脱附（步骤4）四个步骤完成催化循环。催化反应过程表示为：

$$C_2H_4 + \sigma \rightleftharpoons C_2H_4 - \sigma \qquad (步骤1)$$

$$O_2 + 2\sigma \rightleftharpoons 2O - \sigma \qquad (步骤2)$$

$$C_2H_4 - \sigma + O - \sigma \rightleftharpoons C_2H_4O - \sigma + \sigma \qquad (步骤3)$$

$$C_2H_4O - \sigma \rightleftharpoons C_2H_4O + \sigma \qquad (步骤4)$$

催化反应可被认为是在催化剂表面活性位上进行的。催化剂的活性位具有某种特定的结构，可以是某种原子、离子、原子簇或配位络合物等。在催化剂表面活性位上反应物种能够产生一定强度的化学吸附。一般地，作为活性位的原子和离子具有配位不饱和的构型，易于与被吸附物种形成一定强度的化学键。活性位随催化剂及其所催化的化学反应而异，同一催化剂上可存在多种功能活性位。如酸碱催化剂上的 B 酸中心和 L 酸中心均可作为催化反应的活性位，重整催化剂 Pt/Al_2O_3 具有金属催化和酸碱催化双功能活性位。活性位的浓度与活性组分的比表面积呈正向比例，但又不等同于活性组分的比表面积。具有相同比表面积的催化剂上的活性位的浓度不一定相同，活性位的产生与催化剂的制备紧密相关。

催化剂活性位的微观几何结构，如晶格及晶面，被吸附物种的分子构象，活性位与被吸附物种间成键能力的差别等因素会影响反应物种的吸附。正由于这些因素的作用，催化剂在参与反应的过程中具有定向改变反应路径的专一特性，即具有选择性地促进某个化学反应的选择性。

活性位是反映催化能力的重要概念。在一定的温度、压力和反应物料组成条件下，单位时间内单位活性位上发生催化反应过程的次数或称转换频率可用于表征催化剂的催化活性。工业上常用一定条件下的转化率来表征和评价催化剂的活性。显然转化率的大小与操作条件和所选择的反应器型式有关，如当增大反应空速时，反应物料在反应器内的停留时间缩短，造成转化率下降，但这不表明活性位的催化活性下降。

催化剂经历一个催化循环后恢复到初始的状态，也就是说催化剂的微观结构、纹理组织和化学组成均恢复到初始的状态。实际上，催化剂在参与反应的过程中会发生微小的变化，如活性组分的表面组成与本体组成发生迁移、晶格结构发生变化，表面被污染而变得粗糙、活性位被污染物所覆盖以及与毒物分子生成稳定的化学键等。这些变化与催化剂的稳定性和反应条件有关，严重时催化剂由于发生这些变化而失去活性。工业上利用催化剂在反应过程中活性位变化的特性，可在反应初期将活性高而不稳定的活性位消除，以达到催化剂稳定反应的目的。

严格来说，只有具有催化循环特征的物质才被称为催化剂。虽然有些物质在反应中起到加速反应的作用，但本身不参与反应或在反应后不能恢复到初始的状态，这些物质不能被称为催化剂。如链式反应的引发剂和加速煤炭燃烧过程的微量金属盐类物质不应属于催化剂。一般情况下，催化剂改变反应速率均指加速反应。使化学反应加快的为正催化剂，使化学反应减慢的为负催化剂，也称缓化剂或抑制剂。

三、 催化作用的增强

温度、光照、微波、电磁波等外加的能量可以提供化学反应所需的活化能。提高温度是克服化学反应活化能常见的形式。提高温度可使参与反应的分子获得足够的能量，以满足反应所需的活化能，使反应的分子成为活化分子而参与反应。当反应温度较低时反应进行得缓慢，而当反应温度升高时反应加快。一般以反应速率表征反应进行得快慢，其中反应速率常数表征了温度对反应速率的影响。反应速率常数、活化能和温度的关系用 Arrhenius 经验式表示，当温度升高时，反应速率常数增加，说明反应速率加快。

$$k = Ae^{-E/RT} \tag{1-2}$$

在实际的化工生产过程中，温度和压力是常见的操作条件。一般情况下，为了提高反应速率，往往通过提高反应温度的方法来解决。提高反应温度虽然可以提高反应速率，但也会产生一些不利的影响。如对于可逆放热反应，正反应的活化能小于逆反应的活化能，提高温度可使逆反应速率加快更多，这不利于化学平衡状态向生成产物方向移动。受平衡转化率的限制，反应难以得到更大的转化率，产物的收率会降低。当反应体系总的化学计量数变小时，增加反应体系的压力有利于反应的平衡状态向生成产物的方向移动。压力的增加会弥补反应温度对平衡带来的不利影响。

如 H_2 和 N_2 反应合成 NH_3 的反应，由反应物到产物总的化学计量系数减小，增加压力有利于平衡状态向产物偏移。当提高反应温度不利于平衡状态向产物偏移时，可采取增加压力的措施来降低反应温度带来的不利影响。

第二节　催化剂的分类

催化反应体系一般可分为多相催化、均相催化和生物酶催化，所对应的催化剂为多相催化剂、均相催化剂和生物催化剂。

多相催化是指反应物料所处的相态与催化剂不同。如气固催化、液固催化和气液固三相催化体系，其中催化剂多为固相。工业应用的固相催化剂按其作用原理分为四种类型：固体酸碱催化剂、金属催化剂、负载型过渡金属催化剂、过渡金属氧化物和硫化物催化剂。多相催化体系容易实现反应体系中催化剂的分离，工业生产中多采用固相催化剂。均相催化体系也有多相化的倾向。

均相催化剂和所催化的反应物料处于同一种相态——固态、液态或气态。均相催化剂主要有包括 Lewis 酸、碱在内的酸碱催化剂和可溶性过渡金属化合物（或络合物）两大类，也有少数非金属分子作为均相催化剂，如 I_2 和 NO 等。均相催化剂在反应体系中以分子或离子的形式起催化作用。与多相催化剂相比，均相催化剂活性中心及其性质相对均一。如有机化合物的酸碱催化反应是通过正碳离子机理进行的。过渡金属化合物催化剂是通过络合作用使反应分子的基团活化，促进反应的进行。活性中心通过极化作用或形成络合着的自由基，使反应分子在配位上进行反应，即络合催化或配位催化。催化剂也可通过引发自由基产生而促进反应的进行。

生物酶催化是通过生物酶的作用，在生物体内实现新陈代谢和能量转换。酶可在细胞内或细胞外起到催化作用。由此，酶经过培养和生成后可作为催化剂应用于特定的反应过程。生物酶催化剂的催化活性和选择性远高于化学催化剂。酶催化速率慢、针对特定反应过程的酶的培养和筛选、酶的生存环境等制约了酶的更大范围、更广领域的应用。生物催化剂所表现出来的良好性能，对化学催化剂的研发起到启发和示范作用。近年来固定化酶催化技术受到研究者的重视，在工业生产过程中逐渐得到广泛的应用。

第三节　催化剂的组成及作用

工业应用的固相催化剂一般由主催化剂、助催化剂或共催化剂和载体三部分组成。

一、主催化剂

主催化剂是指催化剂的活性组分，也称主剂。活性组分是起催化作用的主要组分。例如合成氨催化剂的组分有 a-Fe、Al_2O_3 和 K_2O，其中对合成氨反应起到催化作用的活性组分是 a-Fe，是主催化剂。又如费托合成催化剂中的 Fe、SO_2 氧化成 SO_3 催化剂中的 V_2O_5 等都是主要组分。也有催化剂具有双活性中心，如 Pt 重整催化剂中 Pt 和载体 Al_2O_3 均起到催化作用。

二、助催化剂

助催化剂简称助剂，也称促进剂。助催化剂可以有效地改善主催化剂的耐热性、耐水性、抗毒性及强度等物理和化学性能，从而提高催化剂的活性、选择性、稳定性和使用寿命。根据助催化剂组分的物理、化学性质及其作用，助催化剂可分为结构性助剂和电子调变性助剂。

结构性助剂一般具有较高的熔点，耐热性和耐水性能较好，有助于分散和隔离催化剂活性组分，增大催化剂活性组分的比表面积，在反应过程中能防止或延缓活性组分的集聚和烧结，对催化剂活性组分起到稳定微晶晶粒的作用。

电子调变性助剂有碱金属、碱土金属和稀土金属及其氧化物。调变性助剂通过改变主催化剂组分的电子结构，从而提高催化剂的活性和选择性等性能。一般情况下，通过控制制备条件使助剂与主催化剂组分形成合金化，从而使主催化剂的电子结构的次外层轨道电子的充填发生变化，有利于主催化剂组分与反应分子之间的吸附或成键作用，从而提高主催化剂的催化性能。

助催化剂的加入可使主催化剂活性组分晶面的原子排列无序化，增大其晶格缺陷的现象，从而有利于催化活性的提高。助催化剂可以通过改变催化剂的孔道结构、孔径及其分布，改善反应分子在催化剂内部的扩散，以改善催化剂的反应性能。

助催化剂有一适宜的加入量，加入量过小对催化剂性能的提高不显著，但加入量过大，反而会降低催化剂的性能，如催化反应活性。助催化剂的加入对催化剂的性能起到的促进作用受到研究者的重视，成为提高催化剂性能研究的热点。助催化剂多种多样，其作用机理也有待研究。

有时助催化剂不能与主催化剂形成合金化结构，通过与主催化剂的协同作用表现出较好的助催化性能。如富氢气氛中选择性氧化 CO 的 CuO 催化剂，单独使用 CuO 时，易被还原成还原态 Cu 而失去催化活性。当加入助剂 CeO_2 时，催化剂表现出较好的稳定性和使用寿命。

三、 催化剂载体

可作为催化剂载体的一般是具有适宜孔结构和表面性能的高熔点金属氧化物。载体可赋予催化剂具有基本的物理结构，如催化剂的孔结构、比表面积、外观形貌、机械强度等。催化剂的载体多用于负载型催化剂。载体为主催化剂和助催化剂组分提供了可负载的表面，为催化剂组分的高度分散提供了条件。载体对主剂和助剂起到分散和微晶稳定的作用，可减少主剂的使用量，尤其是贵金属催化剂。载体可分为惰性载体和活性载体。一般来说，包括载体在内催化剂中的组分都不是惰性的。如果载体与主催化剂和助剂之间有相互的作用，则对催化性能有影响。当催化剂载体不同时，对于同一反应所表现出来的催化剂性能也不同。

载体的作用与助剂的作用有类似之处。载体的表面性能对主剂和助剂能起到作用，如载体表面的酸碱性、电负性等，对载体与主剂和助剂之间的结合力以及主剂的电子结构产生影响，从而影响其催化性能。适宜的载体有助于提高催化剂的活性、稳定性和选择性。与催化剂活性组分和助剂的优选一样，载体成分的选择、载体孔结构的调制、多组分掺杂对载体微观结构的改变以及表面性能的修饰等方面，在高效催化剂的研发中都非常重要。

四、 催化剂的表示方法

催化剂的表示方法一般有：①以催化剂组分表示的方法。如合成氨催化剂 $Fe-K_2O-Al_2O_3$、合成甲醇催化剂 $CuO-ZnO-Al_2O_3$，这种表示方法表示催化剂中各组分处于混合状态。合成氨催化剂采用熔融法制备，如合成甲醇催化剂采用共沉淀制备。加氢脱硫催化剂 $Co-Mo/\gamma-Al_2O_3$，表示 Co-Mo 为主剂和助剂，$\gamma-Al_2O_3$ 为载体。这种表示方法表示浸渍法制备的负载型催化剂，主剂和助剂负载于载体上。②以各组分及其含量表示的方法，可以质量分数或质量比表示，也可以原子分数或原子比表示。如合成甲醇催化剂以原子质量比表示为 Cu：Zn：Al = 2：1：15。如甲烷燃烧催化剂表示为 2%Pd-1%Pt/Al_2

O_3 的质量为基准，含 Pd 和 Pt 原子质量分数分别为 2% 和 1%。2%PdO-1%PtO/Al_2O_3 表示以 Al_2O_3 的质量为基准，含 PdO 和 PtO 质量分数分别为 2% 和 1%。有时也以整个催化剂的质量为基准。

催化剂组分和组成的这些表示方法，不表示催化剂在使用条件下的形态和量，只表示催化剂上存在的组分或元素及其含量的相对值。可依据催化剂各组分含量的值计算催化剂制备时所用原料的量及浓度。如应用等体积浸渍法将 $H_2PtCl_6 \cdot 9H_2O$、$PdCl_2$ 的溶液浸渍到载体 Al_2O_3 上制备 2%PdO-1%PtO/Al_2O_3 催化剂。可依据 Al_2O_3 的吸水率和 Al_2O_3 上以氧化态 PdO 和 PtO 计的负载量，分别计算出 H_2PtCl_6-$9H_2O$、$PdCl_2$ 溶液的浓度。经浸渍法制备后，可使其符合催化剂上各组分含量的相对值。由于浸渍过程中存在竞争吸附和制备过程中浸渍时间以及物质迁移等因素的影响，需要结合一定的含量测试，修正初步计算的原料浓度后，将制备条件确定下来。

第四节　工业催化剂的一般要求

工业应用中，催化剂的反应性能主要包括催化剂的活性、选择性、稳定性和寿命等；物理性能主要包括催化剂的形状、尺寸、强度、孔径及分布、比表面积、孔容、堆密度、颗粒密度等。

一、催化剂的活性

催化剂的活性也称催化活性，理论上是指催化剂对反应加速的能力。催化活性越高相应地催化反应速率越快。催化活性与催化反应的活化能有关，若催化剂使反应的活化能降低，则相应地催化活性越高。高的催化活性可以使单位生产时间内得到更多的产物，高活性的催化剂是催化反应的基础。

工业应用中，催化活性常以转化率表征，以转化率反映催化剂对反应物的转化能力。转化率即在一定的温度、压力和反应物流速或空速条件下，反应物经过催化反应器所能达到的转化程度。一般情况下，转化率以反应体系中某一关键反应物组分经历反应器后物质的量变化的相对值来表示。

$$x_A = \frac{n_{Ao} - n_A}{n_{Ao}} \tag{1-3}$$

其中，x_A 表示 A 组分的转化率；n_{Ao} 和 n_A 分别表示 A 组分进出反应器的物质的量，以摩尔数计。

对于循环反应器，转化率有单程转化率和全程转化率之分，表征催化反应活性的转化率多以单程转化率计算。

二、 催化剂的选择性

复合反应体系同时存在若干个反应时，催化剂应有选择性地加速能够生成目的或目标产物的反应，抑制副反应的进行。这种有选择性地加速复合反应体系中的某一个反应的性能，即催化剂的选择性。由于复合反应体系往往有副反应发生，由关键组分转化为目标产物只是其中的一部分，因此说，选择性总是小于100%。

工业应用中，选择性可表示为生成目的产物所消耗的关键组分的量与关键组分的转化量之比，如式（1-4）所列。产率表示为生成目的产物所消耗的关键组分量与关键组分初始量之比。依据转化率、产率和选择性的关系，也可以表示为目标产物的产率与关键组分的转化率之比，如式（1-5）所列。为了表达反应过程中选择性随反应进程的变化，可用反应速率来表达瞬时选择性，从而得出反应过程中温度和浓度对选择性的影响，如式（1-6）所列。

$$S = \frac{生成目的产物所消耗的关键组分量}{关键组分的转化量} \qquad (1-4)$$

$$S = \frac{Y}{x} \qquad (1-5)$$

$$S_P = |\mu_{PA}| \left| \frac{R_P}{R_A} \right| \qquad (1-6)$$

式中，S、Y、x 分别表示选择性、产率或收率、转化率；R_P、R_A 分别表示目的产物 P 的生成速率和关键组分 A 的转化速率；μ_{PA} 表示生成 1 mol P 所消耗的 A 的物质的量数。

瞬时选择性也称点选择性或微分选择性。依此可以分析反应器操作条件，如温度和浓度对选择性的影响。如温度一定时，反应物浓度对瞬时选择性的影响与主副反应的反应级数有关。一般地，当主反应的反应级数大于副反应的反应级数时，增大反应物浓度有利于提高瞬时选择性；当主副反应的反应级数相等时，浓度的改变对瞬时选择性无影响。温度对瞬时选择性的影响取决于主副反应的活化能。当主反应的活化能大于副反应的活化能时，提高反应温度有利于提高瞬时选择性；当主副反应的活化能相等时，反应温度的变化对瞬时选择性无影响。

催化反应中选择性与催化剂及催化反应历程有关，也与催化反应条件和反应器的选择有关。后者涉及反应动力学和反应工程的问题，如乙烯部分氧化制备环氧乙烷。工业上采用乙烯气相直接氧化法生产环氧乙烷，所用催化剂为负载 Ag 催化剂。乙烯的环氧化反应是放热反应。主要反应式如下：

$$CH_2\!=\!CH_2 + \frac{1}{2}O_2 \longrightarrow CH_2\!-\!CH_2 \quad \underset{O}{\diagdown}$$

$$(1-7)$$

主要的副反应是强放热的深度氧化反应：

$$CH_2\!=\!CH_2 + 3O_2 \longrightarrow 2H_2O + 2CO_2$$

$$2CH_2\!-\!CH_2 + 5O_2 \longrightarrow 4H_2O + 4CO_2$$

$$(1-8)$$

Ag 催化剂表面上氧的吸附态有 O_2^-、O^- 和 O^{2-}，而乙烯不吸附。反应的控制步骤为：

$$CH_2\!=\!CH_2 + O_2^- \longrightarrow CH_2\!-\!CH_2 + O^-$$

$$(1-9)$$

$$6O^- + CH_2\!=\!CH_2 \longrightarrow 2H_2O + 2CO_2$$

由主反应产生的 O^- 不可避免地导致副反应的发生。由催化作用机理得到的环氧乙烷的最大选择性为 6/7，即 85.7%。

由于乙烯环氧化反应过程中存在着平行的和连串的副反应，且主反应和副反应的反应级数、活化能以及反应速率不同，因此反应过程中的瞬时选择性必然会受到反应温度、反应物浓度以及反应器类型和反应器操作方式的影响。通过对瞬时选择性影响因素的分析，可以提供优化反应条件及反应器操作条件的基础。

一般情况下，复合反应中的主反应的反应级数小于副反应的反应级数时，较低的反应物浓度有利于选择性的提高，生成目的产物的比例更大，不利的一面是浓度降低会使反应速率减小，一定的空速条件下其转化率降低。反之，当主反应级数大于副反应级数时，增大反应物浓度则有利。反应物浓度的控制除了改变原料浓度外，催化剂的孔结构以及孔内扩散也是影响反应物浓度的一个方面。由于受到孔内扩散阻力的作用，反应物在内孔的扩散会降低进入内孔的反应物浓度。催化剂的适宜的孔结构有助于催化反应选择性的提高。

从反应温度的角度看，当主反应的活化能小于副反应的活化能时，降低反应温度对复合反应的选择性有利，但会降低反应速率。反之，当主反应的活化能大于副反应的活化能时，提高温度则有利。另一方面，对于可逆放热反应，过高的反应温度对反应的平衡状态产生不利影响。

显然，在转化率相同时，选择性能越好的催化剂可以得到更多的目的产物，生产的效益更高。同时，也有利于减小产物后续的分离负荷以及环保的处理。但影响选择性的因素是多方面的，需要依据具体的情况而定。

三、 催化剂的稳定性

催化剂的稳定性是指催化剂在使用过程中催化剂稳定参与反应的性能。如果催化剂在参与反应的过程中其微观结构和宏观的性质发生了变化，那么在后续的反应中其活性及选择性会发生变化，催化剂的这种性能称为催化剂的稳定性。

催化剂的稳定性与其微观结构、化学性质、物理性质及宏观性质有关。催化剂在使用过程中，其活性组分的化学组成、化合价态、微晶或晶粒的分散度、催化剂宏观颗粒的完整性和微孔结构的变化等均对催化剂的反应性能产生影响。

一般情况下，催化反应过程在高温、高压和高湿的条件下进行，催化剂活性组分的化学组成及其化合状态随着反应的进行会发生变化；催化助剂也会产生"流失"现象；活性组分的微晶产生聚集或烧结现象；反应物中往往含有杂质，某些杂质分子与活性中心有强烈的结合作用使催化剂中毒；某些杂质分子会覆盖活性中心；催化反应中的积炭也会沉积在催化剂表面覆盖活性中心；催化剂受摩擦、冲击、床层的重压等作用会产生破裂或粉化，不仅使床层阻力增大，而且使催化剂颗粒微孔堵塞。以上这些都可能使催化剂反应性能发生变化，降低催化剂的稳定性。催化剂稳定性降低的直接反映是催化反应活性的降低。

工业应用中，催化剂的稳定性以一定的温度、压力和空速条件下反应的转化率随时间的变化来表征。当反应的转化率随时间稳定时，表示催化剂及催化反应具有较好的稳定性。

四、 催化剂的寿命

催化剂的寿命是指在一定的反应条件下维持催化剂的反应活性和选择性的使用时间。催化剂的寿命与催化剂的稳定性密切相关。一般来说，稳定性良好的催化剂也具有较长的寿命。工业上将催化剂自投入运行至更换所经历的时间称为催化剂的寿命。在使用过程中，以催化剂的转化率衡量催化剂的反应活性，当催化剂的活性降低至起始值的一半时所经历的时间，确定为催化剂的寿命。

影响催化剂稳定性的因素均影响到催化剂的寿命。影响催化剂活性的诸因素可以分为两种类型：一类是催化剂活性的降低是不可逆的，即不能通过催化剂的再生而恢复活性，这时催化剂的活性随着反应的时间逐渐降低；另一类是催化剂的活性可以通过再生处理而得以恢复。如催化剂在反应过程中的积炭，可以通过燃烧的处理方法将积炭的全部或部分消除，使催化剂恢复活性。再生后的催化剂的稳定性虽然受到影响，但催化剂的寿命可以延长。从这个意义上说，催化剂的寿命可分为单程寿命和全程寿命。

　　催化剂的寿命除受催化剂的结构和性质影响外，还受到反应物的净化、反应温度和压力的控制、反应气氛的调控等因素的影响。催化反应过程中反应条件的优化和控制是延长催化剂寿命的重要方面。在催化反应的运行中，尽可能地保持催化反应的稳定性和延长催化剂的寿命对保证大型化生产过程的稳定性和稳定产品的质量尤为重要。催化剂的成本往往占主要部分，高稳定性和长寿命的催化剂有利于降低运行和维修成本。

第二章　催化剂与催化作用

第一节　催化剂分类

一、按聚集状态分类

世界万物最直观的就是它们的聚集状态，因为催化剂是一种物质，所以最早的催化剂分类便是以其所处聚集状态来考虑，即分为气、液、固三种，涵盖了从最简单的单质分子到复杂的高分子聚合物及生物质（酶）的所有催化剂。从理论上分析，催化剂有三态，反应物是三态独存或几种状态的混合，两者交叉匹配会出现许多组合方式。

这种分类方式存在明显的缺点。在以聚集状态为标准的分类中不再有均相、非均相催化剂之分；从三态来对催化剂分类并不能反映出催化剂作用于反应的化学本质和内在联系，且过于笼统，不能反映出人们对催化剂实质认识的有用信息。另外，实用催化剂的研发越来越趋向于复杂聚集体方向发展，这对于采用聚集状态分类的方法来说存在很大困难。

二、按元素周期律分类

元素周期律把元素分为主族元素（A）和副族元素（B）。用作催化剂的主族元素多以化合物形式存在。主族元素的氧化物、氢氧化物、卤化物、含氧酸及氢化物等由于在反应中容易形成离子键，主要用作酸碱型催化剂。但是Ⅳ~Ⅵ主族的部分元素，如锡、锑和铋等氧化物也常用作氧化还原型催化剂。而副族元素无论是金属单质还是化合物，由于在反应中容易得失电子，主要用作氧化还原型催化剂，特别是第Ⅷ过渡族金属元素和它的化合物是最主要的金属催化剂、金属氧化物催化剂和络合物催化剂。但是副族元素的一些氧化物、卤化物和盐类也可用作酸碱型催化剂。这种根据元素周期律对催化剂进行分类的方法，能使人们认识催化剂的本质，对了解催化剂的催化作用是有益的。

第二节 固体催化剂的组成

工业催化过程中使用固体催化剂是最普遍的。固体催化剂的组成从成分上可分为单组分催化剂和多组分催化剂。单组分催化剂是指催化剂由一种物质组成，如用于氨氧化制硝酸的铂网催化剂。单组分催化剂在工业中应用得较少，因为单一物质难以满足工业生产对催化剂性能的多方面要求。而多组分催化剂使用较多。多组分催化剂是指催化剂由多种物质组成。根据这些物质在催化剂中的作用可分为主催化剂、共催化剂、助催化剂和载体。

一、 主（共） 催化剂 （活性组分）

主催化剂是催化剂的主要成分——活性组分，这是起催化作用的根本性物质。顾名思义，催化剂中若没有活性组分存在，就不可能起催化作用。例如：在合成氨催化剂中，无论有无 K_2O 和 Al_2O_3，金属铁总是有催化活性的，只是活性稍低、寿命稍短而已。相反，如果催化剂中没有铁，催化剂就一点活性也没有。因此，铁在合成氨催化剂中是主催化剂。再如：加氢常用的 Ni/Al_2O_3 催化剂，其中 Ni 为主催化剂，没有 Ni 就不能进行加氢反应。有些主催化剂是由几种物质组成，但其功能有所不同，缺少其中之一就不能完成所要进行的催化反应。共催化剂是与主催化剂同时起催化作用的物质，二者缺一不可。

二、 助催化剂

助催化剂是催化剂中具有提高主催化剂活性、选择性，改善催化剂的耐热性、抗毒性、机械强度和寿命等性能的组分。虽然助催化剂本身并无活性，但只要在催化剂中添加少量助催化剂，即可达到明显改进催化剂性能的目的。助催化剂通常又可细分为以下几种：

（一）结构型助催化剂

结构型助催化剂能增强催化剂活性组分微晶的稳定性，延长催化剂的寿命。通常工业催化剂都在较高反应温度下使用，本来不稳定的微晶，此时很容易被烧结，导致催化剂活性降低。结构型助催化剂的加入能阻止微晶增长或减缓其速度，从而延长催化剂的使用寿命。例如，合成氨催化剂中的 Al_2O_3 就是一种结构型助催化剂。用磁性氧化铁还原得到的活性 a-Fe 微晶对合成氨具有很高活性，但在高温高压条件下使用时很快烧结，催化剂活性迅速降低，以致寿命只有几个小时。若在熔融 Fe_3O_4，中加入适量 Al_2O_3，则可大大地减缓微晶增长速度，使催化剂寿命长达数年。

有时加入催化剂中的结构型助催化剂是用来提高载体结构稳定性的，并间接地提高催化剂的稳定性。例如，用 Al_2O_3 做载体时，活性组分 MoO_3 对载体 Al_2O_3 结构稳定性有不良影响，当加入适量 SiO_2 时可使载体 Al_2O_3 结构稳定，SiO_2 就是一种结构型助催化剂。有时也可加入少量 CaO，与活性组分 MoO_3 形成 $CaMoO_4$，从而减少活性组分 MoO_3 对载体的影响，因此 CaO 也可称为结构型助催化剂。

（二）电子助催化剂

其作用是改变主催化剂的电子状态，从而使反应分子的化学吸附能力和反应的总活化能都发生改变，提高催化性能。例如，合成氨催化剂（$Fe-K_2O-Al_2O_3$）中的 K_2O，虽然它的加入降低了催化剂的总比表面积，但使铁的费米能级发生变化，通过改变主催化剂的电子结构提高了反应的活性和选择性。

（三）晶格缺陷助催化剂

许多氧化物催化剂的活性中心是发生在靠近表面的晶格缺陷处，少量杂质或附加物对晶格缺陷的数目有很大影响，助催化剂实际上可看成是加入催化剂中的杂质或附加物。如果某种助催化剂的加入使活性物质晶面的原子排列无序化，晶格缺陷浓度提高，从而提高了催化剂的催化活性，则这种助催化剂便是晶格缺陷助催化剂。为了发生间隙取代，通常加入的助催化剂离子需要和被它取代的离子大小近似。

三、载体

载体是催化剂中主催化剂和助催化剂的分散剂、黏合剂和支撑体。载体的作用是多方面而且复杂的。载体的主要作用是：①增大活性表面和提供适宜的孔结构。这是载体最基本的功能，良好的分解状态还可以减少活性组分的用量。②改善催化剂的机械强度，保证其具有一定形状。不同反应床选用的载体主要考虑其耐压强度、耐磨强度和抗冲强度。③改善催化剂的导热性和热稳定性，避免局部过热引起的催化剂熔结失活和副反应，延长催化剂使用寿命。④提供活性中心。例如，正构烷烃的异构化便是通过加/脱氢活性中心 Pt 和促进异构化的载体酸性中心进行的。⑤载体有可能和催化剂活性组分间发生化学作用，从而改善催化剂性能。选用合适的载体会起到类似助催化剂的效果。合成氨催化剂中的氧化铝，既是载体又充当了结构型助催化剂的角色。

载体种类众多，从比表面积角度将载体大致分成两类。

第一类，小表面积载体。如碳化硅、金刚石、浮石等。它们以较小的比表面（在 20 m^2/g 以下）为特点。这类载体对所负载的活性组分的活性无重大影响。当用这类载体做催化剂时，多半先制好载体，再将活性组分分散在载体上，这类载体又可以分为无孔和有孔两种。

无孔低表面积载体，如石英粉、碳化硅及钢铝石等，比表面在 1 m^2/g 左右，其特点是硬度高、导热性好、耐热。它们常用于部分氧化和放热量的反应，不会带来深度氧化和反应热过度集中的缺点。

有孔低表面积载体，如浮石、碳化硅烧结物、耐火砖和硅藻土等。它们的比表面低于 20 m^2/g。这些载体在高温下具有稳定的结构。至于它们的强度，则各不相同。碳化硅和钢铝石烧结物的做法是把无孔氧化铝和碳化硅粉末先成型，再在高温下焙烧，使此二物质的接触点烧结而得。该烧结物硬度高、导热性好，它的孔隙由粉末颗粒间的空隙组成，所以孔径较大。

硅藻土是由无定形的 SiO_2 组成，并含有少量的 Fe_2O_3、CaO、MgO、Al_2O_3 及有机物，孔结构和比表面随产地而变。

第二类，高表面载体。如活性炭、氧化铝、硅胶、硅酸铝和膨润土等，它们的比表面可以高达每克上千平方米，其孔结构多种多样，随制法而变。这类载体不仅对所负载的活性组分有较大影响，而且自身能提供反应活性中心，它和负载的活性组分共同组成多功能催化剂。由这类载体制得的催化剂广泛用于固定床、流化床及悬浮床。

活性炭的主要成分是 C，此外还有少量 H、O、N、S 和灰分。这些物质含量虽少，但对活性炭性质有一定影响。活性炭具有不规则的石墨结构，在 300~800℃下焙烧时，表面上形成酸性基团，在 800~1 000℃下焙烧时则形成碱性基团，故使活性炭能呈现酸或碱性。活性炭是把原料炭化后，再经活化而得。由于制法不同，可得到不同比表面的活性炭，大的甚至可以达到 2 000 m^2/g，活性炭的机械强度稍差，常用于固定床催化剂的载体。

硅胶是最常用的载体之一。它不便单归于低表面或高表面载体。硅胶的性能（如孔结构、比表面等）各式各样，这与制备方法有关。通常，或是采用浸渍方法把活性组分负载于硅胶上，或是先做成硅溶胶，引入活性组分后，再加热脱水造成孔隙，后者可以避免负载物质有时堵塞硅胶细孔的现象。硅胶在流化床和固定床都有广泛应用。用于流化床时，采用微球形，其耐磨和抗冲击能力较强。

第三节   催化剂的催化作用

催化剂是一种可以改变一个化学反应速度，而不存在于产物中的物质。通常用化学反应方程式表示化学反应时催化剂也不出现在方程式中。这似乎表明催化剂是不参与化学反应的物质。而事实并非如此，近代实验技术检测的结果表明，许多催化反应的活性中间物种都是有催化剂参与反应。

从催化作用的理论可以得出一条基本概念，即一个催化反应是一个循环的过程，在这一过程中，催化剂的表面部位可与反应物形成一个中间物或配合物，由这个物种或配合物再进一步转化，脱附出产物，并使催化剂的表面部位复原。催化剂是一种物质，它通过基元步骤不间断地重复循环，将反应物转化为产物，在循环的最终步骤催化剂又恢复到原始状态，而且它不出现在反应的化学计量方程式中。更简单地说，催化剂是一种加快热力学上允许的化学反应达到平衡的速率，而在反应过程中自身不被明显消耗的物质。由催化剂对反应施加作用而发生的现象称为催化作用。

许多类型的材料，包括金属、化合物（如金属氧化物、硫化物、氮化物、沸石分子筛等）、有机金属配合物和酶等，都可以作为催化剂。工业上使用的催化剂的总量与催化剂在寿命期间所处理的反应物和所制得的产物的数量相比是很小的，而且催化剂并非所有部分都参与反应物与产物间的转化，那些参与的部分称为活性中心（活性位）。因此也可以说，催化作用是催化剂活性中心对反应物分子的激活与活化，使反应物分子性能大大增强，从而加快反应速率。

第四节　催化剂的表征

目前已经拥有很多关于研究、表征催化剂的方法，有的给出宏观层次信息，有的给出微观层次信息。人们还在不断地探索将物理—化学新效应、新现象用于催化剂和催化过程的研究和表征，力求更精确地测定活性位的结构、数量，并向原子—分子层次发展，力求从时间—空间两个方面提高对催化剂表面所发生过程的分辨能力。

一、 比表面分析

单位质量催化剂所具有的表面积称为比表面，其中具有活性的表面称为活性比表面，也称有效比表面。尽管催化剂的活性、选择性以及稳定性等主要取决于催化剂的化学结构，但其在很大程度上也受到催化剂的某些物理性质（如催化剂的比表面）的影响。一般认为，催化剂的比表面越大，其所含有的活性中心越多，催化剂的活性也越高。因此，测定、表征催化剂的比表面对考察催化剂的活性等性能具有重要的意义和实际应用价值。

对于气—固相催化反应，催化剂表面是其反应进行的场所。一般而言，表面积愈大，催化剂的活性愈高。具有均匀表面的少数催化剂表现出其活性与表面积呈比例关系。如丁烷在铬—铝催化剂上脱氢就是一个很好的例子，其反应速度与表面积几乎呈线性关系。但是，这种关系并不普遍，因为我们测得的表面积都是总表面积。而具有催化活性的表面积（即活性中心）只占总表面积很少的一部分，催化反应通常就发生在这些活性中心上。由于制备方法不同，这些中心不能均匀地分布在表面上，使得某一部分表面比另一部分表面更活泼，所以活性和表面积绝大部分是颗粒的内表面。颗粒中结构不同，物质传递方式也不同，会直接影响表面利用率，从而改变总反应速度。

尽管如此，测定表面积对催化剂的研究还是很重要的。其中一个重要的应用是通过测定表面积来研究和判断催化剂的失活机理和特性。如果一个催化剂在连续使用后，活性的降低比其表面积的降低严重很多，这时可推测催化剂活性降低是由于催化活性中心中毒所致。如果活性伴随表面积的降低而降低，这可能是由于催化剂烧结而造成的失活。催化剂的表面积测定也可用于估计载体和助催化剂作用，判断其增加了单位表面积活性还是增加了表面积。

研究中常用 BET 法测定，用电子分析天平准确称取待测样品 50 mg 左右，装入测定比表面积专用测定管中，在 110℃ 下烘干脱水后在比表面孔径测定仪上进行测定并且记录数据。

二、 热分析方法

热分析是研究物质在加热或冷却过程中其性质和状态的变化并将这种变化作为温度或时间的函数来研究其规律的一种技术。由于它是一种自动化动态跟踪测量技术，所以与静态法相比有连续、快速、简便等优点。目前从热分析技术研究物质的物理和化学变化所提供的信息和可能性来看，热分析技术已广泛地应用于无机化学、有机化学、高分子化学、生物化学、冶金学、石油化学、矿物学和地质学等多个学科领域。

热分析是在程序控制温度条件下，测量物质的物理性质随温度变化的函数关系的技术。热分析方法种类繁多，涉及的内容也很广泛，但应用最为广泛的是热重法（TG）和差热分析法（DTA）。

热重法（TG）：是指在程序控制温度条件下，测量物质的质量与温度变化关系的一种热分析方法。由热重法记录的质量变化对温度的关系曲线称为热重曲线，即 TG 曲线。TG 曲线以质量（或百分率%）为纵坐标，从上到下表示减少，以温度或时间为横坐标，从左自右增加，实验所得的 TG 曲线，对温度或时间的微分可得到一阶微商曲线 DTG。

差热分析（DTA）：是指在程序控制温度条件下，测量样品与参比物或基准物之间的温度差与温度关系的一种热分析方法。

近年来随着国产热分析仪的研制和国外先进热分析仪的研制及其引进，热分析在我国催化研究中已得到全面应用，包括催化剂活性评价、催化剂制备条件选择、催化剂组成确定、确定金属活性组分的价态、金属活性组分与载体的相互作用、活性组分分散阈值及金属分散度测定、活性金属离子的配位状态及分布、固体催化剂表面酸碱性测定、催化剂老化及失活机理、催化剂的积炭行为、吸附和表面反应机理、催化剂再生及其条件选择和多相催化反应动力学等方面。可见，从催化剂制备—催化反应—催化剂失活—催化剂再生整个过程，热分析皆能提供有价值的信息和数据，特别是热分析的定量性，是其他一些分析方法或技术所不及的，因此可以说在加速催化反应的研究过程中，热分析技术的作用是举足轻重的。

第五节　脱硫催化剂

一、　主要的脱硫催化剂

目前应用于合成烟气脱硫的固体脱硫剂主要是铁系脱硫剂、锌系脱硫剂、锰系脱硫剂、活性炭脱硫剂和铜系催化剂，以及在低温脱硫剂上的改进。

第一，铁系脱硫剂的优点是硫容大、价格低、可在常温下空气再生等，缺点是强度差、遇水粉化、脱硫精度不高等，影响了其工业应用。氧化铁属常温脱硫剂，可单独使用或与常温羰基硫水解催化剂联合使用，但脱硫精度不高。复合氧化铁脱硫精度得到了提高，但脱硫温度呈现增高趋势。

第二，锌系脱硫剂由活性氧化锌与活化剂、添加剂混捏成型，在一定的工艺条件下活化而成。氧化锌的脱硫效果较好，但再生能力不足，而且在硫化过程中，氧化锌易被还原成锌，而锌在高温下易气化。氧化锌脱硫剂脱硫温度较高，脱硫精度可靠，在工业上得到了广泛使用，随着工艺改进，依据硫化床脱硫工艺的要求，脱硫剂耐磨性将是其研究的突破口。

第三，锰系脱硫剂主要为 MF-1 型脱硫剂，该催化剂以含铁、锰、锌等氧化物为主要活性组分，添加少量助催化剂及润滑剂等加工成型，用于大型氨厂和甲醇厂的原料气脱硫。锰系脱硫剂在高温下表现出较强的优越性，且有较强的再生能力，但低温情况下硫容较小，常用于高温烟气脱硫。

第四，活性炭脱硫剂可分为干活性炭和改性活性炭两类。活性炭具有发达的孔隙和高的比表面积，是吸附净化的良好材料，但直接使用时脱硫效果较差，若在活性炭的表面上浸渍一定量的过渡金属，如 Fe、Cu、Co 等，可显著增强活性炭的催化活性。改性活性炭脱硫剂可有效脱除有机硫，是目前有机硫一步脱除研究的焦点，但活性组分含量较低。

第五，铜系脱硫剂由氧化铜组成，优点是价格低、再生方便、脱硫温度低、效果好，目前常用的方法是将氧化铜负载到催化剂载体 γ - Al_2O_3 上进行脱硫，效果比较好，再生条件不苛刻，前景广泛。

二、 脱硫催化剂载体

脱硫催化剂的载体一般为一些惰性氧化物，在还原气氛和温度下不易还原和烧结。由于多相催化反应是发生在催化剂表面上，所以表面积的大小会直接影响到催化剂活性的高低，载体的机械功用是作为活性组分的骨架，它可以分散活性组分，减少催化剂的收缩并增加催化剂的强度。而大量的实验结果表明，载体除了这种纯粹的机械功用外，还影响催化剂活性和选择性。载体种类对催化剂活性影响较大，负载于不同载体表面的 Ni 催化剂活性顺序为：$TiO_2>ZrO_2>$海泡石$>Al_2O_3>SiO_2$。

三、 脱硫催化剂活性组分的选择

脱硫过程如果不采用任何的催化剂，则效果往往难以达到预期目标。负载型催化剂活性组分担载在载体表面上，使催化剂具有特定的物理性状，而载体本身一般并不具有催化活性。

脱硫催化剂的活性组分主要为周期表第 VID 族的过渡金属 Ru、Rh、Ni 等，普遍采用的氧化物载体有 Al_2O_3、SiO_2、TiO_2、ZrO_2、MgO 等。该类催化体系通常由过渡金属的盐类通过浸渍或共沉淀负载于氧化物表面，再经焙烧、还原而制得。

四、 烟气脱硫催化剂的反应原理

（一）钙法

采用石灰或者石灰石作为脱硫剂的工艺，简称为钙法。它有干式、湿式和半干式三种。石灰石直接喷射进锅炉的停留时间短暂，因此在硫氧化物脱除过程中，必须在很短的时间内进行煅烧、吸附和氧化三种不同的反应。可能涉及的化学反应有：

$$CaCO_3 \rightarrow CaO + CO_2 \qquad (2-1)$$

$$CaO + SO_2 \rightleftharpoons CaSO_3 \qquad (2-2)$$

$$CaCO_3 + SO_2 \rightleftharpoons CaSO_3 + CO_2 \qquad (2-3)$$

$$CaO + SO_2 + 1/2O_2 \rightleftharpoons CaSO_4 \qquad (2-4)$$

$$CaCO_3 + SO_2 + 1/2O_2 \rightleftharpoons CaSO_4 + CO_2 \qquad (2-5)$$

$$4 CaSO_3 \rightarrow 3 CaSO_4 + CaS \qquad (2-6)$$

在采用白云石时，其中碳酸镁还会发生下列反应：

$$MgCO_3 \rightleftharpoons MgO + CO_2 \qquad (2-7)$$

$$MgO + SO_2 + 1/2O_2 \rightleftharpoons MgSO_4 \qquad (2-8)$$

在整个脱硫过程中包括四个阶段：第一阶段为 SO_2 的吸收阶段，在给定的 SO_2 分压下，氧化对 SO_2 溶解度具有两种相互抵消的作用，一种是由于氢离子的形成而降低溶解度，另一种是硫酸盐的生成除去亚硫酸盐，从而提高溶解度；第二阶段是氧化阶段，溶液的 pH 值直接决定亚硫酸氢盐和亚硫酸盐之比，对氧化操作的影响很大；第三阶段为石灰石的溶解阶段，取决于化学反应和传至扩散两个因素，pH 值对它的影响很大；第四阶段为石膏结晶阶段，在此阶段向吸收液中加入添加剂可防止设备结垢。

（二）钠法

钠碱化合物对 SO_2 的亲和力强；亚硫酸钠-亚硫酸氢钠能适应吸收与再循环操作；钠盐溶解度大，有将所有化合物保持在溶液内的能力，从而可避免洗涤器内结垢和淤塞，吸收 SO_2 的能力大。

钠法的化学机理与该法类似，用钠碱溶液洗涤含 SO_2 的气体时，首先是 SO_2 溶于水中，并部分离解生成 H^+、HSO_3^- 及少量的 SO_3^{2-}，碱溶液中存在着 Na^+ 和 OH^-，由下列反应使 OH^- 和 H^+ 减少：

$$SO_2 \rightleftharpoons H_2SO_3 \rightleftharpoons H^+ + HSO_3^- \qquad (2-9)$$

$$OH^- + H^+ \rightleftharpoons H_2O \qquad (2-10)$$

结果式反应向右偏移，溶液中的亚硫酸和 SO_2 含量减少，从而继续从气体中吸收 SO_2。

起初因碱过剩，SO_2 与碱反应生成正盐（亚硫酸钠）：

$$2NaOH + SO_2 \rightarrow Na_2SO_3 + H_2O \qquad (2-11)$$

用碳酸钠溶液吸收时，亚硫酸的酸性比碳酸强，因此碳酸被置换：

$$Na_2CO_3 + SO_2 \rightarrow Na_2SO_3 + CO_2 \uparrow \qquad (2-12)$$

生成的亚硫酸钠具有吸附 SO_2 的能力，继续从气体中吸收 SO_2，生成酸式盐（亚硫酸氢钠）：

$$Na_2SO_3 + SO_2 + H_2O \rightarrow 2 NaHSO_3 \qquad (2-13)$$

亚硫酸氢钠与碱反应又得到亚硫酸钠：

$$2 NaHSO_3 + Na_2CO_3 \rightarrow 2 Na_2SO_3 + H_2O + CO_2 \uparrow \qquad (2-14)$$

在 SO_2 的吸收过程中，由于 H^+ 的不断增加，使 pH<5.6 时，吸收效率急剧下降，此时溶液对于 SO_2 的吸收已接近饱和状态，不能再与 SO_2 起化学反应。

$NaHSO_3$ 相当不稳定，很容易从吸收液中解析出来，利于 Na_2SO_3–$NaHSO_3$ 溶液的平衡关系，降低吸收与再生之间的温度差，通常在 94℃ 温度下便可再生得到 Na_2SO_3 并返回吸收系统循环使用。

（三）氨法

氨的水溶液呈碱性，也是 SO_2 的吸收剂。氨法与钠法在化学原理上有类似之处。

将氨水导入洗涤系统，发生下列反应：

$$NH_3 + H_2O + SO_2 \rightarrow NH_4HSO_3 \tag{2-15}$$

$$2NH_3 + H_2O + SO_2 \rightarrow (NH_4)_2SO_3 \tag{2-16}$$

亚硫酸氨对 SO_2 有更强的吸收能力，它是氨法中的主要吸收剂。

$$(NH_4)_2SO_3 + SO_2 + H_2O \rightarrow 2NH_4HSO_3 \tag{2-17}$$

在循环吸收过程中，随着亚硫酸氢氨比例的增大，吸收能力降低，须补充氨水将亚硫酸氢铵转化为亚硫酸铵。

$$NH_4HSO_3 + NH_3 \rightarrow (NH_4)_2SO_3 \tag{2-18}$$

另一部分亚硫酸氢氨较高的溶液，可从洗涤系统排出，以各种方法再生得到 SO_2 或某种副产品，再生后的溶液返回吸收系统循环使用。

氨洗涤不同于其他碱洗涤的特点是，吸收液体系中的阴、阳离子均有挥发性。当硫碱比较小时，SO_2 的平衡分压甚小，吸收率较高，但此时 NH_3 的平衡分压大，即 NH_3 的排空损失大。所以工业上使用吸收液的组成，必须兼顾两个分压。

第六节　脱硝催化剂

一、　主要的脱硝催化剂

目前应用在工业上的脱硝技术主要是选择性催化还原法（SCR）。对于低温 SCR 催化剂，国内外的研究主要集中在锰基（MnO_x）、钒基（V_2O_5），以及其他金属氧化物基［如铈基（CeO_2）、铁基（FeO_x）、铜基（CuO）］等催化剂的方向上。

SCR 法以 NH_3 作为还原剂，选择性地将废气中的氮氧化物还原为 N_2。近年来国内外对低温 SCR 脱硝催化剂进行了广泛而深入的研究，其中催化剂活性组分主要集中在过渡金属的氧化物，如 Mn、Fe、Ni、Cr、Co、Zr、Cu、La 等，及 Pt、Ra、Au 等一些贵金属。移动源为主的 SCR 反应中更多使用贵金属催化剂，过渡金属氧化物催化剂主要用在固定源 NH_3-SCR 技术中。

锰氧化物（MnO_x）的种类较多，Mn 的价态变化较广，包括+2、+3、+4 等价位以及一些非整数等价位，不同价态的 Mn 之间能相互转化而产生氧化还原性，能促进 NH_3 选择性还原 No_x 从而促进 SCR 反应的进行。锰氧化物由于其存在多种不稳定的价态，易于进行氧化还原反应，因此成为国内外低温 SCR 催化剂的研究热点。该类催化剂的主要缺点是抗硫抗水性比较差，而通过金属元素的掺杂和改变催化剂载体的类型制备出的一系列 Mn 基低温 SCR 脱硝催化剂对其抗硫抗水性均显示出不同的提高。

Mn 基低温 SCR 脱硝催化剂主要分为三类：第一类是单组分 Mn 基催化剂，指某种 Mn 前驱体经过多次反应直接得到的高活性 Mn 基氧化物催化剂；第二类是复合 Mn 基催化剂，指在 Mn 基氧化物中掺杂其他金属元素形成的复合金属氧化物催化剂，通常是掺杂稀土元素和过渡族金属元素；第三类是负载型 Mn 基催化剂，指单组分 Mn 基氧化物或复合 Mn 基氧化物负载在载体上，形成活性高、反应速率快的 Mn 基催化剂，其载体包括金属氧化物、非金属氧化物、碳基类物质和分子筛四大类。

二、 脱硝催化剂载体的选择

脱硝催化剂具有与脱硫催化剂类似的载体，催化剂的活性随运行时间增加而逐渐衰减退化，这种时效现象是正常的，导致催化剂活性衰退的因素很多，大致可分为物理因素和化学因素，诸如飞灰和铵盐的沉积覆盖，因温度过高而造成的热烧结，砷元素和碱金属、碱土金属以及某些重金属导致的化学中毒等。

活性炭在烟气脱硝中的应用主要是通过催化还原和催化氧化这两个途径实现的。国外的早期研究表明，与传统的催化剂相比，活性炭可在较低的温度范围内表现出对 SCR 反应的催化能力，但活性不够高，因而大量的工作都围绕着如何进一步提高活性炭的低温催化性能而展开。研究表明用 HNO_3、H_2SO_4 处理活性炭，在有氧条件下，可显著提高其去除 NO_x 的能力，这是因为 HNO_3、H_2SO_4 处理可以增加表面含氧官能团的数量，特别是羧基和内酯基，这些酸性基团又恰好是 NH_3 选择吸附的活性位，因此增加了 NH_3 的吸附量，从而提高了脱硝率。活性炭本身就具有还原性，可以替代 NH_3 作为还原剂用以处理 NO_x。

三、 烟气脱硝催化剂反应的原理

（一）选择性催化还原（SCR）原理

化学过程的实质是以氨为还原剂，在一定的温度和催化剂的作用下，有选择地将烟气

中的 NO_x 还原为氮气：

$$4NO + 4NH_3 + O_2 \rightarrow 4N_2 + 6H_2O \qquad (2-19)$$

$$2NO_2 + 4NH_3 + O_2 \rightarrow 3N_2 + 6H_2O \qquad (2-20)$$

一般锅炉烟气中95%的 NO_x 以 NO 的形式存在，NO_2 甚少，因此在设计计算时主要考虑的是 NO。

在无催化剂的条件下，上式反应的温度在980℃左右，由于采用合适的催化剂，反应温度大大降低到400℃以下。

上述化学反应所需要的 NH_3/NO_x 的摩尔比为1。最适宜的温度范围为300~400℃，完全可以适应锅炉烟气的实际温度条件，同时还可能发生一系列副反应。当温度达到350℃，并开始进行以下的放热反应：

$$4NH_3 + 5O_2 \rightarrow 4NO + 6H_2O \qquad (2-21)$$

当温度低于450℃，NH_3 的热分解反应将激烈进行：

$$2NH_3 \rightleftharpoons N_2 + 3H_2 \qquad (2-22)$$

当温度低于300℃，将发生下列反应：

$$4NH_3 + 3O_2 \rightleftharpoons 2N_2 + 6H_2O \qquad (2-23)$$

$$2SO_2 + O_2 \rightleftharpoons 2SO_3 \qquad (2-24)$$

$$3NH_3 + 2SO_3 + 2H_2O \rightleftharpoons NH_4HSO_4 + (NH_4)_2SO_4 \qquad (2-25)$$

转化为 SO_3，随即与过量的氨反应生成铵盐和酸式铵盐，特别是后者，对催化剂具有黏附性和腐蚀性，可能造成催化剂性能下降和下游设备堵塞。为了避免副反应的发生，应将温度控制在300~400℃范围内。

（二）选择性非催化还原（SNCR）原理

SNCR 法的化学基础是在炉膛900~1100℃温度区域内、在无催化剂条件下，NH_3 或尿素等氨基还原剂可以选择性地还原烟气中的 NO_x，基本上不与烟气中的 O_2 发生作用。在上述温度范围下，发生如下化学反应。以 NH_3 为还原剂，反应式：

$$4NH_3 + 4NO + O_2 \rightleftharpoons 4N_2 + 6H_2O \qquad (2-26)$$

以尿素为还原剂，反应式：

$$(NH_2)_2CO \rightleftharpoons 2NH_2 + CO$$

$$NH_2 + NO \rightleftharpoons N_2 + H_2O \qquad (2-27)$$

$$2CO + 2NO \rightleftharpoons N_2 + 2CO_2$$

总反应式：

$$2(NH_2)_2CO + 4NO + O_2 \rightleftharpoons 4N_2 + 2CO_2 + 4H_2O \qquad (2-28)$$

当温度较高时，NH_3 会被氧化为 NO_x 导致 NO_x 排放浓度增大，如温度过高还会促使 NH_3 发生热分解，均为不利；温度较低，则反应不完全，会造成"氨穿透"，过量逸出可能形成硫酸铵盐类，易致空气预热器垢堵和腐蚀。因此，SNCR 工艺的温度控制是至关重要的。

（三）非选择性催化还原原理

在一定温度和催化剂作用下，还原剂不仅与 NO_x 反应生成 N_2，而且还与烟气中的 O_2 作用生成 CO_2 和 H_2O。用作还原剂的有 H_2、CO 和 CH_4 一类低碳氢以及各种燃料气。

反应器出口 NO_x 浓度可控制在 $410~mg/m^3$（以 NO_2 计）以下，化学反应分两步进行。

第一步："脱色"，将 NO_2 还原成 NO：

$$NO_2 + H_2 \rightleftharpoons NO + H_2O$$
$$4NO_2 + CH_4 \rightleftharpoons 4NO + CO_2 + 2H_2O \qquad (2-29)$$

第二步："消除"，将 NO 进一步还原成 N_2：

$$NO + 2H_2 \rightleftharpoons N_2 + 2H_2O$$
$$4NO + CH_4 \rightleftharpoons 2N_2 + CO_2 + 2H_2O \qquad (2-30)$$

还原剂的用量必须充足，根据烟气中 NO_x 和 O_2 的浓度计算确定。实际加入的还原剂量与理论计算量之比称为"燃料比"。当燃料比大于 100% 时，脱硝率可达 92% 以上；当燃料比减小到 90% 时，脱硝率降至 70%~80%。一般燃料比采用 110%~120%。

为了防止催化剂发生失活和中毒现象，要求预先除去废气中的粉尘和 SO_2 等。因此烟气在进入反应器之前，先经除尘和洗涤脱硫，同时在反应器内设置定时吹灰装置，所以 NSCR 宜置于除尘脱硫系统之后。

四、脱硝催化剂负载活性组分方式的选择

早期负载型催化剂基本没有考虑分布形式的影响，随着生产的发展，工业装置日趋大型化，催化剂内表面利用率、宏观选择性、阻力降等问题日益引起人们的注意。为了提高催化剂的利用率，人们开始关注活性组分非均匀分布催化剂。理论和实践都已充分证明，对于一定的反应类型和操作条件，在活性组分总量不变的前提下恰当地选择颗粒内活性组分的分布形式，可以显著提高催化剂颗粒的表观活性、选择性和抗中毒性。

近年来活性组分在催化剂颗粒上的不均匀分布（宏观上的分布）对催化反应的影响已有较多的理论探讨和实际应用。活性组分在载体上的不均匀分布是指活性组分的浓度从载

体中心到载体表面呈有规律变化。可分成三种典型形态：蛋壳形、蛋白形和蛋黄形。活性组分与载体间的相互作用会决定其在载体上易形成何种分布形态。一般选用的活性金属组分前身物均属于与氧化铝间存在强吸附作用的氯化物活性组分前驱体。一般浸渍条件下易于得到的是呈蛋壳形分布的结构。不均匀分布催化剂的制备一般以浸渍法为主。催化剂的不均匀分布是颗粒内部的流动、扩散以及界面现象相互作用的结果。

在制备非均匀分布催化剂的过程中，经常使用竞争吸附剂来调节活性组分在催化剂颗粒内的分布情况。添加不同的竞争吸附剂，可得到 Pd 或 Pt 在载体中呈蛋壳形、蛋白形、蛋黄形或均匀形几种不同均匀分布构造。一方面因竞争吸附剂与载体相互作用强弱不同；另一方面因竞争吸附剂有一元、二元和多元酸之分，当它们与载体表面吸附位相互作用时所需吸附位个数不同，如一元酸（盐酸）只需一个表面吸附位，而多元酸则需一个以上的吸附位。换言之，采用多元酸为竞争吸附剂时，载体表面空出的与 H_2PdCl_4、H_2PtCl_6 相互作用的吸附位相对一元酸要减少，所以 Pd、Pt 向载体内部渗透的概率增加，因此容易形成蛋清或蛋黄形分布。

第三章 工业催化剂的制造方法

第一节 沉淀法

催化剂的制造方法，具有极为重要的意义。一方面，与所有化工产品一样，需要从制备、性质和应用这三方面来对催化剂加以研究；另一方面，工业催化剂又不同于绝大多数以纯化学品为主要形态的其他化工产品。催化剂（尤其是固体催化剂）多数有较复杂的化学组成和物理结构，并因此而形成千差万别的品种系列、纷繁用途以及专利特色。因此研究催化剂的制备技术，便会有更大的价值及更多的特色，而不可简单混同于通用化学品。

工业催化剂性能主要取决于其化学组成和物理结构。由于制备方法的不同，尽管原料成分及其用量完全相同，所制出的催化剂的性能仍可能有很大的差异。在科学技术发达的今天，厂家要对其工业催化剂的化学组成保守商业秘密已是相当困难的事。只要获得少量的工业催化剂样品，用不太长的时间，就能比较容易地弄清其主要化学成分和基本物理结构，然而往往并不能据此轻易仿造出该种催化剂。因为，其制造技术的许多 know-how（诀窍），并不是通过组成化验就可以一目了然的。这正是一切催化剂发明的关键和困难所在。如果说，今日化工产品的发明和创新大多数要取决于其相关催化剂的发明和创新，那么，也就可以说，催化剂的发明和创新，首要和核心的便是催化剂制造技术的发明和创新了。

在化学工业中，可以用作催化剂的材料很多。以无机材质为主的固体非均相催化剂，包括金属、金属氧化物、硫化物、酸、碱、盐以及某些天然原料；以分子筛等复盐为代表的无机离子交换剂和离子交换树脂等有机离子交换剂，也是这类催化剂的常用材料；以金属有机化合物为代表的均相配合物催化剂，是目前新型的另一大类工业催化剂；以酶为代表的生物催化剂在化工领域的研究和应用中，近年来也有了长足的进展。不同形态的催化剂，需要不同的制备方法。

在催化剂生产和科学研究实践中，通常要用到一系列化学的、物理的和机械的专门操作方法来制备催化剂。换言之，催化剂制备的各种方法，都是某些单元操作的组合。例如，归纳起来，固体催化剂的制备大致采用如下某些单元操作：溶解、熔融、沉淀（胶凝）、浸渍、离子交换、洗涤、过滤、干燥、混合、成型、焙烧和活化等。

针对固体多相催化剂的各种不同制造方法，人们习惯上把其中关键而有特色的操作单元的名称，定为各种工业催化剂制备方法的名称。据此分类，目前工业固体催化剂的几种主要传统制造方法包括沉淀法、浸渍法、混合法、离子交换法以及热熔融法等。

沉淀法是以沉淀操作作为其关键和特殊步骤的制造方法，是制备固体催化剂最常用的方法之一，广泛用于制备高含量的非贵金属、金属氧化物、金属盐催化剂或催化剂载体。

沉淀法的一般操作是在搅拌的情况下把碱性物质（沉淀剂）加入金属盐类的水溶液中，再将生成的沉淀物洗涤、过滤、干燥和焙烧，制造出所需要的催化剂粉末状前驱物。在大规模的生产中，用金属盐制成水溶液，是出于经济上的考虑，在某些特殊情况下，也可以用非水溶液，例如酸、碱或有机溶剂的溶液。

沉淀法的关键设备一般是沉淀槽，其结构如一般的带搅拌的釜式反应器。以沉淀为核心。

一、沉淀法的分类

沉淀法可分为多类。随着工业催化实践的进展，沉淀的方法已由单组分沉淀法发展到共沉淀法、均匀沉淀法、浸渍沉淀法和导晶沉淀法等。

（一）单组分沉淀法

单组分沉淀法即通过沉淀剂与一种待沉淀溶液作用以制备单一组分沉淀物的方法。这是催化剂制备中最常用的方法之一。由于沉淀物只含一个组分，操作不太困难。它可以用来制备非贵金属的单组分催化剂或载体。如与机械混合和其他操作单元组合使用，又可用来制备多组分催化剂。

氧化铝是最常见的催化剂载体。氧化铝晶体可以形成 8 种变体，如 $\gamma - Al_2O_3$、$\eta - Al_2O_3$、$\alpha - Al_2O_3$ 等。为了适应催化剂或载体的特殊要求，各类氧化铝变体通常由相应的水合氧化铝加热失水而得。文献报道的水合氧化铝制备实例甚多，但其中属单组分沉淀法的占绝大多数，并被分为酸法与碱法两大类。

酸法以碱性物质为沉淀剂，从酸化铝盐溶液中沉淀水合氧化铝。

$$Al^{3+} + OH^- \rightarrow Al_2O_3 \cdot nH_2O \downarrow \qquad (3-1)$$

碱法则以酸性物质为沉淀剂，从偏碱性的铝酸盐溶液中沉淀水合物，所用的酸性物质包括 HNO_3、HCl、CO_2 等。

$$AlO_2^- + H_3O^+ \rightarrow Al_2O_3 \cdot nH_2O \downarrow \tag{3-2}$$

(二) 共沉淀法 (多组分共沉淀法)

共沉淀法是将催化剂所需的两个或两个以上组分同时沉淀的一种方法。本法常用来制备高含量的多组分催化剂或催化剂载体。其特点是一次可以同时获得多个催化剂组分的混合物，而且各个组分之间的比例较为恒定，分布也比较均匀。如果组分之间能够形成固溶体，那么分散度和均匀性则更为理想。共沉淀法的分散性和均匀性好，是它较之于混合法等的最大优势。典型的共沉淀法，可以举低压合成甲醇用的 $CuO-ZnO-Al_2O_3$ 三组分催化剂为例。将给定比例的 $Cu(NO_3)_2$、$Zn(NO_3)_2$ 和 $AL(NO_3)_3$ 混合盐溶液与 Na_2CO_3 并流加入沉淀槽，在强烈搅拌下，于恒定的温度与近中性的 pH 值下，形成三组分沉淀。沉淀经洗涤、干燥与焙烧后，即为该催化剂的先驱物。

(三) 均匀沉淀法

以上两种沉淀法，在操作过程中，难免会出现沉淀剂与待沉淀组分的混合不均匀、沉淀颗粒粗细不等、杂质带入较多等现象。均匀沉淀法则能克服此类缺点。均匀沉淀法不是把沉淀剂直接加入到待沉淀溶液中，也不是加沉淀剂后立即产生沉淀，而是首先使待沉淀金属盐溶液与沉淀剂母体充分混合，预先造成一种十分均匀的体系，然后调节温度和时间，逐渐提高 pH 值 (见图 3-1)，或者采取在体系中逐渐生成沉淀剂等方式，创造形成沉淀的条件，使沉淀缓慢进行，以制得颗粒十分均匀而且比较纯净的沉淀物。例如，为了制取氢氧化铝沉淀，可在铝盐溶液中加入尿素溶化其中，混合均匀后，加热升温至 90 ~ 100℃，此时溶液中各处的尿素同时水解，释放出 OH⁻。

$$(NH_2)_2CO + 3H_2O \xrightarrow{90 \sim 100\,^\circ\text{C}} 2NH_4^+ + 2OH^- + CO_2 \tag{3-3}$$

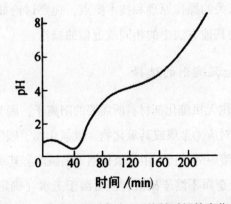

图 3-1 尿素水解过程中 pH 值随时间的变化

于是氢氧化铝沉淀即在整个体系内均匀而同步地形成。尿素的水解速度随温度的改变而改变，调节温度可以控制沉淀反应在所需要的 OH⁻ 浓度下进行。

均匀沉淀法不限于利用中和反应，还可以利用酯类或其他有机物的水解、配合物的分解或氧化还原等方式来进行。

在溶液中使用过量氢氧化铵作用于镍、铜或钴等离子时，在室温下会发生沉淀重新溶解形成可溶性金属配合物的现象。而配合物离子溶液加热或 pH 值降低时，又会产生沉淀。这种借助配合物先溶解而后沉淀的方法，也可归于均匀沉淀一类，使用也较广泛。

（四）浸渍沉淀法

浸渍沉淀法是在普通浸渍法的基础上辅以沉淀法发展起来的一种新方法，即待盐溶液浸渍操作完成之后，再加沉淀剂，而使待沉淀组分沉积在载体上。这将在以后介绍。

（五）导晶沉淀法

导晶沉淀法是借助晶化导向剂（晶种）引导非晶型沉淀转化为晶型沉淀的快速而有效的方法。近年来，这种方法普遍用来制备以廉价易得的水玻璃为原料的高硅钠型分子筛，包括丝光沸石、Y 型与 X 型合成分子筛。分子筛催化剂的晶形和结晶度至关重要，而利用结晶学中预加少量晶种引导结晶快速完整形成的本法，可简便有效地解决这一难题。

二、沉淀操作的原理和技术要点

一般而言，沉淀法的生产流程较长，包括溶解、沉淀、洗涤、干燥、焙烧等步骤，存在操作步骤较多、消耗的酸和碱较多等不足，然而这却是为制得性能较好的催化剂付出的必不可少的代价。操作步骤多、影响因素复杂，常使沉淀法的制备重复性欠佳，这又是问题的另一方面。

与沉淀操作各步骤有关的操作原理和技术要点，扼要讨论如下。其中若干原理，原则上也适用于沉淀法以外的其他方法中的相同或近似的操作。

（一）金属盐类和沉淀剂的选择

一般首选硝酸盐来提供无机催化剂材料所需要的阳离子，因为绝大多数硝酸盐都可溶于水，并可方便地由硝酸与对应的金属或其氧化物、氢氧化物、碳酸盐等反应制得。两性金属铝和锌等，除可由硝酸等溶解外，还可由氢氧化钠等强碱溶解其氧化物而阳离子化。

金、铂、钯、铱等贵金属不溶于硝酸，但可溶于王水（确定比例的浓硝酸与盐酸混合物），溶于王水的这些贵金属，在加热驱赶硝酸后，得相应氯化物。这些氯化物的浓盐酸溶液即为对应的氯金酸、氯铂酸、氯钯酸、氯铱酸等，并以这种特殊的形态，提供对应的阳离子。氯钯酸等稀贵金属溶液，常用于浸渍沉淀法制备负载催化剂。这些溶液先浸入载体，而后加碱沉淀。在浸渍—沉淀反应完成后，这些贵金属阳离子转化为氢氧化物而被沉淀，而氯离子则可被水洗去。金属铼的阳离子溶液来自高铼酸。

最常用的沉淀剂是 NH_3、NH_4OH 以及 $(NH_4)_2CO_3$ 等铵盐，因为它们在沉淀后的洗涤和热处理时易于除去而不残留。而用 KOH 或 NaOH 时，要考虑到某些催化剂不希望有 K^+ 或 Na^+ 存留其中，且 KOH 价格较贵。但若允许，使用 NaOH 或 Na_2CO_3 来提供 OH^-、CO_3^{2-}，一般也是较好的选择。特别是后者，不但价廉易得，而且常常形成晶体沉淀，易于洗净。

此外，下列的若干原则亦可供选择沉淀剂时参考。

1. 使用易分解挥发的沉淀剂

前述常用的沉淀剂如氨气、氨水和铵盐（如碳酸铵、醋酸铵、草酸铵）、二氧化碳和碳酸盐（如碳酸钠、碳酸氢铵）、碱类（如氢氧化钠、氢氧化钾）以及尿素等，在沉淀反应完成之后，经洗涤、干燥和焙烧，有的可以被洗涤除去（如 Na^+ 离子、SO_4^{2-} 离子），有的能转化为挥发性气体逸出（如 CO_2、NH_3、H_2O），一般不会遗留在催化剂中，这为制备纯度高的催化剂创造了有利条件。

2. 沉淀物必须便于过滤和洗涤

沉淀可以分为晶形沉淀和非晶形沉淀，晶形沉淀又分为粗晶和细晶两种。晶形沉淀带入的杂质少，也便于过滤和洗涤，特别是那些粗晶粒。可见，应尽量选用能形成晶形沉淀的沉淀剂。上述那些盐类沉淀剂原则上易于形成晶形沉淀。而碱类特别是强碱类沉淀剂，一般都易于形成非晶形沉淀。非晶形沉淀难以洗涤、过滤，但可以得到较细的沉淀粒子。

3. 沉淀剂的溶解度要大

溶解度大的沉淀剂，可能被沉淀物吸附的量较少，洗涤脱除残余沉淀剂等也较快。这种沉淀剂可以制成较浓溶液，沉淀设备利用率高。

4. 沉淀物的溶解度应很小

这是制备沉淀物最基本的要求。沉淀物溶解度愈小，沉淀反应愈完全，原料消耗量愈少。这对于铂、镍、银等贵重或比较贵重的金属特别重要。

5. 沉淀剂必须无毒

不应造成环境污染。

（二）沉淀形成的影响因素

1. 浓度

在溶液中生成沉淀的过程是固体（即沉淀物）溶解的逆过程，当溶解和生成沉淀的速度达到动态平衡时，溶液达到饱和状态。溶液中开始生成沉淀的首要条件之一，是其浓度超过饱和浓度。溶液浓度超过饱和浓度的程度，称为溶液的过饱和度。形成沉淀时所需要达到的过饱和度，目前只能根据大量实验来估计。

对于晶形沉淀，应当在适当稀的溶液中进行沉淀反应。这样，沉淀开始时，溶液的过饱和度不至于太大，可以使晶核生成的速度降低，有利于晶体长大。

对于非晶形沉淀，宜在含有适当电解质的较浓的热溶液中进行沉淀。由于电解质的存在，能使胶体颗粒胶凝而沉淀，又由于溶液较浓，离子的水合程度较小，这样就可以获得比较紧密的沉淀，而不至于成为胶体溶液。胶体溶液的过滤和洗涤都相当困难。

2. 温度

溶液的过饱和度与晶核的生成和长大有直接的关系，而溶液的过饱和度又与温度有关。一般来说，晶核生长速度随温度的升高而出现极大值。

晶核生长速度最快时的温度，比晶核长大时达到最大速度时所需温度低得多。即在低温时有利于晶核的形成，而不利于晶核的长大。所以在低温条件下一般得到更细小的颗粒。

对于晶形沉淀，沉淀应在较热的溶液中进行，这样可使沉淀的溶解度略有增大，过饱和度相对降低，有利于晶体生成长大。同时，温度越高，吸附的杂质越少。但为了防止温度高溶解度增大而造成的损失，沉淀完毕，应待熟化、冷却后过滤和洗涤。

对于非晶形沉淀，在较热的溶液中沉淀也可以使离子的水合程度较小，获得比较紧密凝聚的沉淀，防止胶体溶液形成。

此外，较高温度操作对缩短沉淀时间提高生产效率有利，对降低料液黏度亦有利。但显然温度受介质水沸点的限制，因此多数沉淀操作均在 70~80℃ 之间进行。

3. pH 值

既然沉淀法常用碱性物质做沉淀剂，因此沉淀物的生成在相当程度上必然受溶液 pH 值的影响，特别是制备活性高的混合物催化剂时更是如此。

由盐溶液用共沉淀法制备氢氧化物时，各种氢氧化物一般并不能同时沉淀下来，而是在不同的 pH 值下先后沉淀出来。即使发生共沉淀，也仅限于形成沉淀所需 pH 值相近的氢氧化物。

由于各组分的溶度积不同，如果不考虑形成氢氧化物沉淀所需 pH 值相近这一点，那么很可能制得的是不均匀的产物。例如，当把氨水溶液加到含两种金属硝酸盐的溶液中时，氨将首先沉淀一种氢氧化物，然后再沉淀另一种氢氧化物。在这种情况下，欲使所得的共沉淀物更均匀些，可以采用如下两种方法：第一是把两种硝酸盐溶液同时加到氨水溶液中，这时两种氢氧化物就会同时沉淀；第二是把一种原料溶解在酸性溶液中，而把另一种原料溶解在碱性溶液中。例如氧化硅—氧化铝的共沉淀可以由硫酸铝与硅酸钠（水玻璃）的稀溶液混合制得。

氢氧化物共沉淀时有混合晶体形成，这是由于量较少的一种氢氧化物进入另一种氢氧化物的晶格中，或者生成的沉淀以其表面吸附另一种沉淀所致。

4. 加料方式和搅拌强度

沉淀剂和待沉淀组分两者进行沉淀反应时，有一个加料顺序问题。以硝酸盐加碱沉淀为例，是先预热盐至沉淀温度后逐渐加入碱中，或是将碱预热后逐渐加入盐中，抑或是两者分别先预热后，同时并流加入沉淀反应器中，这其中至少可以有三种可能的加料方式——正加、反加和并流加料。有时甚至可以是这三种方式的分阶段复杂组合。经验证明，在溶液浓度、温度、加料速度等其他条件完全相同的条件下，由于加料方式的不同，所得沉淀的性质也可能有很大的差异，并进而使最终催化剂或载体的性质出现差异。

搅拌强度对沉淀的影响也是不可忽视的。不管形成何种形态的沉淀，搅拌都是必要的。但对于晶形沉淀，开始沉淀时，沉淀剂应在不断搅拌下均匀而缓慢地加入，以免发生局部过浓现象，同时也能维持一定的过饱和度。而对非晶形沉淀，宜在不断搅拌下，迅速加入沉淀剂，使之尽快分散到全部溶液中，以便迅速析出沉淀。

综上所述，影响沉淀形成的因素是复杂的。在实际工作中，应根据催化剂性能对结构的不同要求，选择适当的沉淀条件，注意控制沉淀的类型和晶粒大小，以便得到预定结构和组成的沉淀物。

对于可能形成晶体的沉淀，应尽量创造条件，使之形成颗粒大小适当、粗细均匀、具有适宜的比表面积和孔径、杂质含量较少、容易过滤和洗涤的晶形沉淀。即使不易获得晶形沉淀，也要注意控制条件，使之形成比较紧密、杂质较少、容易过滤和洗涤的沉淀，而尽量避免胶体溶液形成。一些胶体沉淀，在实验室中常见到几昼夜无法洗净的困难情况。然而在其他特殊的制备方法中，又有希望形成胶体沉淀物的情况。这将在以后介绍。

（三）沉淀的陈化和洗涤

1. 陈化

在催化剂制备中，在沉淀形成以后往往有所谓陈化（或熟化）的工序。对于晶形沉淀尤其如此。

沉淀在其形成之后发生的一切不可逆变化称为沉淀的陈化。最简单的陈化操作是沉淀形成后并不立即过滤，而是将沉淀物与其母液一起放置一段时间。这样，陈化的时间、温度及母液的 pH 值等便会成为陈化所应考虑的几项影响因素。

在晶形催化剂制备过程中，沉淀的陈化对催化剂性能的影响往往是显著的。因为在陈化过程中，沉淀物与母液一起放置一段时间（必要时保持一定温度）时，由于细小晶体比粗大晶体溶解度大，溶液对于大晶体而言已达到饱和状态，而对于细晶体尚未饱和，于是细晶体逐渐溶解，并沉积于粗晶体上。如此反复溶解、沉积的结果，基本上消除了细晶体，获得了颗粒大小较为均匀的粗晶体。此外，孔隙结构和表面积也发生了相应的变化。而且，由于粗晶体总面积较小，吸附杂质较小，在细晶体中的杂质也随溶解过程转入溶液。某些新鲜的无定形或胶体沉淀，在陈化过程中逐步转化而结晶也是可能的，例如分子筛、水合氧化铝等的陈化，即是这种转化最典型的实例。

多数非晶形沉淀，在沉淀形成后不采取陈化操作，宜待沉淀析出后，加入较大量热水稀释，以降低杂质在溶液中的浓度，同时使一部分被吸附的杂质转入溶液。加入热水后，一般不宜放置，而应立即过滤，以防沉淀进一步凝聚，并避免表面吸附的杂质包裹在沉淀内部不易洗净。某些场合下，也可以加热水放置陈化，以制备特殊结构的沉淀。例如，在活性氧化铝的生产过程中，常常采用这种办法，即先制出无定形的沉淀，再根据需要采用不同的陈化条件，生成不同类型的水合氧化铝（$\alpha\text{-}Al_2O_3 \cdot H_2O$ 或 $\alpha\text{-}Al_2O_3 \cdot 3H_2O$ 等），再经焙烧转化为 $\gamma\text{-}Al_2O_3$ 或 $\eta\text{-}Al_2O_3$。

沉淀过程固然是沉淀法的关键步骤，然而沉淀的各项后续操作，例如过滤、洗涤、干燥、焙烧、成型等，同样会程度不同地影响催化剂的质量。

2. 洗涤

洗涤操作的主要目的是除去沉淀中的杂质。用沉淀法制备催化剂时，沉淀终点在控制和防止杂质混入上是很重要的。一方面要检验沉淀是否完全，另一方面要防止沉淀剂过量，以免在沉淀中带入外来离子和其他杂质。杂质混入催化剂主要发生在沉淀物生成过程中。沉淀带入杂质的原因是表面吸附、形成混晶（固溶体）、机械包藏等。其中，表面吸附是具有大表面非晶形沉淀玷污的主要原因。通常，沉淀物的表面积相当大，大小0.1mm左右的0.1g结晶物质（相对密度1）共有10万个晶粒，总表面积为60cm^{2}左右；如果颗粒尺寸减至0.01mm（微晶沉淀），颗粒的数目就增加到1亿个，表面积达到600cm^2；考虑到结晶表面不整齐等因素，它的表面积显然还要大得多。有这样大的表面积，对杂质的吸附就不可避免。

所谓形成混晶，指的是溶液中存在的杂质如果与沉淀物的电子层结构类型相似，离子半径相近，或电荷/半径比值相同，在沉淀晶体长大过程中，首先被吸附，然后参加到晶格排列中形成混晶（同形混晶或异形混晶）。混晶的生成与溶液中杂质的性质、浓度和沉淀剂加入速度有关。沉淀剂加入太快，结晶成长迅速，容易形成混晶。异形混晶晶格通常完整，当沉淀与溶液一起放置陈化后，可以除去。

机械包藏，指被吸附的杂质机械地嵌入沉淀中。这种现象的发生也是由于沉淀剂加入太快的缘故。陈化后，这种包藏的杂质也可能除去。

此外，在沉淀形成后陈化时间过长，母液中其他的可溶或微溶物可能沉积在原沉淀物上，这种现象称为后沉淀。显然，在陈化过程中发生后沉淀而带入杂质是我们所不希望的。

根据以上分析，为了尽可能减少或避免杂质的引入，应当采取以下几点措施：①针对不同类型的沉淀，选用适当的沉淀和陈化条件。②在沉淀分离后，用适当的洗涤液洗涤。③必要时进行再沉淀，即将沉淀过滤、洗涤、溶解后，再进行一次沉淀。再沉淀时由于杂质浓度大为降低，吸附现象可以减轻或避免。这与一般晶体物质的重结晶有相近的纯化效果。

以洗涤液除去固态物料中杂质的操作称为洗涤。最常用的洗涤液是纯水，包括去离子水和蒸馏水，其纯度可用电导仪方便地检测。纯度越高，电导越小。有时在纯水中加入适当洗涤剂配成洗涤液。当然洗涤剂应是可分解和易挥发的，例如用 $(NH4)_2C_2O_4$ 稀溶液洗涤 CaC_2O_4 沉淀。溶解度较小的非晶形沉淀，应该选择易挥发的电解质稀溶液洗涤，以减弱形成胶体的倾向，例如水合氧化铝沉淀宜用硝酸铵溶液洗涤。

选择洗涤液温度时，一般来说，温热的洗涤液容易将沉淀洗净。因为杂质的吸附量随温度的提高而减少，通过过滤层也较快，还能防止胶体溶液的形成。但是，在热溶液中沉淀损失也较大。所以，溶解度很小的非晶形沉淀，宜用热的溶液洗涤，而溶解度很大的晶形沉淀，以冷的洗涤液洗涤为好。

实际操作中，洗涤常用倾析法和过滤法。洗涤的开始阶段，多用倾析洗涤，即操作时先将洗涤槽中的母液放尽，加入适当洗涤液，充分搅拌并静置澄清后，将上层澄清液尽量倾出弃去，再加入洗涤液洗涤。重复洗涤数次后，将沉淀物移入过滤器过滤，必要时可以在过滤器中继续冲洗。为了提高洗涤效率、节省洗涤液并减少沉淀的溶解损失，宜用尽量少的洗涤液，分多次洗涤，并尽量将前次的洗涤液沥干。洗涤必须连续进行，不得中途停顿，更不能干涸放置太久，尤其是一些非晶形沉淀，放置凝聚后，就更难洗净。沉淀洗净与否，应进行检查，一般是定性检查最后洗出液中是否还显示某种离子效应。通常以洗涤水不呈 OH^-（用酚酞）或 NOF（用二苯胺浓硫酸溶液）的反应时为止。对某些类型的催化剂，洗涤不净在催化剂中残余的碱性物，将影响催化剂的性能。

（四）干燥、焙烧和活化

1. 干燥

干燥是用加热的方法脱除已洗净湿沉淀中的洗涤液。干燥后的产物，通常还是以氢氧化物、氧化物或硝酸盐、碳酸盐、草酸盐、铵盐和醋酸盐的形式存在。一般来说，这些化合物既不是催化剂所需要的化学状态，也尚未具备较为合适的物理结构，对反应不能起催化作用，故称催化剂的钝态。把钝态催化剂经过一定方法处理后变为活泼催化剂的过程，叫作催化剂的活化（不包括再生）。活化过程，大多在使用厂的反应器中进行，有时在催化剂制造厂进行，后者称预活化或预还原等。

2. 焙烧

焙烧是继干燥之后的又一热处理过程。但这两种热处理的温度范围和处理后的热失重是不同的。干燥对催化剂性能影响较小，而焙烧的影响则往往较大。

被焙烧的物料可以是催化剂的半成品（如洗净的沉淀或先驱物），但有时可能是催化剂成品或催化剂载体。

焙烧的目的是：①通过物料的热分解，除去化学结合水和挥发性物质（如 CO_2、NO_2、NH_3），使之转化为所需要的化学成分，其中可能包括化学价态的变化；②借助固态反应、互溶、再结晶，获得一定的晶型、微粒粒度、孔径和比表面积等；③让微晶适度地烧结，提高产品的机械强度。可见，焙烧过程伴随有多种化学变化和物理变化发生，其中包括热分解过程、互溶与固态反应、再结晶过程、烧结过程等。这些复杂的过程对成品性能的影响也是多方面的。如许多无机化合物在低温下就能发生固态反应，而催化剂（或其半成品）的焙烧温度常常在用的钴500℃左右。所以活性组分与载体间发生固态相互反应是可能的。再如，烧结一般使微晶长大，孔径增大，比表面积、比孔容积减小，强度提高等，对于一个给定的焙烧过程，上述的几个作用过程往往同时或先后发生。当然也必定以一个或几个过程为主，而另一些过程处于次要的地位。显然，焙烧温度的下限取决于干燥后物料中氢氧化物、硝酸盐、碳酸盐、草酸盐、铵盐之类易分解化合物的分解温度。这个温度，可以通过查阅物性数据和一般的热分解失重曲线的测定来确定。焙烧温度的上限要结合焙烧时间一并考虑。当焙烧温度低于烧结温度时，时间愈长，分解愈完全；若焙烧温度高于烧结温度，则时间愈长，烧结愈严重。为了使物料分解完全，并稳定产物结构，焙烧至少要在不低于分解温度和最终催化剂成品使用温度的条件下进行。温度较低时，分解过程或再结晶过程占优势；温度较高时，烧结过程可能较突出。

焙烧设备很多，有高温电阻炉、旋转窑、隧道窑、流化床等。选用何种设备要根据焙烧温度、气氛、生产能力和设备材质的要求来决定。

任何给定的焙烧条件都只能满足某些主要性能的要求。例如，为了得到较大的比表面积，在不低于分解温度和不高于使用温度的前提下，焙烧温度应尽量选低，并且最好抽真空焙烧；为了保证足够的机械强度，则可以在空气中焙烧，而且焙烧时间可长一些；为了制备某种晶形的产品（如 $\gamma\text{-}Al_2O_3$ 或 $\alpha\text{-}Al_2O_3$），必须在特定的相变温度范围内焙烧；为了减轻内扩散的影响，有时还要采取特殊的造孔技术，如预先在物料中加入造孔剂，然后在不低于造孔剂分解温度的条件下焙烧，等等。

3. 还原

经过焙烧后的催化剂（或半成品），多数未具备催化活性，必须用氢气或其他还原性气体，还原成为活泼的金属或低价氧化物，这步操作称为还原，也称为活化。当然，还原只是催化剂最常见的活化形式之一，因为许多固体催化剂的活化状态都是金属形态。然而，还原并非活化的唯一形式，因为某些固体催化剂的活化状态是氧化物、硫化物或其他非金属态。例如，烃类加氢脱硫用的钴—钼催化剂，其活性状态为硫化物。因此这种催化剂的活化是预硫化，而不是还原。

气—固相催化反应中，固体催化剂的还原多用气体还原剂进行。影响还原的因素大体是还原温度、压力、还原气组成和空速等。

若催化剂的还原是一个吸热反应，提高温度有利于催化剂的彻底还原；反之，若还原是放热反应，提高温度就不利于彻底还原。提高温度可以加大催化剂的还原速度，缩短还原时间。但温度过高，催化剂微晶尺寸增大，比表面积下降；温度过低，还原速度太慢，影响反应器的生产周期，而且也可能延长已还原催化剂暴露在水汽中的时间（还原伴有水分产生），增加氧化—还原的反复机会，也使催化剂质量下降。每一种催化剂都有一个特定的起始还原温度、最快还原温度、最高允许的还原温度。因此，还原时应根据催化剂的性质选择并控制升温速度和还原温度。

还原性气体有氢气、一氧化碳、烃类等含氢化合物（甲烷、乙烯）等，用于工业催化剂还原的还有 N_2-H_2（氨裂解气）、H_2-CO（甲醇合成气）等，有时还原性气体还含有适量水蒸气，配成湿气。不同还原性介质的还原效果不同，同一种还原气，因组成含量或分压不同，还原后催化剂的性能也不同。一般说来，还原气中水分和氧含量越高，还原后的金属晶体越粗。还原气体的空速和压力也能影响还原质量。高的空速有利于还原的平衡和速度。如果还原是分子数变少的反应，压力的变化将会影响还原反应平衡的移动，这时提高压力可以提高催化剂还原度。

在还原的操作条件（如温度、压力、时间及还原气组成与空速等）一定时，还原效果的好坏取决于催化剂的组成、制备工艺及颗粒大小。例如，加进载体的氧化物比纯粹的氧化物所需的还原温度往往要高些；相反，加入某些物质，有时可以提高催化剂的还原性，例如在难还原的铝酸镍中加入少量铜化合物，可以加速铝酸镍的还原。通常，还原反应有水分产生，在催化剂床层压力降许可的情况下，使用颗粒较细的催化剂，可以减轻水分对催化剂的反复氧化—还原作用，从而减轻水分的毒化作用。

催化剂的还原往往是催化剂正式投用前的最后一步，而且这一步的多种操作参数对催化剂的质量影响很大。故近年来对催化剂还原的研究工作也很活跃，还成功开发出多种工业催化剂的新型预还原品种。早期催化剂的还原通常是由使用厂家在反应器内进行的，即器内还原。然而，有的催化剂，或者由于还原过程很长，占用反应器的宝贵生产时间；或者由于在特殊的条件下还原，方可以获得很好的还原质量；或者由于还原与使用条件悬殊，器内还原无法满足最优的还原条件，要求在专用设备中进行器外的预先还原（必要时还原后略加钝化）。提供预还原催化剂，由催化剂生产厂在专用的预还原炉中完成还原操作，这就从根本上解决了上述各种问题。

第二节　浸渍法

浸渍法以浸渍为关键和特殊的一步，是制造催化剂广泛采用的另一种方法。按通常的做法，本法是将载体放进含有活性物质（或连同助催化剂）的液体（或气体）中浸渍（即浸泡），达到浸渍平衡后，将剩余的液体除去，再进行干燥、焙烧。

浸渍法具有下列优点：第一，可以用既成外形与尺寸的载体，省去催化剂成型的步骤。目前国内外均有市售的各种催化剂载体供应；第二，可选择合适的载体，提供催化剂所需物理结构特性，如比表面积、孔半径、机械强度、热导率等；第三，负载组分多数情况下仅仅分布在载体表面上，利用率高，用量少，成本低，这对铂、钯、铱等贵金属催化剂特别重要。正因为如此，浸渍法可以说是一种简单易行而且经济的方法，广泛用于制备附载型催化剂，尤其是低含量的贵金属负载型催化剂。其缺点是其焙烧分解工序常产生废气污染。常用的多孔载体有氧化铝、氧化硅、活性炭、硅酸铝、硅藻土、浮石、石棉、陶土、氧化镁、活性白土等。根据催化剂用途可以用粉状的载体，也可以用成型后的颗粒状载体。

活性物质在溶液里应具有溶解度大、结构稳定且在焙烧时可分解为稳定活性化合物的特性。一般采用硝酸盐、氯化物、醋酸盐或铵盐制备浸渍液。也可以用熔盐，例如处于加热熔融状态的硝酸盐等，做浸渍液。

浸渍法的基本原理，一方面是因为固体的孔隙与液体接触时，由于表面张力的作用而产生毛细管压力，使液体渗透到毛细管内部；另一方面是活性组分在载体表面上的吸附。为了增加浸渍量或浸渍深度，有时可预先抽空载体内空气，而使用真空浸渍法；提高浸渍液温度（降低其黏度）和增加搅拌，效果相近。

浸渍法虽然操作很简单，但是在制备过程中也常遇到许多复杂的问题。如在催化剂干燥时，有时因催化活性物质向外表面的迁移而使部分内表面活性物质的浓度降低，甚至载体未被覆盖。

活性物质在载体横断面的均匀或不均匀分布，也是值得深入探讨的问题。对于某些反应，有时并不需要催化剂活性物质均匀地分散在全部内表面上，而只需要表层和近表层有较多的活性物质。

制备各种类型断面分布催化剂的方法是竞争吸附法。按照这种方法，在浸渍溶液中除活性组分外，还要再加以适量的第二种称为竞争吸附剂的组分。浸渍时，载体在吸附活性组分的同时，也吸附第二组分。由于两种组分在载体表面上被吸附的概率和深度不同，发生竞争吸附现象。选择不同的竞争吸附剂，再对浸渍工艺和条件进行适当调节，就可以对活性组分在载体上的分布类型及浸渍深度加以调控，如使用乳酸、盐酸或一氯乙酸为竞争吸附剂时，则可得到加厚的蛋壳形分布。同时，采用不同用量和浓度的竞争吸附剂，可以控制活性组分的浸渍深度。

各类浸渍法的原理及操作：

一、　过量浸渍法

本法系将载体浸入过量的浸渍溶液中（浸渍液体积超过载体可吸收体积），待吸附平衡后，沥去过剩溶液，干燥、活化后得催化剂成品。

过量浸渍法的实际操作步骤比较简单。例如，先将干燥后的载体放入不锈钢或搪瓷的容器中，加入调好酸碱度的活性物质水溶液中浸渍。这时载体细孔内的空气，依靠液体的毛细管压力而被逐出，一般不必预先抽空。过量的水溶液用过滤、沥析或离心分离的方法除去。浸渍后，一般还有与沉淀法相近的干燥焙烧等工序。多余的浸渍液一般不加处理或略加处理后，还可以再次回收利用。

二、　等体积浸渍法

本法系将载体与其正好可吸附体积的浸渍溶液相混合，由于浸渍溶液的体积与载体的微孔体积相当，只要充分混合，浸渍溶液恰好浸没载体颗粒而无过剩，可省去废浸渍液的过滤与回收操作。但是必须注意，浸入液体积是浸渍化合物性质和浸渍溶液黏度的函数。确定浸渍溶液体积，应预先进行试验测定。等体积浸渍可以连续或间歇进行，设备投资少，生产能力大，能精确调节负载量，所以在工业上被广泛采用。

实际操作时，该法是将需要量的活性物质配成水溶液，然后将一定量的载体浸渍其中。这个过程通常采用喷雾法，即把含活性物质的溶液喷到装于转动容器中的载体上。本法适用于载体对活性物质吸附能力很强的情况。就活性物质在载体上的均匀分布而言，此法不如过量浸渍法。

对于多种活性物质的浸渍，还要考虑到，由于有两种以上溶质的共存，可能改变原来某一活性物质在载体上的分布。这时往往要加入某种特定物质，以寻找催化活性的极大值。例如制备铂重整催化剂时，在溶液中加入若干竞争吸附剂醋酸，可以改变铂在载体上的分布。而醋酸含量达到一定比例时，催化活性就出现极大值。在另外的情况下，也可采用分步浸渍，即先将一种活性物质浸渍后，经干燥焙烧，然后再用另一种活性物质浸渍。有时可将多种活性物质制成混合溶液，而后浸渍。

当需要活性物质在载体的全部内表面上均匀分布时，载体在浸渍前要进行真空处理，抽出载体内的气体，或同时提高浸渍液温度，以增加浸渍深度。

载体的浸渍时间取决于载体的结构、溶液的浓度和温度等条件，通常为 30~90min。

三、 多次浸渍法

为了制得活性物质含量较高的催化剂，可以进行重复多次的浸渍、干燥和焙烧，即所谓多次浸渍法。

采用多次浸渍法的原因有两点：第一，浸渍化合物的溶解度小，一次浸渍的负载量少，需要重复浸渍多次；第二，为避免多组分浸渍化合物各组分的竞争吸附，应将各个组分按次序先后浸渍。每次浸渍后，必须进行干燥和焙烧，使之转化成为不可溶性的物质，这样可以防止上次浸渍在载体上的化合物在下一次浸渍时又重新溶解到溶液中，也可以提高下一次的浸渍载体的吸收量。例如，加氢脱硫用 $CoO-MoO_3/Al_2O_3$ 催化剂的制备，可将氧化铝用钴盐溶液浸渍、干燥、焙烧后，再用钼盐溶液按上述步骤反复处理。必须注意每次浸渍时负载量的提高情况。随着浸渍次数的增加，每次的负载量将会递减。

多次浸渍法工艺过程复杂、劳动效率低、生产成本高，除非上述必要的特殊情况，应尽量避免采用。

四、 浸渍沉淀法

即先浸渍后沉淀的制备方法。本法是某些贵金属浸渍型催化剂常用的方法。这时由于浸渍液多用氯铂酸、氯钯酸、氯铱酸或氯金酸等氯化物的盐酸溶液，这些浸渍液在被载体吸收吸附达到饱和后，往往紧接着再加入 NaOH 溶液等，使氯铂酸中的盐酸得以中和，并进而使金属氯化物转化为氢氧化物，而沉淀于载体的内孔和表面。这种先浸渍后再沉淀的方法，有利于 Cl^- 的洗净脱除，并可使生成的贵金属化合物在较低温度下用肼、甲醛、H_2O_2 等含氢化合物的水溶液进行预还原。在这种条件下所制得的活性组分贵金属，不仅易于还原，而且粒子较细，并且还不产生高温焙烧分解氯化物时造成的废气污染。

五、 流化喷洒浸渍法

对于流化床反应器所使用的细粉状催化剂，可应用本法，即浸渍溶液直接喷洒到反应器中处于流化状态的载体上，完成浸渍后，接着进行干燥和焙烧。

六、　蒸气相浸渍法

可借助浸渍化合物的挥发性，以蒸气的形态将其负载到载体上去。这种方法首先应用在正丁烷异构化过程中。催化剂成分为 $AlCl_3$/铁钒土。在反应器内，先装入铁钒土载体，然后以热的正丁烷气流将活性组分 $AlCl_3$ 升华并带入反应器，当负载量足够时，便转入异构化反应。用此法制备的催化剂，在使用过程中活性组分也容易流失，必须随反应气流连续外补浸渍组分。近年，用固体 SiO_2、Al_2O_3 做载体，负载加入 SbF_5 蒸气，合成 SbF_5/ SiO_2、Al_2O_3 固体超强酸。这也应属本法的范围。

第三节　混合法

不难想象，两种或两种以上物质机械混合，可算是制备催化剂的一种最简单、最原始的方法。多组分催化剂在压片、挤条或滚球之前，一般都要经历这一操作。混合前的一部分催化剂半成品，或许要用沉淀法制备。有时还用混合法制备各种催化剂载体，而后烧结、浸渍。

混合法设备简单、操作方便，产品化学组成稳定，可用于制备高含量的多组分催化剂，尤其是混合氧化物催化剂。此法分散性和均匀性显然较低，因而近年已淘汰、限用或加以改良。

根据被混合物料的物相不同，混合法可以分为干混与湿混两种类型。两者虽同属于多组分的机械混合，但设备有所区别。

一、　固体磷酸催化剂的制备 （湿混法）

磷酸和磷酸盐属于强酸型催化剂，它们一般是通过与反应成分间进行质子交换而促进化学反应的。这一类强酸型催化剂，往往具有促进链烯烃的聚合、异构化、水合、烯烃烷基化及醇类的脱水等各种反应的功能。

如在 100 份硅藻土中，加入 300~400 份 90% 的正磷酸和 30 份石墨。石墨使催化剂易于成型，且由于它传热快，能有效地防止反应中因部分蓄热而引起的催化剂损坏。充分搅拌上述三种物料，使之均匀。然后放置在平瓷盘中，在 110℃ 的烘箱中使之干燥到适于成型的湿度。用成型机将干燥后的催化剂粉末制成规定大小的片剂，再进行热处理，例如在马弗炉或回转炉中通热风进行活化。这样制得的固体磷酸催化剂，其活性由于载体的形态、磷酸含量、热处理方法、热处理温度及时间等条件的不同而有显著差异。

二、 转化吸收型锌锰系脱硫剂的制备 （ 干混法 ）

本催化剂可以直接采用市售的活性氧化锌（或碳酸锌）、二氧化锰、氧化镁为原料制备。碳酸锌也可以由锌锭、硫酸、碳酸钠通过沉淀反应自行制备。按规定配比将碳酸锌、二氧化锰、氧化镁依次倒进混合机混合 10~15min，然后恒速送入一次焙烧炉，在 350℃左右进行第一次焙烧，使大部分碳酸锌分解为活性氧化锌。将初次焙烧过的混合物慢慢地加到回转造球机中，喷水滚制成小圆球。小圆球进入二次焙烧炉，在 350℃左右第二次焙烧、过筛、冷却、气密包装，即得产品。这种典型干混法制备的催化剂，由于分散性差，脱硫效果不甚理想。

第四节　热熔融法

热熔融法是制备某些催化剂较特殊的方法。它适用于少数不得不经熔炼过程的催化剂，为的是要借助高温条件将各个组分熔炼成为均匀分布的混合物，甚至形成氧化物固溶体或合金固溶体。配合必要的后续加工，可制得性能优异的催化剂。固溶体是指几种固体成分相互扩散所得到的极其均匀的混合体，也称固体溶液。固溶体中的各个组分，其分散度远远超过一般混合物。由于在远高于使用温度的条件下熔炼制备，这类催化剂常有高的强度、活性、热稳定性和很长的使用寿命。

本法的特征操作工序为熔炼，这是一个类似于平炉炼钢的较复杂和高能耗工序。熔炼常在电阻炉、电弧炉、感应炉或其他熔炉中进行。显然，除催化剂原料的性质和助剂配方外，熔炼温度、熔炼次数、环境气氛、熔浆冷却速度等因素，对催化剂的性能都会有一定影响，操作时应予以充分注意。可以想象，提高熔炼温度，一方面可以降低熔浆的黏度，另一方面可以增加各个组分质点的能量，从而加快组分之间的扩散，弥补缺乏搅拌的不足。增加熔炼次数，采用高频感应电炉，都能促进组分的均匀分布。有些催化剂熔炼时应尽量避免接触空气，或采用低氧分压的熔炼和冷却。有时在熔炼后采用快速冷却工艺，让熔浆在短时间内淬冷，以产生一定内应力，可以得到晶粒细小、晶格缺陷较多的晶体，也可以防止不同熔点组分的分步结晶，以制得分布尽可能均匀的混合体。有理论认为，晶格缺陷与催化活性中心有关，缺陷多往往活性高。

用于氨合成（或氨分解）的熔铁催化剂、烃类加氢及费托合成烃催化剂或雷尼（Raney）型骨架镍催化剂等的制备是本法的典型例子。

一、　用于合成氨的熔铁催化剂

合成氨是众所周知的重要化学反应。该反应的催化剂，以四氧化三铁为活性组分，成品催化剂组成，例如为：Fe_2O_3 66%、FeO 31%，K_2O 1%，Al_2O_3 1.8%。

向粉碎过的电解铁中加入作为促进剂的氧化铝、石灰、氧化镁等氧化物的粉末，充分混合，然后装入细长的耐火瓷舟中，在 900~950℃ 温度下置于氢或氮的气流中烧结。再向这种烧结试样中，按需要量均匀注入浓度为 20% 的硝酸钾溶液，吹氧燃烧熔融。这种制法在实验室比较容易进行。熔融时，上述原料必须逐步少量加入，操作反复进行。

二、　骨架镍催化剂

骨架镍催化剂制备方法，通过熔炼 Ni-Si 合金，并以 NaOH 溶液沥滤出 Si 组分，首次制得了分散状态独具一格的骨架镍加氢催化剂。后来，改用 Ni-Al 合金又使骨架催化剂的活性更加提高。这种金属镍骨架催化剂，具有多孔骨架结构，类似海绵，呈现出很高的加氢脱氢活性。此后，这类催化剂都以发明者命名，称雷尼镍。相似的催化剂还有铁、铜、钴、银、铬、锰等的单组分或双组分骨架雷尼催化剂。目前工业上雷尼镍应用最广，主要用于食品（油脂硬化）和医药等精细化学品中间体的加氢。其主要优点是活性高、稳定，且不污染其加工制品，特别重要的是不污染食品。如氢化植物油，此油多为制作糕点用的"氢化油"或"人造奶油"。

三、　粉体骨架钴催化剂

用与制备骨架镍催化剂相近的方法，还可以制备骨架铜、骨架钴等以及多种金属的合金。这些催化剂可为块状、片状，亦可为粉末状。

粉体骨架钴催化剂制法要点如下：将 Co-Al 合金（47∶53）制成粉末，逐次少量地加入用冰冷却的、过量的 30%NaOH 水溶液中，可见到 Al 溶于 NaOH 生成偏铝酸钠时逸出的氢气。全部加完后，在 60℃ 以下温热 12h，直到氢气的发生停止。除去上部澄清液，重新加入 30%NaOH 溶液并加热。该操作须重复 2 次，待观测不出再有 H_2 发生后，用倾泻法水洗，直到呈中性为止。再用乙醇洗涤后，密封保存于无水乙醇中。这种催化剂可在 175~200℃ 时进行苯环的加氢，若换用作脱氢催化剂时，活性也相当高。

四、　骨架铜催化剂

将颗粒大小为 0.5~0.63cm³ 的 AlCu 合金悬浮在 50% 的 NaOH 中，反应 380min，每 0.454kg 合金用 1.3kgNaOH（以 50% 水溶液计）在约 40℃ 处理，然后继续加入 NaOH，以除

去合金中 80%～90%的 Al，即可得骨架铜催化剂。

该催化剂可用于丙烯腈水解制丙烯酰胺。丙烯酰胺是一种高聚物单体，用于制备絮凝剂、胶黏剂、增稠剂等。

所有的骨架金属催化剂，化学性质活泼，易与氧或水等反应而氧化，因此在制备、洗涤或在空气中贮存时，要注意防止其氧化失活。一旦失活，在使用前应重新还原。

第五节　离子交换法

某些催化剂利用离子交换反应作为其主要制备工序的化学基础。制备这类催化剂的方法，称为离子交换法。

这种情况下发生的离子交换反应，发生在交换剂表面固定而有限的交换基团上，是化学计量的、可逆的（个别交换反应不可逆）、温和的过程。离子交换法，系借用离子交换剂作为载体，以阳离子的形式引入活性组分，制备高分散、大比表面积、均匀分布的负载型金属或金属离子催化剂。与浸渍法相比，此法所负载的活性组分分散度高，故尤其适用于低含量、高利用率的贵金属催化剂的制备。它能将小至 0.3～4.0nm 直径的微晶的贵金属粒子负载在载体上，而且分布均匀。在活性组分含量相同时，催化剂的活性和选择性一般比用浸渍法制备的催化剂要高。

一、　由无机离子交换剂制备催化剂

（一）概念和分类

目前所指的无机离子交换剂，其原料单体主要是各种人工合成的沸石，而天然沸石已应用较少。

沸石是由 SiO_2、Al_2O_3 和碱金属或碱土金属组成的硅酸盐矿物，特别是指 Na_2O、Al_2O_3、SiO_2 三者组成的复合结晶氧化物（也称复盐）。

这些合成沸石结晶的孔道，通常被吸附水和结晶水所占据。加热失水后，可以用作吸附剂。在沸石晶体内部，有许多大小相同的微细孔穴，孔穴之间又有许多直径相同的孔（或称窗口）相通。由于它具有强的吸附能力，可以将比其孔径小的物质排斥在外，从而把分子大小不同的混合物分开，好像筛子一样。因此，人们习惯上把这种沸石材料称为分子筛。

分子筛若用作催化反应的载体或催化剂后，这种物理的分离功能和化学的选择性结合起来，衍生出许多种无机催化材料。

主要由于分子筛中 Na_2O、Al_2O_3、SiO_2 三者的数量比例不同，而形成了不同类型的分子筛。根据晶型和组成中硅铝比的不同，把分子筛分为 A、X、Y、L、ZSM 等各种类型；而又根据孔径大小的不同，再可分为 3A（0.3nm 左右）、4A（比 0.4nm 略大）、5A（比 0.5nm略大）等型号。

为了适应分子筛的各种不同用途，特别是用作催化剂，需要常见的 Na 型分子筛中 Na^+ 用离子交换的方法交换 H^+、Ca^{2+}、ZN^{2+} 等成其他阳离子，于是制得 Ca-X、HZSM-5 等不同的衍生物，则相应地称为 Ca-X 分子筛、HZSM-5 分子筛等。

当分子筛中的硅铝比（SiO_2/Al_2O_3摩尔比）不同时，分子筛的耐酸性、热稳定性等各不相同。一般硅铝比越大，耐酸性和热稳定性越强。高硅沸石，如丝光沸石和 ZSM-5 分子筛，若欲将 Na^+型转化为 H^+型分子筛，可直接用盐酸交换处理，而低硅的 X、Y、A 型分子筛则不能。13X 分子筛在 500℃ 蒸气中处理 24h，其晶体结构可能遭到破坏，而 Y 型和丝光沸石，则不受影响。

各种分子筛的区别，更明显的是表现在晶体结构上的不同上面。由于晶体结构的不同，各种分子筛表现出自身独有的吸附和催化性质。加上用离子交换方法转化而成的各种金属离子的分子筛衍生物，于是便构成了日益增多的分子筛催化剂新品种，其系列至今仍在不断扩大中。

（二）钠型分子筛的一般制法

天然矿物的沸石分子筛种类较少，而且结构成分不纯，因此用途受限。

早期的合成沸石，是采用模拟天然沸石矿物的组成和生成条件，用碱处理的办法来制备的。以后发展成用水热合成方法系统地合成多种沸石分子筛。

沸石的合成方法按原料不同大致可以分为水热合成法及碱处理法两大类。

水热合成法是在适当的温度下进行的。反应温度在 20~150℃ 之间，称为低温水热合成反应；反应温度在 150℃ 以上，称为高温水热合成反应。所用原料主要是含硅化合物、含铝化合物、碱和水。常用的碱性物质有 Na_2O、K_2O、Li_2O、CaO、SrO 等，也可以用这些碱性物质的混合物。

两种方法的主要操作工序基本相同，主要差别仅在原料及其配比和晶化条件的不同。现主要以 Y 型及 ZSM-5 分子筛为例简述其一般制法。

1. Y 型分子筛

通常生产 Y 型分子筛所用的硅酸钠是模数（即 SiO_2/Na_2O 摩尔比）3.0~3.3 的浓度较高的工业水玻璃，用时稀释。

偏铝酸钠溶液由固体氢氧化铝在加热搅拌下与 NaOH 碱液反应制得。为防止偏铝酸钠水解，溶液应使用新配制的，且 Na_2O/Al_2O_3 之比应控制在 1.5 以上。

碱度指晶化阶段反应物中碱的浓度，习惯上是以 Na_2O 的摩尔分数及过量碱的摩尔分数（或质量分数）来表示。在制备 Y 型分子筛时，要求碱度控制在 Na_2O 为 0.75~1.5，过量碱为 800%~1400%，Na_2O/SiO_2 质量比为 0.33~0.34。

成胶后的产物要进行晶化。偏铝酸钠、NaOH 与水玻璃反应生成硅铝酸钠，称为成胶。温度、配料的硅铝化、钠硅比及原料碱度，是影响成胶及晶化的重要因素。

成胶后的硅铝酸钠凝胶经一定温度和时间晶化成晶体，这相当于前述沉淀法中的陈化工序。对晶化温度和晶化时间应严格加以控制，且不宜搅拌过于剧烈。通常采用反应液沸点左右为晶化温度。Y 型分子筛一般控制温度 97~100℃。结晶时可加入导晶剂，以提高结晶度。这就是前述的导晶沉淀法。

洗涤的目的是冲洗分子筛上附着的大量氢氧化物。洗涤终点控制在 pH 值=9 左右。

2. ZSM-5 分子筛

主要原料除 Na_2SO_4、NaCU $Al_2(SO_4)_3$ 以及硅酸钠等通用原料外，还要加入有机铵盐等，作为控制晶体结构的"模板剂"。有些配方，除使用水和硫酸等无机溶液外，还使用有机溶液。

这些原料，按一定配比和加料方式，加入热压釜中。反应保持一定的时间和温度。凝胶、结晶、洗涤、焙烧后，得钠型的 NaZSM-5 分子筛。

NaZSM-5 分子筛，可以交换为氢型和其他金属离子取代的分子筛。其中氢型分子筛HZSM-5 最为常用，是一种工业固体酸催化剂。

以下是一种用作甲苯歧化的氢型 HZSM-5 分子筛制备方法的要点。①将碱性的硅酸钠溶液和含有四丙基铵溴盐的酸性溶液缓慢搅拌（20min）混合，可以得到无定形的 ZSM-5胶状物。尔后，再将此无定形物结晶化。在温度 100℃下保持 8d，等待 ZSM-5 结晶。干燥后得到白色粉状催化剂，晶体含量可达 80%；②将硅酸钠水溶液和酸性硫酸铝（含氯化钠）的水溶液混合，再加入三正丙基胺、正丙基溴和甲乙酮（还有氯化钠悬浮）的有机溶液反应。所得胶状物料加热至 165℃，保温 5h，再在 100℃保持 60h。得到每 $6.45cm^2$ 大于 5 目（即 5 目/in_2）筛网粒度的无定形固体，约占 40%，其余为细粉。细粉经筛分后，得通过 100 目的微晶体 ZSM-5。以上两种方法制备的催化剂物理性质相似，晶状 ZSM-5含量为 80%~85%。

ZSM-5 分子筛再经酸处理，用离子交换法制成氢型分子筛 HZSM-5。可用 1.0mol/L的 NH_4NO_3 交换 3~5 次，使分子筛中的 Na^+ 交换为 NH_4^+。干燥后，在 540℃焙烧，脱除 NH_3，而余下骨架上的 H^+，经 6h 转化成 HZSM-5。也可在 85℃将 ZSM-5 与 10%NH_2Cl 溶液搅拌接触 3 次，每次 lh，随后在 538 ℃焙烧 3h 将其转化成 HZSM-5。催化剂经压制成为 560.64cm×0.4cm 的圆柱体。这种催化剂可用于评价试验。若催化剂结焦，用空气在 540℃下烧炭 6h，可再生得白色催化剂，具有和新鲜催化剂相同的活性。本评价试验证明，ZSM-5 晶体有较其他分子筛更好的热稳定性，这是其最可宝贵的性质。

3. 分子筛上的离子交换

通常用下列通式来表示包括上述各种常见分子筛在内的一切分子筛的化学组成。

$$M^{n+} \cdot [(Al_2O_3)_p \cdot (SiO_2)_q] \cdot wH_2O \qquad (3-4)$$

式中，M 是 n 价的阳离子，最常见的是碱金属、碱土金属，特别是钠离子；p、q、w 分别代表 Al_2O_3、SiO_2、H_2O 的分子数。由于 n、p、q、w 数量的改变和分子筛晶胞内四面体排列组合的不同（链状、层状、多面体等），衍生出各种类型的分子筛。

利用分子筛上可交换阳离子的上述特性，可用离子交换的方法，即用其他的阳离子，来交换替代钠离子。一般使用相应阳离子的水溶液，一次或数次地常温浸渍，或者动态地淋洗，必要时搅拌或加温，以强化传质。用离子交换法制备催化剂的工艺，在化学上类似于两种无机盐间的或者一种金属（如铁）和另一种金属盐（如硫酸铜）间进行的离子交换反应，而在催化剂制备工艺上，与浸渍法较为接近。不过，本法涉及的溶液浓度，一般比浸渍法低得多。

利用离子交换顺序表，并考虑到各种分子筛对酸和热的结构稳定性，即可用常见的钠型分子筛原粉商品为骨架载体，用离子交换法引进 H^+ 和其他各种活性阳离子，以制备对应的催化剂。这时的操作也称作分子筛催化剂的活化预处理。

最常用的离子交换法，是常压水溶液交换法。特殊情况下也可用热压水溶液或气相交换。

交换液的酸性应以不破坏分子筛的晶体结构为前提。例如，通过离子交换，可将质子 H^+ 引入沸石结构，得氢型分子筛。低硅沸石（如 X 型或 Y 型分子筛）一般用铵盐溶液交换，形成铵型沸石，再分解脱除 NH_3 后间接氢化。而高硅沸石（如丝光沸石和 ZSM-5 分子筛）由于耐酸，可直接用酸处理，得氢型沸石。

用水溶液交换，通常的交换条件是：温度为室温至 100℃；时间 10min 至数小时；溶液浓度 0.1~1mol/L。

有实验证明，在 NaY 分子筛上，用酸交换，室温下的最高交换量不超过 68%，用 7mol/L 的 $LaCl_3$ 溶液，100℃下 47d 交换量达 92%。对某些离子，宜进行多次交换，并在各次交换操作之间增加焙烧，这有助于提高交换量。水溶液中的离子交换反应有可逆性，故提高其浓度也有利于交换的平衡和速度。

二、 由离子交换树脂制备催化剂

有机离子交换剂，即离子交换树脂。它与上述无机离子交换剂一样，亦可在阳离子水溶液中进行离子交换。

离子交换树脂作为净水剂用于制"去离子水"，或用于稀贵金属提纯的"湿法冶金"，已为人们熟知。离子交换树脂本身还可以用作催化剂，或者经过进一步加工后而成为催化剂，如果树脂可耐受该有机反应温度的话。

离子交换树脂可视为是不溶于水和有机溶剂的固体酸或固体碱。因此凡是原本用酸或碱作催化剂的有机化学反应，原则上都有可能改用离子交换树脂做催化剂。

离子交换树脂催化剂的优越性。但与无机离子交换剂分子筛相比，有机离子交换树脂有机械强度低、耐磨性差、耐热性往往不高、再生时较分子筛催化剂困难等不足。

离子交换树脂大致可以分为阳离子交换树脂和阴离子交换树脂两大类。

典型的阳离子交换树脂，是在树脂的骨架中含有作为阳离子交换基团的磺酸基（$-SO_3H$）或羧基（$-COOH$）等，前者称为强酸性阳离子交换树脂，后者称为弱酸性阳离子交换树脂。

典型的阴离子交换树脂，是在树脂的骨架中含有作为阴离子交换的季铵基的强碱性阴离子交换树脂，和以伯胺至叔胺基作为交换基团的弱碱性阴离子交换树脂。

阴、阳离子交换树脂均以苯乙烯、丙烯酸等的共聚高聚物作为其骨架。我国已可以生产各种牌号的阴阳离子交换树脂出售，一般少有在催化实验室自行制备的，除非是一些新型号的特殊品种。

离子交换树脂的商品形态通常为 $10\sim50$ 目的小球状颗粒。由于市售的酸性阳离子交换树脂为 $R-SO_3Na$ 等型号，碱性阴离子交换树脂为 $R-N^+$（CH_3）$_3Cl^-$ 等型号，而它们都是离子交换树脂的钝化形态，便于稳定地贮存。所以这些阴、阳离子交换树脂在使用前必须用酸或碱分别进行处理转化成 $R-SO_3H$ 型或 $R-N^+$（CH_3）$_3OH^-$ 型等活化形态，以便使用。

在必要时，活化后的酸性或碱性离子交换树脂还可以用无机盐水溶液进行交换，处理成对应的盐类形式，如 $-SO_3Hg$ 等，再进行使用。对市售树脂的上述处理过程称为活化。使用后的树脂失活后，还要再次以至多次进行活化。

树脂的活化方法举例如下。将树脂装入离子交换柱中，对阳离子交换树脂，可注入比树脂交换容量大为过量的5%盐酸；对阴离子交换树脂，则注入大为过量的5%苛性钠。酸碱处理后，再用蒸馏水进行水洗。根据情况，最后可再用乙醇洗净。这样所得的树脂催化剂，既可直接用于反应，也可风干或在室温下减压干燥后再用于反应。制取盐类形式的树脂催化剂时，可在上述的［H^+］型或［OH^-］型树脂中注入适当的盐类水溶液即可制得，原理与分子筛上的阳离子交换处理相近。活化时，不管用盐酸、苛性钠或其他盐处理，均可使用静态的或者动态的（小流量置换）浸渍方法。

第六节 催化剂的成型

一、 成型与成型工艺概述

固体催化剂，不管以何种方法制备，最终总是要以不同形状和尺寸的颗粒装入催化反应器中方可使用，因而成型一般是催化剂制造中最后一步重要工序。

早期的催化剂成型方法，是将块状物质破碎，然后筛分出适当粒度不规则形状的颗粒使用。这样制得的催化剂，因其形状不定，在使用时易产生气流分布的不均匀现象。同时大量被筛下的小颗粒甚至粉末不能回用，也造成浪费，随着成型技术的发展，许多催化剂大都改用其他成型方法。但也有个别催化剂因成型困难目前仍沿用这种方法，如合成氨用熔铁催化剂、加氢用的骨架金属催化剂等，因为这类催化剂不便采用其他方法成型。

催化剂的形状，必须服从使用性能的要求；而催化剂的形状和成型工艺，又反过来影响着催化剂的性能。

市售的固体催化剂必须是颗粒状或微球状，以便均匀地填充到工业反应器中，工业上常用的催化剂，除上述的无定形粒状外，还有圆柱形（包括拉西环形及多孔环形）、球形、条形、蜂窝形、内外齿轮形、三叶草形、小球及微球形、梅花形等。

沸腾床等使用的小粒或微粒催化剂，欲调节催化剂形状但缺乏手段，故一般只能关心催化剂的粒径和粒径分布问题，而很少论及催化剂的形状。然而粒径大于 4~5mm 的固定床催化剂，这方面的研究、讨论和成果很多。由于各种成型工艺与设备从其他工业的移植和改造，使固定床等使用的工业催化剂的形状变得丰富多样。早期那种催化剂以无定形和球形为主的时代，已成过去。

形状、尺寸不同，甚至催化剂的表面粗糙程度不同，都会影响到催化剂的活性、选择性、强度、阻力等性能。一般而言，这里最核心的影响是对活性、床层压力降和传热这三方面的影响。改变各种催化剂形状的关键问题，是在保证催化剂机械强度以及压降允许的前提下，尽可能地提高催化剂的表面利用率，因为许多工业催化反应是内扩散控制过程，单位体积反应器内所容纳的催化剂外表面积越大，则活性越高。最典型的例子是烃类水蒸气转化催化剂的异形化，即由多年沿用的传统拉西环状，改为七孔形、车轮形等"异形转化催化剂"。异形化的结果：催化剂的化学性质、物理结构即使不加改动，也可以使活性提高，压降减小，而且传热改善。这不失为一条优化催化剂性能的捷径。

除转化催化剂外，还有甲烷化催化剂及硫酸生产用催化剂的异形化、氨合成催化剂的球形化等，都有许多新进展。新近公开的我国炼油加氢用四叶蝶形催化剂，具有粒度小、强度高和压力降低等优点，特别适于扩散控制的催化过程。但目前在固定床催化剂中，圆柱形及其变体、球形催化剂仍使用最广。

圆柱形有规则的、光滑的表面，易于滚动，充填均匀，空心圆柱形则有表观密度小、单位体积内催化剂表面积大的优点。

为了提高反应器的生产能力，一定容积的反应器内希望装填尽量多的催化剂。因此，球形是最为适宜的形状。球形颗粒更易滚动和充填均匀，耐磨性也高，因而表面成分被气流冲刷造成的损失小，这对稀贵金属催化剂尤为重要。

催化剂颗粒的形状、尺寸和机械强度，要能与相应的催化反应过程和催化反应器相匹配。

（一）固定床用催化剂

其强度、粒度允许范围较大，可以在比较广的条件范围内操作。过去曾经使用过形状不一的粒状催化剂，易造成气流分布不均匀。后改用形状尺寸相同的成型催化剂，并经历过催化剂尺寸由大变小的发展过程。但催化剂颗粒尺寸过小，会加大气流阻力，影响正常运转，同时催化剂成型方面也会遇到困难。

（二）移动床用催化剂

由于催化剂需要不断移动，机械强度要求更高，形状通常为无角的小球。常用直径 3~4μm 或更大的球形颗粒。

（三）流化床用催化剂

为了保持稳定的流化状态，催化剂必须具有良好的流动性能，所以，流化床常用直径 20~150Mm 或更大直径的微粉或微球颗粒。

（四）悬浮床用催化剂

为了在反应时使催化剂颗粒在液体中易悬浮循环流动，通常用微米级至毫米级的球形颗粒。

为加工不同形状的催化剂，便有不同的成型设备和成型方法。有时同一形状也可选用不同的成型方法。从不同的角度出发，可以对成型方法进行不同的分类。例如，从成型的形式和机理出发，可以把成型方法分为自给造粒成型（如滚动成球等）和强制造粒成型（如压片与压环、挤条、喷雾等）。

　　成型方法的选择主要考虑两方面因素：①成型前物料的物理性质；②成型后催化剂的物理、化学性质。无疑，后者是重要的。当两者有矛盾时，大多数情况下，宁可去改变前者，而尽可能迁就后者。

　　从催化剂使用性能的角度，应考虑到下列一些因素的影响：催化剂颗粒的外形尺寸影响到气体通过催化剂填充床层的压力降 Δp，Δp 随颗粒当量直径的减少而增大；颗粒的外形尺寸和形状影响到催化剂的孔径结构（孔隙率、孔径结构、比表面积），从而对催化剂的容积活性和选择性有影响；某些强制造粒成型方法，如压片或挤条，有时能使物料晶体结构或表面结构发生变化，从而影响到催化剂物料的本征活性和本征选择性。这种情况下，成型对催化剂性能的影响，常常是机械力和温度的综合作用，因为成型时摩擦力极大，被成型物料往往瞬间有剧烈的温升。

　　催化剂需要适当的机械强度，以适应诸如包装、运输、贮存、装填等操作的需要，以及在使用中的一些特殊要求，如操作中改变反应气体流量时的突然压降变化和气流冲击等。

　　催化剂的机械强度与起始原料性能有关，也与成型方法有关。当催化剂在使用条件下的机械强度是薄弱环节，而改变起始原料性质又有损于催化剂的活性或选择性时，压片成型常是较可靠的增强机械强度的方法。必要时，在催化剂（或载体）配方中增加胶黏剂，或在催化剂（或载体）的制备工艺中增加烧结工艺，也是提高催化剂强度的常用方法。

　　为了提高催化剂强度和降低成型时物料内部或物料与模具间的摩擦力，有时配方中要加入某种胶黏剂和润滑剂，胶黏剂的作用主要是增加催化剂的强度。基本胶黏剂主要用于压片成型过程，有时也用于某些物料的挤条过程；薄膜胶黏剂一般用溶剂，其中最常用的是水。薄膜胶黏剂的用量主要取决于物料性质。对大多数物料来说，0.5%～2%的用量就足以使物料达到满意的表面润湿度。化学胶黏剂的作用是通过胶黏剂组分之间发生化学反应或胶黏剂与物料之间发生化学反应，使成型产品有很好的强度。不论选用哪种胶黏剂，都必须能润滑物料颗粒表面并具备足够的湿强度。湿强度欠佳的催化剂半成品，甚至在生产线上转移搬动时，即会破损，显然这是不允许的。催化剂成型后，都不希望产品被胶黏剂所污染，所以应当选用干燥或焙烧过程中可以挥发或分解的物质。

　　常用固体、液体润滑剂用量一般为 0.5%～2%。固体润滑剂一般用于较高压力成型的场合。这些润滑剂中，多数为可燃或可挥发性物质，能在焙烧中分解，故可以同时起造孔作用。

二、 几种重要的成型方法

（一）压片成型

1. 压片工艺与旋转压片机

压片成型是广泛采用的成型方法，和西药片剂的成型工艺相接近。它应用于由沉淀法得到的粉末中间体的成型、粉末催化剂或粉末催化剂与水泥等胶黏剂的混合物的成型，也适于浸渍法用载体的预成型。

压片成型法制得的产品，具有颗粒形状一致、大小均匀、表面光滑、机械强度高等特点。其产品适用于高压高流速的固定床反应器。其主要缺点是生产能力较低，设备较复杂，直径 3mm 以下的片剂（特别是拉西环）不易制造，成品率低，冲头、冲模磨损大因而成型费用较高等。

本法一般压制圆柱形、拉西环形的常规形状催化剂片剂，也有用于齿轮状等异形片剂成型的。其常用成型设备是压片（打片）机或压环机。压片机的主要部件是若干对上下冲头、冲模，以及供料装置、液压传输系统等。待压粉料由供料装置预先送入冲模，经冲压成型后，被上升的下冲头排出。先进的压环机，在旋转的转盘上，装有数十套模具，能连续地进料出环，物料的进出量、进出速度及片剂的成型压力（压缩比），可在很大的范围内调节。

2. 滚动压制机

它是利用两个相对旋转的滚筒，滚筒表面有许多相对扣合的、不同形状（如半球状）的凹模，将粉料和胶黏剂通过供料装置送入筒中间，滚筒径向之间通过油压机或弹簧施加压力，将物料压缩成相应的球形或卵形颗粒。成型颗粒的强度与凹模形状、供料速度、胶黏剂种类等因素有关。这种生产方法的生产能力比压片机高。

这种设备有时也可用于压片前的预压，通过一次或多次预压，可以大大提高粉料的表观密度，进而提高成品环状催化剂的强度。

（二）挤条成型

挤条成型也是一种最常用的催化剂成型方法。其工艺和设备与塑料管材的生产相似，它主要用于塑性好的泥状物料如铝胶、硅藻土、盐类和氢氧化物的成型。当成型原料为粉状时，须在原料中加入适当的胶黏剂，并碾压捏合，制成塑性良好的泥料。为了获得满意的黏着性能和润湿性能，混合常在轮碾机中进行。

胶黏剂一般是水。此外，可根据物料的性质选用表面张力适当的乙醇、磷酸溶液、稀硝酸、聚乙烯醇，也可加入其他胶黏剂（如水泥、硅溶胶等）。

挤条成型是利用活塞或螺旋杆迫使泥状物料从具有一定直径的塑模（孔板）挤出，并切割成几乎等长等径的条形圆柱体（或环柱体、蜂窝形断面柱体等），其强度决定于物料的可塑性和胶黏剂的种类及加入量。本法产品与压片成型品相比，其强度一般较低。必要时，成型后可辅以烧结补强。挤条成型的优点是成型机能力大、设备费用低，对于可塑性很强的物料来说，这是一种较为方便的成型方法。对于不适于压制成型的直径 1~2mm 的小颗粒，采用挤条成型更为有利。尤其在生产低压、低流速工艺条件下所用催化剂时较适用。

挤条成型的工艺过程，一般是在卧式圆筒形容器中进行，大致可以分成原料的输送、压缩、挤出、切条四个步骤。首先，料斗把物料送入圆筒；在压缩阶段，物料受到活塞推进或螺旋挤压的力量而受到压缩，并向塑模推进；之后，物料经多孔板挤出而成条状，再切成等长的条形粒。

比较简单的挤条装置是活塞式（注射式）挤条机。这种装置能使物料在压力的作用下，强制穿过一个或数个孔板。

最常见的挤条成型装置是螺旋（单螺杆）挤条机，这种设备广泛用于陶瓷、电瓷厂的练泥工序，以及催化剂的挤条成型工序。

（三）油中成型

油中成型常用于生产高纯度氧化铝球、微球硅胶和硅酸铝球等。

例如，先将一定 pH 值及浓度的硅溶胶或铝溶胶喷滴入加热了的矿物油柱中，由于表面张力的作用，溶胶滴迅速收缩成珠，形成球状的凝胶。得到的球形凝胶经油冷硬化，再水洗干燥，最后制得球状硅胶或铝胶。微球的粒度为 $50~500\mu m$，小球的粒度为 $2~5mm$，表面光滑，有良好的机械强度。

（四）喷雾成型

喷雾成型利用类似奶粉生产的干燥设备，将悬浮液或膏糊状物料制成微球形催化剂。通常采用雾化器将溶液分散为雾状液滴，在热风中干燥而获得粉状成品。目前，很多流化床用催化剂大多利用这种方法制备。喷雾法的主要优点是：①物料进行干燥的时间短，一般只需要几秒到几十秒。由于雾化成几十微米大小的雾滴，单位质量的表面积很大，因此水分蒸发极快；②改变操作条件，选用适当的雾化器，容易调节或控制产品的质量指标，如颗粒直径、粒度分布等；③根据要求可以将产品制成粉末状产品，干燥后不需要进行粉碎，从而缩短了工艺流程，容易实现自动化和改善操作条件。

（五）转动成型

转动成型适用于球型催化剂的成型。本法将干燥的粉末放在回转着的倾斜 30°~60°的转盘里，慢慢喷入胶黏剂，例如喷水。由于毛细管吸力的作用，润湿了的局部粉末先黏结为粒度很小的颗粒，称为核。随着转盘的继续运动，核逐渐滚动长大，成为圆球。

转动成型法所得产品，粒度比较均匀，形状规整，也是一种比较经济的成型方法，适合于大规模生产。但本法产品的机械强度不高，表面比较粗糙。必要时，可增加烧结补强及球粒抛光工序。

影响转动成型催化剂质量的因素很多，主要有原料、胶黏剂、转盘转数和倾斜度等。

粉末颗粒愈细，成型物机械强度愈高。但粉末太细，成球困难，且粉尘大。

球的粒度与转盘的转数、深度、倾斜度有关。加大转数和倾斜度，粒度下降，转盘愈深，粒度愈大。

为了使造球顺利进行，最好加入少量预先制备的核。在造球过程中也可以用制备好的核来调节成型操作，成品中夹杂的少量碎料及不符合要求的大、小球，经粉碎后，也可以作为核，送回转盘而回收再用。

用于转动成型的设备，结构基本相同。它有一个倾斜的转盘，其上放置粉状原料。成型时，转盘旋转，同时在盘的上方通过喷嘴喷入适量水分，或者放入含适量水分的物料"核"。在转盘中的粉料由于摩擦力及离心力的作用，时而被升举到转盘上方，又借重力作用而滚落到转盘下方。这样通过不断转动，粉料之间互相黏附起来，产生一种类似滚雪球的效应，最后成为球形颗粒。较大的圆球粒子，摩擦系数小，浮在表面滚动。当球长大到一定尺寸，就从盘边溢出，变为成品。

第四章 固体表面吸附

第一节　晶体吸附

一、 点阵结构

表征晶体的几何结构时，常用一系列几何点在空间上的排布模拟晶体中微粒的排布规律，所得的几何图形称为点阵。以点阵的性质研究晶体几何结构的理论称为点阵理论。点阵的定义是一组连接其中任意两点的向量进行平移后能复原的点。点阵应具备以下三种性质：①点阵所含点的数目必须无限多；②点阵中每个点必须处于相同的环境，否则无法通过平移复原；③点阵在平移方向上的周期相同，即在平移方向上的邻阵点之间的距离相同。

点阵可分为直线点阵、平面点阵和空间点阵三类，如图 4-1 所示。直线点阵中所有的点阵点都排列在一条直线上。平面点阵中所有的点阵点都排列在一个平面上。空间点阵中的点阵点分布在三维空间。

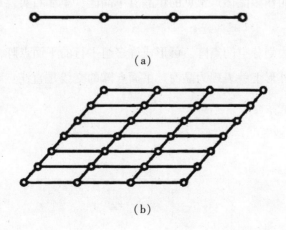

(a)

(b)

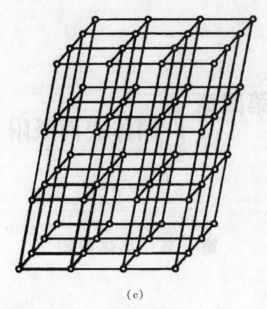

(c)

图 4-1　点阵

(a) 直线点阵；(b) 平面点阵；(c) 空间点阵

直线点阵中所有的点阵点都排列在一条直线上。联结直线点阵的任何两个相邻点的向量叫作素向量或周期。把整个点阵沿直线方向的移动叫作平移，平移后直线点阵的图形可以复原。

二、　晶体结构

一个能够完全表达晶格结构的最小单位称为晶胞。晶胞是以三个素向量为边所形成的平行六面体。素向量的长度 a、b、c 以及它们两两之间的夹角 α、β、γ 称为晶胞参数。许多取向相同的晶胞组成晶粒，晶体是由许多个同样的晶胞并置拼成的。由此可以说，晶体是由原子、离子或分子按点阵排布的物质。单晶体内所有的晶胞取向完全一致。由取向不同的晶粒组成的物体叫作多晶体。常见的单晶有单晶硅、单晶石英。最常见到的一般是多晶体。

若从各个方向上去划分空间点阵，可形成许多组平行的平面点阵，如图 4-2 所示。这些平面点阵组在晶体外形上就表现为晶面。平面点阵的交线是直线点阵，在晶体外形上表现为晶棱。

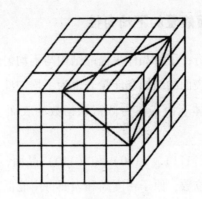

图 4-2 空间点阵的划分

三、 晶面表示

一般采用密勒（Miller）指数（hkl）表示晶面指标，以描述晶面或空间点阵中划分出来的平面点阵的方向。以空间格子的一组平移向量的方向设为坐标轴方向，以点阵面所过点阵点的截长的倒数的互质比表示，即为密勒指数或晶面指标。晶面指标是简单的互质整数比，这一规律称为有理指数定律。如图 4-3 中晶面的晶面指标为（236）。

晶面指标越大，表征平面点阵上点阵点密度越小，且相邻两平面点阵间的距离越小。实际晶体中微粒排列较紧密，晶面对应的是点阵点密度较大的平面点阵。也可以说实际晶面通常有较小的晶面指标，一般为 0、1、2，大于 5 极少见。

两个晶面的法线的交角简称晶面交角或晶面角。同一种晶体，在外形上晶面的大小和形状表现不同，但相应地晶面间的交角是相等的，这一规律称为晶面交角守恒定律。影响晶体生长的外界条件只决定晶面的大小和层次的多少，晶面交角由组成晶体的微粒间的作用力决定。当组成晶体的微粒间排布不同时，相互作用力不同致使得到的点阵结构不同，即形成所谓的异构体。如 $CaCO_3$ 晶体有方解石和文石异构体。

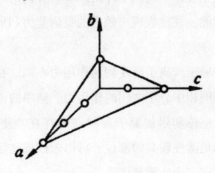

图 4-3 晶面指标

四、 晶格缺陷与表面能量的不均匀性

催化作用在固体表面进行，了解晶体表面的结构与不均匀性可以更深入地描述催化作用。从原子的尺度上看固体表面的结构和能量表现为不均匀性，根据原子所处位置及相邻的原子数即配位数，可将固体表面描述为低密勒指数的表面、高密勒指数的表面和近真表面。

低密勒指数的表面，如（111）、（100）和（110）晶面，晶面光滑且无台阶和扭曲，晶面上的原子具有最高的配位数，原子密度高和表面自由能低，是最易暴露在表面的稳定的晶面。低密勒指数的三种晶面上，由于原子排列不同致使质点密度、质点间距和配位数不同。晶面结构的差异使吸附与催化性能表现出较大的差异。如在合成氨反应中，N_2的活化是控制步骤，（111）晶面具有对N_2最强的解离吸附能力，因而（111）晶面具有较高的催化反应活性。高密勒指数的表面对应由平台或台阶组成的表面，原子配位数较少，价态的不饱和性较大，表面能较大，吸附能力强，表现出更高的催化反应活性。高密勒指数的表面不稳定，易转化为低密勒指数的表面。固体真实的表面上存在平台、台阶以及表面扭曲状态。处于这些位置处的表面原子可描述为平台处原子、台阶处原子、扭曲处原子以及附加原子和表面缺位。

完整的晶体中原子按一定的次序处于有规则的、周期性的格点上。实际晶体的结构往往受到制备条件和制备过程的影响，如掺杂和加热处理等。其中的微粒质点不完全按顺序整齐排列，会产生各种缺陷。点式缺陷和线式缺陷是其中主要的两类。点式缺陷的一种表现形式是晶格中的微粒离开正常的晶格位置进入晶格间隙成为间隙原子或离子，称为弗兰克尔缺陷；另一种表现形式是原子或离子离开晶格位置转到晶体表面，称为肖特基缺陷。线式缺陷有边错位和螺旋错位两种。边错位（或棱边错位）是一个晶格平面的棱边在晶体的一个截面上不连续；螺旋错位是一列原子环绕一垂直方向的晶面轴做螺旋位移。晶体表面缺陷部位具有较大的表面能，往往表现出较强的吸附能力和催化活性，但常处于不稳定状态。

处于固体表层和内部的原子或离子所受到的作用力不同。在固体内部相邻原子作用力平衡，表层原子受到来自不同相中分子之间的作用力。洁净的固体表面在原子水平上是不均匀的。台阶、扭曲、原子空位和附加原子等状态的存在，使表面形成不同类型的表面位。从催化的角度看它们都是活性较高的部位，可以形成催化活性位。表面位上吸附的原子或分子可以是单个、成对或多个的聚集体。

固体的表面结构决定了其表面的能量及分布，对吸附与催化作用产生实质性的影响。了解固体表面结构与能量的不均一性对解释催化作用、控制催化剂制备条件具有实际的

意义。

五、 晶体的分类

晶体按其结构微粒和作用力的不同分为金属晶体、离子晶体、原子晶体和分子晶体四类。

(一) 金属晶体

金属晶体按密堆积的规则排布，配位数高达 8 和 12。除少数的碱金属、碱土金属、铝和钪外，其他金属的密度均大于 5。通常将密度大于 5 的金属称为重金属，由此可见大部分金属属于重金属。金属之间的化学键为金属键，不同于一般的离子键和共价键。金属键没有饱和性和方向性，因此金属单质的结构为最紧密的堆积方式以降低体系的能量。

金属可形成合金。合金是金属混合物、金属固溶体和金属化合物的总称。

金属固溶体是指两种或多种金属或金属化合物相互溶解形成的均匀物相。少数非金属单质，如 H、B、C、N 也可以溶于某些金属，形成的固溶体仍具有金属特性，这类固溶体也属于金属固溶体。金属固溶体存在三种不同的结构类型：置换固溶体、间隙固溶体和缺位固溶体。

置换固溶体是指一金属晶体中，一部分金属原子被另一金属原子随机地均匀地取代，所形成的固溶体内各种金属原子仍保持原有的结构型式。能否形成固溶体以及固溶体内组分的浓度范围取决于各金属组分的性质是否相似。

间隙固溶体是指一些原子半径较小的非金属元素随机地均匀地填充在溶剂金属晶格的空隙中，如 H、B、C、N 等溶入过渡金属中。间隙固溶体内融入组分与溶剂金属不形成化合物，但存在某种程度的共价键，因而会改变纯金属的某些性质。如固溶体的硬度和熔点相比纯金属明显提高。从应用的角度看，控制溶质元素的溶入量可以调节合金的硬度和熔点。

缺位固溶体是指当溶入元素溶于金属化合物中时，占据了金属化合物晶格的正常位置，造成金属化合物中另一元素所占据的位置被空了出来。

当合金组分的原子半径、原子电负性和价电子层结构以及单质的结构型式之间差异很大时，倾向于生成金属化合物物相。与纯组分金属的结构型式不同，金属化合物的结构型式中组分的各原子分别占有不同的结构位置。金属化合物与金属固溶体的区别在于前者是有序结构，而后者是无序结构。对于金属化合物来说，高温利于形成无序结构，低温利于形成有序结构。高温下的固溶体骤冷形成的无序结构，在经加热后慢慢冷却可以转变为有序结构。

金属化合物的物相有两种型式，一种是组成确定的金属化合物物相，另一种是组成可变的金属化合物物相。能够形成组成可变的金属化合物物相是合金独有的化学性质。

金属固溶体与金属化合物的组成与金属的原子价无关，但和其中的价电子总数与原子总数之比有关。

合金的性质与其组成和结构密切相关。研究合金的组成、结构和性能的关系对催化剂的研发具有重大的实用价值。

（二）离子晶体

离子晶体是由离子化合物结晶而成，由正、负离子或正、负离子集团按一定比例通过离子键结合形成的晶体。离子晶体中正、负离子或离子集团在空间排列上具有交替相间的结构特征，因此具有一定的几何外形。例如 NaCl 是正立方体晶体。不同的离子晶体，离子的排列方式可能不同，形成的晶体类型也不相同。离子晶体的结构类型还取决于晶体中正负离子的半径比、正负离子的电荷比和离子键的纯粹程度。离子晶体的晶格能的定义是指 1 mol 的离子化合物中的阴阳离子，由相互远离的气态结合成离子晶体时所释放出的能量，或拆开 1 mol 离子晶体使之形成气态阴离子和阳离子所吸收的能量，单位是 kJ/mol。晶格能越大，形成的离子晶体越稳定，而且熔点越高，硬度越大。晶格能与阴阳离子的半径成反比，与离子电荷的乘积成正比。离子所带电荷越高，离子半径越小，则离子键越强，熔沸点越高。

离子晶体有二元离子晶体、多元离子晶体与有机离子晶体等类别。离子晶体不存在分子，所以没有分子式。离子晶体通常根据阴、阳离子的数目比，用化学式表示该物质的组成，如 NaCl 表示氯化钠晶体中 Na^+ 离子与 Cl^- 离子个数比为 1：1。

离子晶体整体上具有电中性，这决定了晶体中各类正离子带电量总和与负离子带电量总和的绝对值相当，并导致晶体中正、负离子的组成比和电价比等结构因素间有重要的制约关系。

离子键的强度大，所以离子晶体的硬度高。又因为要使晶体熔化就要破坏离子键，所以要加热到较高温度，故离子晶体具有较高的熔沸点。离子晶体一般硬而脆，具有较高的熔沸点。离子晶体在固态时有离子，但不能自由移动，故不具有导电性能。当离子晶体熔融或溶解时可以导电。

（三）原子晶体

相邻原子之间通过共价键结合在一起而成的晶体叫作原子晶体，原子晶体中晶格上的质点是原子。由于原子之间相互结合的共价键非常强，要打断这些键而使晶体熔化必须消耗大量能量，所以原子晶体一般具有较高的熔点、沸点和硬度，在通常情况下不导电，也是热的不良导体。但半导体硅等可有条件地导电。

原子晶体熔沸点的高低与共价键的强弱有关。一般来说，半径越小时形成共价键的键长越短，键能就越大，晶体的熔点和沸点也就越高。结构相似的分子，其共价键的键长越短，共价键的键能越大，分子越稳定。

成键电子数越多，键长越短，形成的共价键越牢固，键能越大。在成键电子数相同、键长相近时，键的极性越大，键能就越大，共价键越稳定。常见的原子晶体是周期系第ⅣA族元素的一些单质和某些化合物。例如金刚石、硅晶体、SiO_2、SiC 等。SiO_2 晶体结构模型如图 4-4 所示。

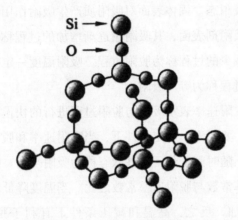

图 4-4 SiO_2晶体结构模型

原子间不再以紧密的堆积为特征，它们之间是通过具有方向性和饱和性的共价键相连接，通过成键能力很强的杂化轨道重叠成键，键能接近 400 kJ/mol。原子晶体的基本结构单元向空间伸展形成空间网状结构，配位数比离子晶体少。

（四）分子晶体

分子晶体是一类分子间通过分子间作用力（包括范德瓦尔斯力和氢键）构成的晶体。构成分子晶体的分子可以是极性分子，也可以是非极性分子。分子间作用力的大小决定了晶体的物理性质。由于分子间的作用力很弱，一般分子晶体具有较低的熔、沸点，硬度小、易挥发，许多物质在常温下呈气态或液态。分子的相对分子质量越大，分子间作用力越大，晶体熔沸点越高，硬度越大。分子晶体在固态和熔融状态时都不导电，其溶解性遵守"相似相溶"原理，极性分子易溶于极性溶剂，非极性分子易溶于非极性的有机溶剂。

典型的分子晶体包含所有非金属氢化物、大部分非金属单质、部分非金属氧化物、几乎所有的酸、大多数有机化合物等。

第二节　物理吸附

一、　吸附作用

当气体或液体的分子运动到固体表面时，与固体表面分子之间发生相互作用而附着在固体的表面上，产生气体或液体分子在固体表面富集的现象称为吸附。吸附是一种普遍存在的现象，其中固体物质称为吸附剂，被吸附的气体或液体称为吸附质。吸附质在固体表面呈现的吸附状态称为吸附态。固体表面对吸附质产生吸附作用的位置称为吸附位或吸附中心。吸附质被吸附在吸附剂表面，其吸附量逐渐增加的过程称为吸附过程；相反，吸附剂表面吸附质的量逐渐减少的过程称为脱附过程。吸附温度一定时的吸附过程称为等温吸附。压力恒定时的吸附过程称为等压吸附。

通常以吸附速率和脱附速率表示吸附与脱附过程进行的快慢程度。温度和压力是影响吸附和脱附过程的两个主要因素。一定条件下，当吸附速率和脱附速率相等时，吸附剂表面上吸附质分子的浓度不随时间变化，这种状态称为吸附平衡。吸附平衡状态常用吸附平衡常数表示，即吸附速率常数与脱附速率常数之比。当温度降低和压力升高时有利于吸附过程，吸附平衡常数增加。反之，高温和减压条件下有利于脱附过程，吸附平衡常数减小。

根据吸附质分子与固体吸附剂表面结合力的不同，吸附可分为物理吸附和化学吸附。物理吸附是由吸附质和吸附剂分子间作用力范德瓦尔斯力引起的，也称范德瓦尔斯吸附。范德瓦尔斯力包括色散力、诱导力和取向力。由于任何两分子间均存在范德瓦尔斯力，所以物理吸附可以发生在任何固体表面上。同一物质，低温下进行物理吸附而在高温下可能为化学吸附，或者两者同时进行。

电子运动中瞬间所在的位置对原子核是不对称的，造成正电荷重心和负电荷的重心发生瞬时的不重合，从而产生瞬时偶极。色散力是分子的瞬时偶极间的作用力，存在于所有分子或原子间。色散力与分子的变形性和分子的电离势等有关。一般地，相对分子质量愈大的分子的变形性愈大，色散力就越大。分子内所含的电子数愈多，分子的电离势越低，色散力就越大。

诱导力存在于极性分子和非极性分子之间以及极性分子和极性分子之间。极性分子偶极所产生的电场使非极性分子电子云变形，电子云被吸向极性分子偶极的正电的一极，使非极性分子产生了偶极。这种因变形而产生的偶极叫作诱导偶极，以区别于极性分子中原有的固有偶极。诱导偶极和固有偶极相互吸引，这种由于诱导偶极而产生的作用力叫作诱导力。由于极性分子的相互影响，每个分子也会发生变形，从而产生诱导偶极。在阳离子和阴离子之间也会出现诱导力。诱导力与被诱导分子的变形性成正比，通常分子中各原子核的外层电子壳越大，在外来静电力作用下越容易变形。

取向力存在于极性分子与极性分子之间。由于极性分子的电性分布不均匀，一端带正电而另一端带负电形成偶极。当两个极性分子相互接近时，由于两对偶极中的同极相斥和异极相吸作用，使两个分子发生相对转动。这种偶极子的互相转动，使偶极子间相反的极相对，叫作取向。取向的结果使相反的极相距较近，同极相距较远。引力大于斥力时使两个分子靠近。随着分子间距离的接近斥力升高，当接近到一定距离时，斥力与引力达到相对平衡。这种由于极性分子的取向而产生的分子间的作用力叫作取向力。分子的极性越大时取向力越大。取向力与温度成反比，温度越高取向力越弱。

极性分子与极性分子之间取向力、诱导力和色散力都存在。极性分子与非极性分子之间存在诱导力和色散力。非极性分子与非极性分子之间只存在色散力。这三种力的相对大小决定于相互作用的分子的极性和变形性。极性越大取向力的作用越重要。变形性越大色散力就越重要。诱导力则与这两种因素都有关。对大多数分子来说色散力是主要的，只有偶极矩很大的分子（如 H_2O），其取向力才是主要的，而诱导力通常很小。虽然范德瓦尔斯力只有 $0.4 \sim 4.0 \ kJ/mol$，但在大量大分子间的相互作用下则会变得十分稳固，范德瓦尔斯力具有加和性。

吸附剂表面的分子由于作用力没有被平衡而保留有自由力场来吸引吸附质，即具有剩余的能量。物理吸附是由于分子间的吸力所引起的吸附，所以结合力较弱，吸附热较小，吸附和解吸速度也都较快，被吸附物质也较容易解吸出来。物理吸附在一定程度上是可逆的。吸附作用的强弱与吸附剂和吸附质的性质、吸附温度等有关。吸附量与吸附剂表面的大小、吸附质浓度的高低等有关。

物理吸附具有以下特点：①物理吸附类似于气体的液化和蒸气的凝结，吸附热较小，与相应气体的液化热相近；②沸点越高或饱和蒸气压越低的气体或蒸气越容易液化或凝结，物理吸附量就越大；③物理吸附一般不需要活化能，吸附和脱附速率都较快，物理吸附没有选择性；④物理吸附可以是单分子层吸附，也可以是多分子层吸附；⑤被吸附分子的结构变化不大，不形成新的化学键；⑥物理吸附是可逆的。

在多相催化研究中，物理吸附起着基础的作用。利用物理吸附原理可以测定催化剂的表面积和孔结构。催化剂表面物理吸附的研究对于催化剂制备条件的优化、比较研究催化剂的催化活性、改进反应物和产物的扩散条件、选择催化剂的载体以及催化剂的再生等方面都有重要作用。

二、 吸附等温式

气体吸附理论主要有朗缪尔单分子层吸附理论、波拉尼吸附势能理论、BET 多层吸附理论、二维吸附膜理论和极化理论等，前三种理论应用最广。这些吸附理论都从不同的物理模型出发，结合大量的实验结果，给出了描述吸附等温线的方程式。通过对吸附机理和实验数据的拟合，可对吸附形态做出判断。

实验测定的吸附等温线可归纳为六类，如图 4-5 所示。其中的 I 、II 、IV 型曲线是凸形的，III 、V 型是凹形的。也有将阶梯形曲线归为 VI 型。IV 、V 随平衡压力增加时测得的吸附分支和压力减小时测得的脱附分支不重合，形成环状。吸附等温线的不同形状决定于吸附剂的孔结构和吸附剂与吸附质之间的吸附力场。

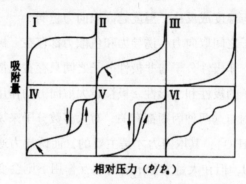

图 4-5　吸附等温线的类型

（一）朗缪尔吸附等温式

固体表面的几何形状和表面力场不均匀。朗缪尔理论做了理想表面的假定，即表面上各个吸附位的能量相同，吸附时放出的吸附热相同；每个吸附位只能吸附一个质点，已吸附的质点之间的作用力可以忽略。满足这些条件的吸附称为理想吸附或朗缪尔吸附。

第一，如单分子吸附，$A + \sigma \leftrightarrow A - \sigma$。苯蒸气在 Pt 表面上的缔合吸附就属于单分子吸附。θ 表示吸附质在表面的覆盖度，可定义为吸附量 $v(\text{mL/g})$ 与单层饱和吸附量 $v_{\mathrm{m}}(\text{mL/g})$ 之比：

$$\theta = v/v_{\mathrm{m}} \tag{4-1}$$

根据质量作用定律，吸附速率 r_{a} 和 r_{d} 脱附速率可表示为：

$$r_{\mathrm{a}} = k_{\mathrm{a}} p(1 - \theta) \tag{4-2}$$

$$r_{\mathrm{d}} = k_{\mathrm{d}} \theta \tag{4-3}$$

吸附达到平衡状态时：

$$k_{\mathrm{a}} p(1 - \theta) = k_{\mathrm{d}} \theta \tag{4-4}$$

则有：

$$\theta = \frac{k_a p}{k_d + k_a p} = \frac{Kp}{1 + K_p} \qquad (4-5)$$

式（4-5）称为朗缪尔吸附等温式。式中，p 为吸附质蒸气平衡分压，k_a、k_d 分别表示吸附速率常数和脱附速率常数，K 为吸附平衡常数，即：

$$K = \frac{k_a}{k_d} = K_o \exp\left(\frac{q}{RT}\right) \qquad (4-6)$$

K 值越大表示吸附越强，温度越高时 K 值减小。K_o 为指前因子，可近似地认为与温度无关。当弱吸附时 $Kp \ll 1$，则有 $\theta \approx Kp$；定温条件下 K 为定值，可得出 θ 与 p 呈线性关系。当强吸附时 $K_p \gg 1$，则有 $\theta \approx 1$。

朗缪尔吸附等温式也可表示为：

$$\frac{p}{v} = \frac{p}{v_m} + \frac{1}{v_m K} \qquad (4-7)$$

在温度一定的条件下，K 和 V_m 均为定值。

以吸附量 v 与相对分压 p/p_s 作图可得到 I 型吸附等温线，为此 I 型吸附等温线也称朗缪尔吸附等温线。

以 p/v 与 p 作图成一直线，其斜率为 $1/v_m$，截距为 $1/(v_m K)$，由此可计算出 v_m 与 K 值。若实验数据符合线性关系，表明反应物分子的吸附符合朗缪尔模型。

第二，若分子发生解离吸附，$A_2 + 2\sigma \leftrightarrow 2A - \sigma$。如 H_2 在 Cu 表面的吸附形态。

吸附达到平衡时：

$$\theta = \frac{\sqrt{Kp}}{1 + \sqrt{Kp}} \qquad (4-8)$$

或

$$\frac{\sqrt{p}}{v} = \frac{1}{\sqrt{K} v_m} + \frac{\sqrt{p}}{v_m} \qquad (4-9)$$

定温条件下，$\frac{\sqrt{p}}{v} \sim \sqrt{p}$ 呈直线关系。若实验数据符合这一线性关系，则表明吸附为解离吸附，且符合朗缪尔吸附模型。

第三，若有两种以上分子同时吸附在同一类吸附中心上，则产生混合竞争吸附。如 $A + \sigma \rightleftharpoons A - \sigma$，$B + \sigma \rightleftharpoons B - \sigma$

当吸附达到平衡时：

$$\theta_A = \frac{K_A p_A}{1 + K_A p_A + K_B p_B} \qquad (4-10)$$

$$\theta_B = \frac{K_B p_B}{1 + K_A p_A + K_B p_B} \qquad (4-11)$$

同样地，若多个组分同时吸附在同一类活性中心上，当达到平衡时：

$$\theta_i = \frac{K_i p_i}{1 + \sum_{i=1}^{n} K_i p_i} \qquad (4-12)$$

（二）焦姆金吸附平衡式

在真实的吸附过程中，吸附活化能 E_a，脱附活化能 E_d，吸附热 q 随覆盖率 θ 变化。表面空位率和表面覆盖率分别以 $e^{-g\theta}$ 和 $e^{h\theta}$ 日表示。

吸附速度率为：

$$r_a = k_a p e^{-g\theta} \qquad (4-13)$$

脱附速率为：

$$r_d = k_d e^{g\theta} \qquad (4-14)$$

其中 g 和 h 为系数，此速率表达式即耶洛维奇速率式。

达到吸附平衡时：

$$\theta = \frac{1}{f} \ln Kp \qquad (4-15)$$

即为焦姆金吸附等温式。

或

$$v = \frac{v_m}{f} \ln K + \frac{v_m}{f} \ln p \qquad (4-16)$$

即为焦姆金吸附等温式的线性表达式。$v \sim \ln p$ 呈线性关系，由斜率和截距可求得 v_m/f 和 K 值。其中 $f = g + h$，$K = k_a/k_d$。

（三）弗兰德里希平衡式

真实的吸附过程中，表面空位率和表面覆盖率分别以 θ^{-w} 和 θ^u 表示。

吸附速度率为：

$$r_a = k_a p \theta^{-w} \qquad (4-17)$$

脱附速率为：

$$r_d = k_d \theta^u \qquad (4-18)$$

此速率表达式即管孝男速率式。

吸附平衡时，弗兰德里希平衡式表示为：

$$\theta = (Kp)^{1/n} = K_o p^{1/n} \qquad (4-19)$$

或

$$\ln v^2 = \ln K_o \cdot v_m + \frac{1}{n} \ln p \qquad (4-20)$$

三、 物理吸附的应用

(一) 固体催化剂比表面积的测定

催化剂及载体的比表面积是表征其性能的重要参数。若催化剂的表面组成和结构是均一恒定的,等温下在动力学区进行的催化反应速率正比于催化剂的比表面积。催化剂比表面积常用的测定方法是物理吸附法。由于催化剂及载体的品种或使用目的不同,其比表面积有很大的差异。测定催化剂比表面积时,除了适当地称取样品量之外,也需要适当的测量方法。如比表面积大于 1 m^2/g 时低温氮吸附容量法是适合的,小于 1 m^2/g 时宜采用低温氪吸附法。

(二) 孔径分布的测定

催化剂的孔径大小与催化反应中的传质过程有关。当反应在内扩散区进行时孔内传质比较慢,孔径的大小与反应中催化剂的表面利用率有关。对于目的产物是不稳定的中间物时,孔径大小还会影响到反应的选择性。

孔径的测定方法依孔径大小而定。汞压入法可测大孔孔径分布和孔径在 4 nm 以上的中孔孔径分布,气体吸附法测定半径为 1.5~1.6 nm 至 20~30 nm 的中孔孔径分布。

(三) 气体或蒸气量的测定

气体或蒸气量的测定方法有静态低温氮吸附容量法、低温氪吸附法、静态重量法等。

1. 静态低温氮吸附容量法

N_2 在液氮温度下与吸附剂接触,放置一段时间使之达到吸附平衡,由又的进气量与吸附后残存于气相中的数量之差,即可计算得出吸附剂吸附队的量。静态队吸附容量法一直是公认的测定比表面积大于 1 m^2/g 样品的标准方法。

2. 低温氪吸附法

氪在液氮温度下的饱和蒸气压只有 267~400 Pa,吸附平衡后剩余在管道内的氪很少。由校正这部分数量引入的误差也就很小。低温氪吸附法适宜于测定 1 m^2/g 以下样品的表面积。

3. 静态重量法

可直接测出吸附和脱附时重量的改变，由此计算出样品吸附的蒸气量。室温下吸附质是液体时无法用容量法测定其在固体上的吸附量，常采用静态重量法。

物理吸附也常用于催化研究中其他方面的应用，如确定沸石孔道开口的尺寸，探索沸石作为吸附剂的应用，测定沸石样品的纯度等。

四、 催化剂的孔结构及孔内扩散

孔结构包括孔径、孔径分布、孔容和比表面积等，是衡量和评价催化剂的重要指标。固相催化剂的形成，尤其是载体是由微粒压制而成的。这些载体的微粒本身具有的微孔称为一次孔。将载体微粒压制成型时，这些微粒之间形成的孔称为二次孔。二次孔的形成与载体微粒的可压缩性、成型压力、微粒的粒级配置等有关。较大的成型压力易使微粒变形或破碎而使二次孔的孔径减小，但载体的强度会相应地增加。微粒的粒级配置可作为调变载体孔径大小、孔径分布及载体强度的有效方法。催化剂制备过程中，加热使微粒中的前驱体物质、溶剂或造孔剂分解或挥发逸出而形成一次孔。一次孔的形成与调变受制备过程中的加热速率、加热最终温度和时间以及载体所处气氛等因素的影响。

适宜的孔结构是提高催化反应性能的基础。除少数催化活性极高、反应速率极快的反应只须用较小的比表面积之外，多数催化剂要求具有发达的内孔结构，其内表面积远大于催化剂颗粒的外表面积。较大的比表面积可使反应物与催化剂的接触面积增大。一般来说，发达的微孔结构可以提供更大的比表面积。

催化剂内孔表面上的反应需要反应物及产物分子扩散传质到内孔表面。孔径的大小影响着分子的扩散速率及在孔内的浓度分布，进而影响到反应的选择性等性能。适宜的孔径分布是催化反应要求的重要基础。制备出适宜的较窄孔径分布的载体可为催化反应选择性的优化提供有益条件。

第三节　化学吸附

化学吸附是吸附质分子与固体表面原子或分子发生电子的转移、交换或共有而形成吸附化学键的吸附。反应物分子在催化剂表面上的化学吸附是催化反应的必经步骤之一，研究化学吸附对了解多相催化反应机理、实现催化反应工业化有重要意义。

与物理吸附相比，化学吸附主要有以下特点：①吸附所涉及的力与化学键力相当，比范德瓦尔斯力强得多；②吸附热近似等于反应热；③吸附是单分子层吸附；④有较好的选择性；化学吸附还常常需要活化能。可根据吸附热和不可逆性确定吸附是不是化学吸附。

化学吸附可描述为三种情况：①气体分子失去电子成为正离子，固体得到电子，结果是正离子被吸附在带负电的固体表面上；②固体失去电子而气体分子得到电子，结果是负离子被吸附在带正电的固体表面上；③气体与固体共有电子成共价键或配位键，如气体在金属表面上的吸附是由于气体分子的电子与金属原子的 d 电子形成共价键，或气体分子提供一对电子与金属原子成配位键而形成吸附。

化学吸附与固体表面结构有关，化学吸附的研究有助于阐明催化作用的机理。近代研究技术如超高真空、微量吸附天平、红外吸收光谱、场发射显微镜、场离子显微镜、低能电子衍射、核磁共振、电子能谱化学分析、同位素交换法等，为表面结构与化学吸附的研究提供了新方法和新技术。

一、 吸附位能曲线

吸附过程中的能量变化可由吸附的势能曲线说明。以分子 A_2（如 H_2）在 M（如 Ni）上的吸附过程说明。

图 4-6 中 A—y—X 表示物理吸附过程的能量变化曲线。吸附过程中存在两种相反的作用力，即范德瓦尔斯吸引力和原子核之间的排斥力。吸引力的作用使被吸附的分子靠近固体表面，能量随之降低。当吸引力与排斥力相等时能量降到最低（如 Y 点），放出的热量 Q_p 即为物理吸附热。当距离在靠近时排斥力起主要作用，能量随之升高。

图 4-6 中 B—X—Z 表示化学吸附能量变化曲线。如 H_2 首先解离为两个 H 原子，在吸引力的作用下向 Ni 表面靠近的过程中能量降低。到达 Z 点时 H 与 Ni 接触形成化学吸附键，释放出能量 Q_{ad}，即为化学吸附热。

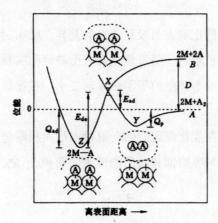

图 4-6 吸附位能曲线

物理吸附曲线与化学吸附曲线的交点 X 为物理吸附转变为化学吸附的过渡态。此时

H_2开始解离，存在 $H - H$ 与 $H - Ni$ 之间的键合。达到过渡态所须克服的能量为 H_2 在 Ni 表面上解离吸附的活化能 E_{ad}。与 H_2 解离能相比解离吸附活化能 E_{ad} 要小得多，Ni 催化剂表面上的吸附作用降低了 H_2 的解离能。从脱附的角度看，由化学吸附转变为物理吸附进而脱附的过程也需要活化能 E_{ad}。吸附活化能 E_{ad} 脱附活化能 E_{dc} 和化学吸附热 Q_{ad} 之间的关系为 $E_{dc} = Q_{ad} + E_{ad}$。E_{ad}、E_{dc} 和 Q_{ad} 的大小取决于吸附体系、吸附条件和表面覆盖率。

二、 吸附热与吸附强度

化学吸附过程中吸附物种与固体催化剂表面形成化学吸附键。键的强弱取决于吸附物种与催化剂表面的性质以及吸附温度。化学吸附的强弱可由吸附热度量，吸附热越大说明产生的化学吸附越强，反之则说明吸附越弱。吸附热可用积分吸附热、微分吸附热和初始吸附热表示。

一定温度下，当达到吸附平衡时吸附所放出的热量 ΔQ 与吸附量 Δn 之比，或吸附 1 mol 气体所放出的热量称为积分吸附热，以 $q_积$ 表示：

$$q_积 = \frac{\Delta Q}{\Delta n} \qquad (4 - 21)$$

积分吸附热表征了固体催化剂表面平均的吸附结果，但不能反映出催化剂表面吸附能力的不均匀性。一般地，常用积分吸附热来区分物理吸附和化学吸附。物理吸附热一般在 $8 \sim 20$ kJ/mol，而化学吸附热为 $40 \sim 800$ kJ/mol。

一定温度下，若催化剂表面吸附的气体量增加 dn 时所放出的热量为 dQ，微分吸附热 $q_微$ 定义为：

$$q_微 = \frac{\mathrm{d}Q}{\mathrm{d}n} \qquad (4 - 22)$$

微分吸附热可以反映出催化剂表面吸附能力的差异。吸附过程中，吸附能力较强的吸附位首先吸附，产生较大的吸附热。随着催化剂表面被吸附物种覆盖度的增加，催化剂表面剩余吸附能力较弱的吸附位上产生的吸附热逐渐变小。根据微分吸附热可以判断催化剂表面吸附能量的不均匀程度。

覆盖度 θ 是指吸附物种在催化剂表面的吸附量占最大吸附量的比例，定义为催化剂表面被吸附物种覆盖的面积 S 与吸附饱和时所能覆盖的面积 S_m 之比：

$$\theta = \frac{S}{S_m} \qquad (4 - 23)$$

由于化学吸附表现为单层分子吸附，覆盖面积与吸附物种的分子数量呈现正比关系。覆盖度也可用催化剂表面所吸附的吸附物种的体积 V、质量 W 以及蒸气压 p 与饱和状态下

的相应值 V_m、W_m 以及饱和蒸气压 p_o 之比来表示。

$$\theta = \frac{V}{V_m} = \frac{W}{W_m} = \frac{p}{p_o} \qquad (4-24)$$

初始吸附热 q_o 是指当相应于覆盖度为零的微分吸附热。初始吸附热的确定可由微分吸附热与覆盖度的关系曲线外推至 $\theta = 0$ 时对应的微分吸附热得到。吸附热与催化剂的反应活性相关，依据初始吸附热可比较不同催化剂的催化反应能力。

三、吸附态

吸附态是指吸附物种与催化剂表面相互作用时的结合形态，可从三个方面描述：①依被吸附的分子是否解离，将吸附态区分为解离吸附和缔合吸附；②催化剂表面吸附中心可是原子、离子或其集团。依被吸附物种占据吸附位的数目，将吸附态区分为单点吸附和多点吸附。若被吸附物种吸附一个活性位上即为单点吸附，若被吸附物种吸附在两个以上的活性位上即为多点吸附。③形成化学吸附的吸附键类型是共价键、离子键还是配位键，以及吸附物种所带电荷类型与多少。

同一吸附物种在催化剂表面可产生多种吸附形态。吸附物种在不同催化剂表面吸附性能的差异取决于吸附物种所带电荷类型、多少以及吸附位的结构及性能。如氢在金属上的吸附常是解离吸附，与金属原子形成带负电荷的共价键，两个金属原子作为吸附中心。如 H_2 分子吸附在 Pt 的（111）面上时可产生四种吸附形态。（a，b）为单点吸附，（c，d）为多点吸附，（b）为解离吸附。如 CO 在 Ni、Pt、Pd 金属催化剂上的吸附形态，（e）为线式吸附，（f）为桥式吸附。吸附物种在催化剂表面的吸附形态对产物的生成有较大的影响。如 CO 以桥式吸附时，加氢反应可生成醇类产物甲醇和乙醇等；当 CO 以线式吸附时加氢则得到烃类甲烷和乙烷等。

第五章　金属催化剂及其催化作用

第一节　金属催化剂的应用及其特性

一、金属催化剂的应用

金属催化剂是指催化剂的活性组分是纯金属或者合金。纯金属催化剂是指活性组分只由一种金属组成。这种催化剂可单独使用，也可负载在载体上。如生产硝酸用的铂催化剂就是铂网。但使用较多的是金属负载型催化剂，即将金属颗粒分散负载于载体上。这样可防止烧结，并有利于与反应物的接触。合金催化剂是指活性组分是由两种或两种以上金属组成。如 Ni-Cu、Pt-Re 等合金催化剂，合金催化剂也多为负载型催化剂。

金属催化剂应用范围很广，金属催化剂主要用于加氢、氢解和脱氢反应，也有一部分用于异构化和氧化反应。

二、金属催化剂的特性

常用作金属催化剂的元素是 d 区元素，即过渡金属元素（Ⅰ B、ⅥB、和 ⅤⅡB 族元素）。这些元素的外层电子排布的共同特点是最外层有 1~2 个 S 电子、次外层有 1~10 个 d 电子（Pd 最外层无 s 电子）。除 Pd 外这些元素的最外层或次外层均未被电子填满，具有只含一个 d 电子的 d 轨道，即能级中含有未成对的电子，在物理性质中表现出具有强的顺磁性或铁磁性；在化学吸附过程中，这些 d 电子可与被吸附物中的 s 电子或 p 电子配对，发生化学吸附，生成表面中间物种，使被吸附分子活化。

对于 Pd 和 IB 族元素（Cu、Ag、An），d 轨道是填满的（d^{10}），但相邻的 s 轨道没有被电子填满。尽管通常 s 轨道能级稍高于 d 轨道能级，但是 s 轨道与 d 轨道有重叠。因此，d 轨道电子仍可跃迁到 s 轨道上，这时 d 轨道可造成含有未成对电子的能级，从而发生化学吸附。

过渡金属作为固体催化剂通常是以金属晶体形式存在的，金属晶体中原子以不同的排列方式密堆积，形成多种晶体结构，金属晶体表面裸露着的原子可为化学吸附的分子提供很多吸附中心，被吸附的分子可以同时和 1、2、3 或 4 个金属原子形成吸附键，如果包括第二层原子参与吸附的可能性，那么金属催化剂可提供吸附成键格局就更多了。所有这些吸附中心相互靠近，有利于吸附物种相互作用而进行反应。因此，金属催化剂可提供的各种各样的高密度吸附反应中心，这是金属催化剂表面的另一特点。金属催化剂表面吸附活性中心的多样性既是金属催化剂的优点，同时也是它的缺点。因为吸附中心的多样性，几种竞争反应可以同时发生，从而降低了金属催化剂的选择性。此外，过渡金属催化剂在反应中的另一个重要作用是可将被吸附的双原子分子（如 H_2、N_2、O_2 等）解离为原子，然后将原子提供给另外的反应物或反应中间物种，进行各种化学反应。

第二节　金属催化剂的化学吸附

一、 金属的电子组态与气体吸附能力间的关系

金属催化剂化学吸附能力取决于金属和气体分子的化学性质、结构及吸附条件，0℃时各种金属表面对代表性气体的吸附实验结果见表 5-1，表中 O 表示能吸附，X 表示不能吸附。表中把对大部分气体具有吸附能力的金属分为 A、B、C 三类。其中除 Ca、Sr 和 Ba 外，大部分属于过渡金属，这些金属共同的特征是都具有空 d 轨道。它们吸附时有的吸附热大，有的吸附热小。例如 A 类 W、Ta、Mo、Fe 和 Ir 对 H_2 的吸附热很大，而 C 类比 A、B 类的吸附热小些，属于较弱的化学吸附，C 类金属对烃的加氢和其他反应具有较高的催化活性。

表 5-1　各种金属对气体分子的化学吸附特性

分类	金属	气体						
		O_2	C_2H_2	C_2H_4	CO	G_2	CO_2	N_2
A	Ca、Sr、Ba、Ti、Zr、Hf、V、Nb、Ta、Mo、Cr、W、Fe、(Re)	o	o	o	o*	o	o	o*
B	Ni、(Co)	o	o	o	o	o	o	x
C	Rh、Pd、Pt、(Ir)	o	o	o	o	o	x	x

续表

分类	金属	气体						
		O_2	C_2H_2	C_2H_4	CO	G_2	CO_2	N_2
D	Al、Mn、C-u、Au	o	o	o	o	x[*]	x	x
E	K	o	o	x	x	x	x	x
F	Mg、Ag、Zn、Cd、In、Si、Ge、 Sn、Pb、As、Sb、Bi	o	x	x	x	x	x	x
G	Se、Te	x	x	x	x	x	x	x

表中 A 类 * 是指 Ca、Sr、Ba 在高温时才能吸附 CO 和 N_2，表中 D 类 * 是指 H_2 在铜蒸发膜上低温时以原子状态吸附。在铜表面上 0℃：首先产生快速吸附，然后发生慢速吸附。快速吸附可能是化学吸附，慢速吸附可能属于扩散。在铜粉上的吸附符合单分子层吸附规律，吸附热为 83.72~37.67 kJ/mol。在铜蒸发膜上 H_2 的化学吸附没有在铜粉上明显。

1、B、C 三类金属的化学吸附特性可用其未结合的 d 电子来解释，而未结合的 d 电子数则可由 Pauling 的价键理论求得。例如，金属 Ni 原子的电子组态是 3d84s2，外层共有 10 个电子。当 Ni 原子结合成金属晶体时，每个 Ni 原子以 d_2sp^3 或 d^3sp^2 杂化轨道和周围的 6 个 Ni 原子形成金属键。其中有 6 个电子参与金属成键，剩下的 4 个电子叫作未结合 d 电子。具有未结合 d 电子的金属催化剂容易产生化学吸附。不同过渡金属元素的未结合 d 电子数不同（表 5-2），它们产生化学吸附的能力不同，其催化性能也就不相同。金属表面原子和体相原子不同，裸露的表面原子与周围配位的原子数比体相中少，表面原子处于配位价键不饱和状态，它可以利用配位不饱和的杂化轨道与被吸附分子产生化学吸附。由于未结合的 d 电子所处能级要比杂化轨道的电子能级高，比较活泼，容易与吸附分子成键。但是，从吸附键电子云重叠的多少看，未结合 d 电子与吸附分子成键电子云重叠少，吸附较弱。相反，表面不饱和价键吸附分子没有未结合 d 电子活泼，但吸附成键后杂化轨道电子云重叠的较多，形成的吸附键较强。

表 5-2　金属原子的未结合 d 电子数

A 类	未结合 d 电子数	成键轨道	B、C 类	未结合 d 电子数	成键轨道
W	0	dsp	Ni	4	dsp
Ta	0	dsp	Pd	4	dsp
Mo	0	dsp	Rh	3	dsp
Ti	0	dsp	Pt	4	dsp
Zr	0	dsp			

A 类	未结合 d 电子数	成键轨道	B、C 类	未结合 d 电子数	成键轨道
Fe	2.2	dsp			
Ca	0	sp			
Ba	0	sp			
Sr	0	sp			

从表 5-2 还可以看出，被吸附的气体的性质也影响金属的吸附性能。气体化学性质越活泼，化学吸附越容易，并可被多数金属所吸附。如较活泼的氧，几乎能被所有金属吸附。

另外，吸附条件对金属催化剂的吸附也有一定影响。如低温有利于物理吸附，高温有利于化学吸附。这是因为化学吸附需要能量，温度升高，化学吸附量增加。但温度太高会导致脱附，使化学吸附量降低。压力增加对物理吸附和化学吸附都有利。因为压力增加，相当于气体浓度增加，即增加了吸附的推动力，所以压力增加有利于吸附。

二、 金属催化剂的化学吸附与催化性能的关系

金属催化剂在化学吸附过程中，反应物粒子（分子、原子或基团）和催化剂表面催化中心（吸附中心）之间伴随有电子转移或共享，使二者之间形成化学键。化学键的性质取决于金属和反应物的本性，化学吸附的状态与金属催化剂的逸出功及反应物气体的电离势有关。

（一）金属催化剂的电子逸出功（又称脱出功）

金属催化剂的电子逸出功是指将电子从金属催化剂中移到外界（通常在真空环境中）所须做的最小功，或者说电子脱离金属表面所需要的最低能量。在金属能带图中表现为最高空能级与能带中最高填充电子能级的能量差，用 Φ 来表示。其大小代表金属失去电子的难易程度，或者说电子脱离金属表面的难易程度。金属不同，Φ 值也不相同。

（二）反应物分子的电离势

反应物分子的电离势是指反应物分子将电子从反应物中移到外界所需的最小功，用 I 来表示。它的大小代表反应物分子失去电子的难易程度。在无机化学中曾提到，当原子中的电子被激发到不受原子核束缚的能级时，电子可以离核而去，成为自由电子。激发时所需的最小能量叫电离能，二者意义相同，都用 I 表示。不同反应物有不同的 I 值。

（三）化学吸附键和吸附状态

根据 Φ 和 I 的相对大小，反应物分子在金属催化剂表面上进行化学吸附时，电子转移有以下三种情况，形成三种吸附状态，如图 5-1 所示。

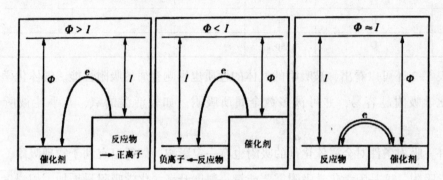

图 5-1　化学吸附电子转移与吸附状态

1. 当 $\Phi > I$ 时

电子将从反应物分子向金属催化剂表面转移，反应物分子变成吸附在金属催化剂表面上的正离子。反应物分子与催化剂活性中心吸附形成离子键，它的强弱程度取决于 Φ 与 I 的相对值，二者相差越大，离子键越强。这种正离子吸附层可以降低催化剂表面的电子逸出功。随着吸附量的增加，Φ 逐渐降低。

2. 当 $\Phi < I$ 时

电子将从金属催化剂表面向反应物分子转移，使反应物分子变成吸附在金属催化剂表面上的负离子。反应物分子与催化剂活性中心吸附也形成离子键，它的强弱程度同样取决于 Φ 与 I 的相对值，二者相差越大，离子键越强。这种负离子吸附层可以增加金属催化剂的电子逸出功。

3. 当反应物分子的电离势与金属催化剂的逸出功相近，即 $I \approx \Phi$ 时

电子难以由催化剂向反应物分子转移或由反应物分子向催化剂转移，常常是二者各自提供一个电子而共享，形成共价键。这种吸附键通常吸附热较大，属于强吸附。实际上两者不是绝对相等的，有时电子偏向于反应物分子，使其带负电，结果使金属催化剂的电子逸出功略有增加；相反，当电子偏向于催化剂时，反应物稍带正电荷，会引起金属催化剂的逸出功略有降低。

如果反应物带有孤立的电子对，而金属催化剂上有接受电子对的部位，反应物分子就会将孤立的电子对给予金属催化剂，而形成配价键结合，此部位相当于 L 酸中心。

化学吸附后金属逸出功 Φ 发生变化，例如 O_2、H_2、N_2 和饱和烃在金属上被吸附时，金属把电子给予被吸附分子，在表面形成负电层：Ni^+、N^-、Pt^+H^-、W^+O 等，使电子逸出困难，逸出功提高；而当含氧、碳、氮的有机物吸附时，把电子给金属，金属表面形成正电层，使逸出功降低。

化学反应的控制步骤常常与化学吸附态有关。若反应控制步骤是生成的负离子吸附态时，要求金属表面容易给出电子，即 Φ 要小，才有利于造成这种吸附态。例如，对于某些氧化反应，常以 O^-、O_2^-、$O^=$ 等吸附态为控制步骤，催化剂的 Φ 越小，氧化反应的活化能越小。反应控制步骤是生成的正离子吸附态时，则要求金属催化剂表面容易得到电子，即 Φ 要大些，才有利于造成这种吸附态。例如氢氘交换反应，$NH_2D_2^+$ 为反应中的活性中间物种。实验结果表明，Φ 提高，反应活化能降低，因为 Φ 提高有利于 $NH_2D_2^+$ 的生成。反应控制步骤为形成共价吸附时，则要求金属催化剂的 Φ 和反应物的 I 相当为好。

对于不同反应，为达到所要求的合适的 Φ 值，可以通过向金属催化剂中加入助催化剂的方法来调变催化剂的 Φ 值，使之形成合适的化学吸附态，提高催化剂的活性和选择性。

4. 金属催化剂化学吸附与催化活性的关系

金属催化剂表面与反应物分子产生化学吸附时，常常被认为是生成了表面中间物种，化学吸附键的强弱或者说表面中间物种的稳定性与催化活性有直接关系。通常认为化学吸附键为中等，即表面中间物种的稳定性适中，这样的金属催化剂具有最好的催化活性。因为很弱的化学吸附将意味着催化剂对反应物分子的活化作用太小，不能生成足够量的活性中间物种进行催化反应；而很强的化学吸附，则意味着在催化剂表面上将形成一种稳定的化合物，它会覆盖大部分催化剂表面活性中心，使催化剂不能再进行化学吸附和反应。

在用金属催化剂的吸附热或吸附生成的中间物种的生成热（代表吸附键的稳定性）与催化活性关联时都有一定的局限性。因为在某些情况下，催化剂上中间物种吸附的强度与直接测定的吸附热几乎无关。这是因为催化反应中形成的中间吸附物种浓度很低，但活性很高，不易测准。此外还容易忽略吸附时的立体化学特性的影响。尽管如此，研究催化剂吸附强弱与其活性的火山形曲线关系仍有一定意义。

第三节　金属催化剂电子因素与催化作用的关系

一、能带理论

固体物理能带理论描述过渡金属的 d 状态时，采用了所谓的"d 带空穴"的概念，为说明"d 带空穴"，先来讨论能带的形成。

（一）能带的形成

金属元素以单个原子状态存在时，电子层结构存在着分立的能级。当金属元素以晶体形式存在时，金属原子紧密堆积，原子轨道发生重叠，分立的电子能级扩展成为能带。金属在单个原子状态时，电子是属于一个原子的；而在晶体状态时，电子不属于某一个原子，而属于整个晶体，电子能在整个晶体中自由往来。通常把金属晶体中的电子能在整个晶体中自由往来的特征叫作电子共有化。由于晶体中原子的内外层电子轨道的重叠程度差别很大，一般只有最外层或次外层电子存在显著的共有化特征，而内层电子的状态同它们在单个原子中几乎没有什么明显的区别。因此，金属晶体中的电子兼有原子运动和共有化运动。电子共有化的规律为，电子共有化只能在能量相近的能级上发生。如金属镍，4s 能级中的电子只能与 4s 能级中的电子共有化，形成 4s 能带；3d 能级中的电子只能与 3d 能级中的电子共有化，形成 3d 能带。

（二）共有化能带的特点

电子共有化后，能带中的能级不能保持原有单个原子的能级，必须根据晶体所含原子的个数分裂成为和原子个数相同的互相非常接近的能级，形成所谓"共有化能级"，能级共有化后有的能级的能量略有增加，有的能级的能量略有降低。

d 壳层的价电子的半径比外层 s 壳层价电子的半径小很多，当金属原子密堆积生成晶体时，d 壳层的电子云相互重叠较少，而 s 壳层的电子云重叠得特别多。因此，s 能级间的相互作用很强，s 能带通常很宽，约 20 eV。而 p 能级之间和 d 能级之间的相互作用比较弱，这些能带一般也比较窄，约 4 eV。

在元素周期表的同一周期中，从左到右，s、p 和 d 能带的相对位置是不同的。图 4-5 所示为周期表中同一周期三个不同位置上的元素的 d 能带、p 能带与 s 能带的相对位置。最左边的元素，s 能带最低，d 能带最高，d 能带与 s 能带没有重叠；最右边的元素，d 能带最低，并且与 s 能带重叠，p 能带最高；中间元素 s 能带最低，p 能带最高，s、p、d 三个能带相重叠。

（三）能带中电子填充的情况

由 Pauling 原理可知每个能级最多容纳 2 个电子。由 N 个原子组成的晶体，s 能带有 N 个共有化能级，所以 s 能带最多容纳 2N 个电子；p 能带有 3N 个共有化能级，最多可容纳 6N 个电子；而 d 能带有 5N 个共有化能级，可容纳 10N 个电子。

在金属晶体能带中，通常电子总是处于较低的能级。由于元素总的电子数目和能带相对位置不同，在周期表的同一周期中，能带被电子充满的程度是有变化的。

（四）过渡金属晶体的能带结构

过渡金属晶体价电子涉及 s 能带和 d 能带。

前面已谈到 d 能带是狭窄的，可以容纳的电子数较多，故能级密度 N（8）大，8 能 3 5 带较宽，能级上限很高，可以容纳的电子数少，故能级密度小，而且 s 能带与 d 能带重叠。当 s 能带与 d 能带重叠时，s 能带中的电子可填充到 d 能带中，从而使能量降低。

（五）过渡金属催化剂"d 带空穴"与催化活性关系

过渡金属的"d 带空穴"和化学吸附以及催化活性间存在某种联系。由金属的磁性测量可以看出，化学吸附后磁化率相应减小，说明"d 带空穴"数减少，这直接证明了"d 带空穴"参与化学吸附和催化反应。由于过渡金属晶体具有"d 带空穴"，这些不成对电子存在时，可与反应物分子的 s 或 p 电子作用，与被吸附物形成化学键。通常"d 带空穴"数目越多，接受反应物电子配位的数目也越多。反之，"d 带空穴"数目越少，接受反应物电子配位的数目就越少。只有当"d 带空穴"数目和反应物分子需要电子转移的数目相近时，产生的化学吸附是中等的，这样才能给出较好的催化活性。比如在合成氨反应中，控制步骤是 N 的化学吸附，在催化剂上吸附时，N 与吸附中心要有三个电子转移相配位。因此应选用空穴数为 3 左右的金属做催化剂好一些，从铁（2.2）、钴（1.7）、镍（0.6）三种金属来看，铁较为适合，实践也证明 α-铁作为合成氨的主催化剂效果最好。又如加氢反应，通常认为氢在金属催化剂上化学吸附时，与吸附中心转移配位电子数为 1，所以选用加氢催化剂时，镍和钴是合适的，尤其是镍具有较高活性。Pt 的"d 带空穴"数为 0.55，Pd 的"d 带空穴"数为 0.6，也均有较好的加氢活性。

二、价键理论

Pauling 用另一种方法描述 d 电子状态，创立了价键理论。他将过渡金属中心金属键的 d% 概念与许多过渡金属的化学吸附及催化性质关联，得到一些规律性认识。价键理论假定金属晶体是单个原子通过价电子之间形成共价键结合而成，其共价键是由 nd、（n+1）s 和（n+1）p 轨道参与的杂化轨道。参与杂化的 d 轨道称为成键 d 轨道，没有参与杂化的 d 轨道称为原子 d 轨道。杂化轨道中 d 轨道参与成分越多，则这种金属键的 d% 越高。d% 为 d 轨道参与金属键的百分数。同样，金属原子的电子也分成两类：一类是成键电子，它们填充到杂化轨道中，形成金属键；另一类是原子电子，或称未结合电子，它们填充到原子轨道中，对金属键形成不起作用，但与金属磁性和化学吸附有关。原子轨道除填充未结合电子外，还有一部分空的 d 轨道，这与能带理论中空穴的概念一致。根据磁化率的测定，并考虑到金属可能有的几种电子结构的共振，可计算出金属键的 d%。

第四节　金属催化剂晶体结构与催化作用的关系

一、金属催化剂的晶体结构

金属催化剂的晶体结构是指金属原子在晶体中的空间排列方式，其中包括：晶格—原子在晶体中的空间排列；晶格参数—原子间的距离和轴角；晶面花样—原子在晶面上的几何排列。

（一）晶格

晶体是由在空间排列得很有规律的微粒（原子、粒子、分子）组成的。对于金属，这种微粒是原子。原子在晶体中排列的空间格子（又称空间点阵）叫晶格。不同金属元素的晶格结构不同；即使同一种金属元素，在不同温度下，也会形成不同的晶格结构，即形成变体。目前，将晶体划分为 14 种晶格。对于金属晶体，有 3 种典型晶格。

1. 体心立方晶格

在正方体的中心还有一个晶格点，配位数为 8。属于这种晶格的金属单质有 Cr、V、Mo、W、γ-Fe 等。

2. 面心立方晶格

在正方体的六个面的中心处各有一个晶格点，配位数为 12。属于这种晶格的金属单质有 Cu、Ag、Au、Al、Fe、Ni、Co、Pt、Pd、Zr、Rh 等。

3. 六方密堆晶格

在六方棱柱体的中间还有三个晶格点，配位数为 12。属于这种晶格的金属单质有 Mg、Cd、Zn、Re、Ru、Os 及大部分镧系元素。

（二）晶格参数

晶格参数用于表示原子之间的间距（或称轴长）及轴角大小。

1. 立方晶格

晶轴 $a=b=c$，轴角 $\alpha=\beta=\gamma=90°$。

2. 六方密堆晶格

晶轴 $a = b \neq c$，轴角 $\alpha = \beta = 90°$，$\gamma = 120°$。

金属晶体的 a、b、c 和 α、β、γ 等参数均可用 X 射线测定。

3. 晶面花样

空间点阵可以从不同的方向划分为若干组平行平面点阵，平面点阵在晶体外形上表现为晶面。晶面的符号通常用密勒指数（Miller index）表示。不同晶面的晶格参数和晶面花样不同。例如，面心立方晶体金属镍的不同晶面如图 5-2 所示。可见，金属晶体的晶面不同，原子间距和晶面花样都不相同，（100）晶面，原子间距离有两种，即 $a_1 = 0.351$ nm，$a_2 = 0.248$ nm，晶面花样为正方形，中心有一晶格点；（110）晶面，原子间距离也是两种，晶面花样为矩形；（111）晶面，原子间距离只有一种，$a = 0.248$ nm，晶面花样为正三角形。不同晶面表现出的催化性能不同。可以通过不同制备方法，制备出有利于催化过程的晶面。

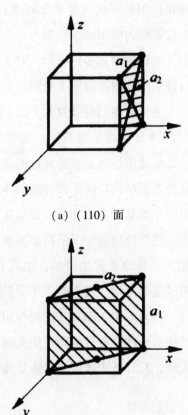

（a）（110）面

（b）（111）面

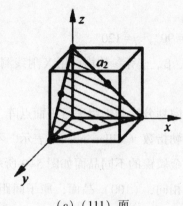

(c)（111）面

图 5-2　金属镍不同晶面的晶面花样

二、 晶体结构对催化作用的影响

金属催化剂晶体结构对催化作用的影响主要从几何因素与能量因素两方面进行讨论。金属催化剂的表面活性中心的位置称为吸附位。根据每一个反应物分子吸附在催化剂表面上所占的位数可分为独位吸附、双位吸附和多位吸附。对于独位吸附，金属催化剂的几何因素对催化作用影响较小。双位吸附同时涉及两个吸附位，所以金属催化剂吸附位的距离要与反应物分子的结构相适应。多位吸附同时涉及两个以上吸附位，这样不但要求催化剂吸附位的距离要合适，吸附位的排布（即晶面花样）也要适宜，才能达到较好的催化效果。对双位吸附和多位吸附、几何适应性和能量适应性的研究称为多位理论，这一理论的代表者是苏联的巴兰金。他认为表面结构反映了催化剂晶体内部结构，并提出催化作用的几何适应性与能量适应性的概念。其基本观点如下：反应物分子扩散到催化剂表面，首先物理吸附在催化剂活性中心上，然后反应物分子的指示基团（指分子中与催化剂接触进行反应的部分）与活性中心作用，于是分子发生变形，生成表面中间络合物（化学吸附），通过进一步催化反应，最后解吸成为产物。通常使分子变形的力是化学作用力，因而只有当分子与活性中心很靠近时（一般 0.1~0.2nm）才能起作用。根据最省力原则，要求活性中心与反应分子间有一定的结构对应性，并且吸附不能太弱，也不能太强。因为太弱吸附速度太慢，太强则解吸速度太慢，只有适中才能满足能量适应的要求。

（一） 多位理论的几何适应性

根据巴兰金的基本观点，为力求其键长、键角变化不大，反应分子中指示基团的几何对称性与表面活性中心结构的对称性应相适应；由于化学吸附是近距离作用，对两个对称图形的大小也有严格的要求，例如丁醇脱氢反应（式 5-1a）和脱水反应（式 5-1b），示意图如下：

$$CH_3-CH_2-CH_2-\underset{\underset{H}{|}}{\underset{H}{C}}-O \longrightarrow CH_3-CH_2-CH_2-\overset{K}{C}-O \longrightarrow CH_3-CH_2-CH_2-C=O+H_2+2K \qquad (5-1a)$$

$$CH_3-CH_2-\underset{\underset{K}{|}}{\underset{H}{CH}}-\underset{OH}{CH_2} \longrightarrow CH_3-CH_2-CH-CH_2 \longrightarrow CH_3-CH_2-CH=CH_2+H_2O+2K \qquad (5-1b)$$

由于脱氢反应和脱水反应所涉及的基团不同，所以丁醇的指示基团吸附构型也不同，如图 5-3 所示。前者要求 C-H 键和 O-H 键断裂，键长分别为 0.108 nm 和 0.096 nm，而后者要求 C-O 键断裂，其键长为 0.143 nm，故脱氢反应较脱水反应要求的 K-K 距离也小一些。丁醇在 MgO 上脱氢或脱水反应，在 400～500℃ 下可以脱氢生成丁醛，也可脱水生成丁烯。MgO 的正常面心立方晶格距离是 0.421 nm，当制备成紧密压缩晶格时，晶格距离是 0.416 nm，此时脱氢反应最活泼；但当制备的晶格距离是 0.424 nm 时，脱氢活性下降，而脱水活性增加。这一实验结果与理论预期相符合。

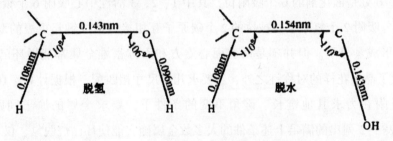

图 5-3 丁醇在脱氢与脱水时的吸附构型

对于双位吸附，两个活性中心的间距使反应物的键长和键角不变或变化较小时并不一定表现出最好的催化活性。如乙烯在金属 Ni 催化剂上的加氢反应。

通常认为，乙烯加氢机理中氢与乙烯是通过解离与不解离的双位（α、β）吸附，然后在表面上互相作用，形成半氢化的吸附态 $*CH_2CH_3$，最后进一步氢化为乙烷。

如果乙烯确如上面所述的那样是通过双位吸附而活化的，为了活化最省力，原则上除所欲断裂的键外，其他的键长和键角力求不变。这样就要求双位活性中心有一定的间距。

乙烯在过渡金属催化剂上的加氢反应的相对活性和原子之间距离的关系，结果如图 5-4 所示。从中可以看出，Rh 的活性最高，其晶格距离为 0.375 nm，可见具有表面化学吸附最适宜的原子间距并不一定具有最好的催化活性。Beek 研究乙烯和 H_2 在不同金属膜上化学吸附时指出，原子间距在 0.375～0.39 nm 的 Pd、Pt、Rh 等吸附热最低，而乙烯加氢反应的相对活性最高。由此可见，在多相催化反应中，只有吸附热较小、吸附速度快，并且能使反应分子得到活化的化学吸附，才显示出较高的催化活性。

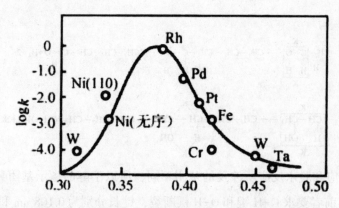

图 5-4   晶格距离与乙烯加氢反应的相对活性关系

除双位吸附外还有多位吸附模型。其中讨论得比较深入的是环己烷脱氢和苯加氢的六位模型。这些金属都属于面心立方晶体和六方密堆晶体。面心立方晶格的（111）面和六方密堆晶格的（001）面中原子排列方式相同，均为正三角形排布，这种排布的活性中心与环己烷的正六边形结构有着对应关系，当环己烷平铺在金属表面上时，如图 5-5 所示，图中标写 1~6 处是催化剂的 6 个吸附位，其中 1、2、3 活性中心吸附 6 个碳原子，4、5、6 活性中心各吸附 2 个氢原子。被拉的 2 个碳原子互相接近形成键长更短的双键，被拉的 2 个氢原子形成氢分子。但并不是所有面心立方和六方密堆金属都能做环己烷脱氢催化剂，因为除了晶面花样的对称性之外，还要求几何尺寸相匹配。根据计算，在力图只 7 环己烷平面吸附在力求其他键长、键角不变的条件下，要求金属的原子间距为 0.249 ~ 0.277nm。表 5-3 列出的满足上述条件的大多数金属确实能使环己烷脱氢，仅 Zn、Cu 对环己烷脱氢不友好。多位理论认为 Zn、Cu 虽然满足几何因素，但不能满足电子因素，或者说没有满足能量条件。因无足够的 "d 带空穴" 可供化学吸附之用，所以活性不好。Mo、V、Fe 虽然几何尺寸适应，但因为没有正三角形晶面花样，对环己烷脱氢无活性。多位理论者曾预言 Re 对环己烷脱氢是一种好的催化剂，而后为实验所证实。

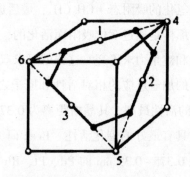

图 5-5   环己烷平面吸附在面心立方晶系（111）面上

表 5-3　对环己烷脱氢显示活性的金属晶格及原子间距

金属	晶格	原子间距(nm)	金属	晶格	原子间距(nm)	
Pt	面心立方	0.27746	Re	六方密堆	0.2741	0.2760
Pd	面心立方	0.27511	Tc	六方密堆	0.2703	0.2735
Ir	面心立方	0.2714	Os	六方密堆	0.26754	0.27354
Rh	面心立方	0.26901	Zn	六方密堆	0.26649	—
Cu	面心立方	0.255601	Ru	六方密堆	0.26502	0.27058
α-Co	面心立方	0.25601	β-Co	六方密堆	0.2494	0.268
Ni	面心立方	0.24916	Ni	六方密堆	0.249	0.249

尽管几何对应原理对金属催化剂催化曾给予满意的解释，但它仍对某些催化现象难以说明。巴兰金认为这些问题可以从反应的能量角度来解释。因此，多位理论又提出能量适应性，认为能量适应性和几何适应性是密切相关的，选择催化剂时必须同时注意这两个方面。

（二）多位理论的能量适应性

要精细地考虑能量适应性问题，必须先知道反应的历程及作用的微观模型，多位理论只对双位催化反应提出模型，并认为最重要的能量因素是反应热（ΔH）和活化能（E_α），两者均可从键能数据求得。

对双位反应，设指示基团的反应为：

$$AB + CD \rightarrow AD + BC \tag{5-2}$$

$$(5-3)$$

即反应分为两步。第一步是反应物与催化剂作用，吸附成为表面活化络合物，放出能量 E_1；第二步为表面活化络合物解吸为产物，放出能量 E_2。两步中放出能量较少（或吸收能量较多）的那一步，反应速度较慢，是反应的控制步骤。从能量观点来说，欲使反应快，应设法使 E_1、E_2 相当。从下面公式推导可以看出：

$$E_1 = -(Q_{AB} + Q_{CD}) + (Q_{AK} + Q_{BK} + Q_{CK} + Q_{DK}) \tag{5-4}$$

$$E_2 = (Q_{AD} + Q_{BC}) - (Q_{AK} + Q_{BK} + Q_{CK} + Q_{DK}) \tag{5-5}$$

式中，Q_{AB} 是 A、B 两原子间的键能；Q_{AK}、Q_{BK} 是 A 原子、B 原子与催化剂 K 间的键能，其余同此。令总反应的能量（反应热）即反应物与产物的键能差为 u。

$$u = Q_{AD} + Q_{BC} - (Q_{AB} + Q_{CD}) = Q_{AD} + Q_{AC} - Q_{AB} - Q_{CD} \qquad (5-6)$$

反应物与产物的总键能和为 s

$$s = Q_{AB} + Q_{CD} + Q_{AD} + Q_{BC} \qquad (5-7)$$

催化剂的吸附位能为 q（吸附势）：

$$q = Q_{AK} + Q_{HK} + Q_{CK} + Q_{DK} \qquad (5-8)$$

将 u、s、q 分别代入式（5-5）和式（5-6）得：

$$E_1 = q + \frac{1}{2}(u - s) = q + \frac{1}{2}u - \frac{1}{2}s = -Q_{AB} - Q_{CD} + q \qquad (5-9)$$

$$E_2 = -q + \frac{1}{2}(u + s) = -q + \frac{1}{2}s + \frac{1}{2}u = Q_{AD} + Q_{BC} - q \qquad (5-10)$$

当反应确定后，即反应物、产物确定，则 Q_{AB}、Q_{CD}、Q_{AD} 和 Q_{BC} 确定，s、u 也确定，与催化剂种类无关。E_1、E_2 只随 q 变化，而 q 值与催化剂有关，不同的催化剂 q 值不同。所以 E_1、E_z 的变化与改变催化剂有关，将 E_1 和 E_2 分别对 q 作图，则得两条相交的直线（称为火山形曲线），如图5-6所示。

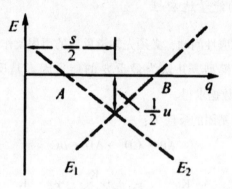

（a）吸热反应

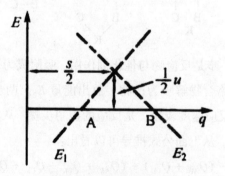

（b）放热反应

图5-6 E_1 和 E_2 与 q 关系图

两条直线的斜率分别为+1和-1，E_1 的截距为 $-Q_{AB} - Q_{CD}$，E_2 的截距为 $Q_{AD} + Q_{HC}$，在

相交点上 $E_1 = E_2$，从能量上看，相当于最适宜的催化剂，即最活泼催化剂的吸附势应相当于火山形曲线最高点。由式（5-9）和式（5-10）可求得交点的坐标值为 $q = \dfrac{1}{2}s$，$E_1 = E_2 = \dfrac{1}{2}u$，对于吸热反应（$u$ 为负值），交点在横坐标之下；对于放热反应（u 为正值），交点在横坐标之上。最适宜的催化剂的吸附位能大致等于键能和的一半；活化能大致等于反应热的一半，这就是选择催化剂时的能量适应原则。实际应用时，可先由 Q_{AB}、Q_{CD}、Q_{AD} 和 Q_{BC} 求得 $\dfrac{1}{2}u$ 和 $\dfrac{1}{2}s$，然后做动力学实验，求出活化能 ε。值得注意的是，上述讨论都是表示反应物分子中的键完全断裂。但实际上键并不发生完全断裂，而是变形，因此实测的活化能 ε 与上述表示的 E 的定量关系，巴兰金最初提出：

$$\varepsilon = -\frac{3}{4}E \tag{5-11}$$

式（5-11）只能当作经验式。在某些情况下用下列式子更符合实验事实：

$$\varepsilon_1 = A + rE_1 \tag{5-12}$$
$$\varepsilon_2 = A(1-r)E_2 \tag{5-13}$$

A、r 均为常数，对于一般有机反应 $r = 3/4$，对于无机反应 $r = 1/2$。

对于放热反应，q 值最好在峰形线的顶点，此时 $E_1 = E_2 = \dfrac{1}{2}u$，$q = \dfrac{1}{2}s$，这相当于反应分两步走，能量相同。对吸热反应，$q$ 落在图中 A、B 点之间，活化能为零或负值，都算是最佳值。可见，我们可以根据上述原则，从合适的 q 值来选择催化剂。但 q 的数据不易获得。下面介绍多位理论对 q 值的求法。

反应分子指示基团与催化剂表面原子间的键能估计，是多位理论研究的一个重要课题。但是由热化学方法、光谱方法、吸附法、统计方法计算键能，都不能真正代表实际的表面络合物的键能，因为表面络合物的真实状态还是未知数。目前，一般是先求出化合物中对应的键能，再加上校正项。校正方法一种是与催化剂表面的不饱和性、分散度、粗糙度有关的校正项；另一种是由于取代基团的影响而加的校正项（例如共轭效应与诱导效应）。

巴兰金提出类似于自洽的由动力学求出表面键能的方法。这种方法的优点在于，所求的键能能够反映出表面的一些效应。具体步骤是：先假设 $\varepsilon = -\dfrac{3}{4}E$ 的关系成立，由动力学实验求得活化能 ε 后，再求 E，最后应用式（5-5）和式（5-6）联立求出 Q_{AK} 等。

例如，求 Q_{HK}、Q_{CK} 和 Q_{OK} 的键能，可以设计三个反应：

1. 烃类脱氢

$$\boxed{\begin{array}{cc} C & C \\ | & | \\ H & H \end{array}}$$

$$E_1 = -2Q_{CH} + 2Q_{CK} + 2Q_{HK} \tag{5-14}$$

2. 醇类脱氢

$$\boxed{\begin{array}{cc} C & O \\ | & | \\ H & H \end{array}}$$

$$E_2 = -Q_{CH} - Q_{OH} + Q_{CK} + Q_{OK} + 2Q_{HK} \tag{5-15}$$

3. 醇类脱水

$$\boxed{\begin{array}{cc} C & C \\ | & | \\ H & H \end{array}}$$

$$E_3 = -Q_{CH} - Q_{CO} + 2Q_{CK} + Q_{OK} + Q_{HK} \tag{5-16}$$

将 $Q_{CH} = 378.3 \text{kJ} \cdot \text{mol}^{-1}$、$Q_{OH} = 462.3 \text{kJ} \cdot \text{mol}^{-1}$、$Q_{co} = 297.2 \text{kJ} \cdot \text{mol}^{-1}$ 分别代入式 (5-14)~式 (5-16) 中，就可得到 Q_{HK}、Q_{OK} 和 Q_{CK}。

多位理论还提出一系列选择金属催化剂的方法。一种方法是根据反应类型及催化剂类型先找出可能的催化剂，然后由动力学实验求出活化能 ε，并由方程 (5-10) 估计 E_1。

$$E_1 = q^* + \frac{1}{2}u - \frac{1}{2}s \tag{5-17}$$

可求出 q^*，如果 q^* 与 $\frac{1}{2}s$ 几乎相等，表示此催化剂已很理想；如果相差得很远，则要改变催化剂组分；当 q^* 与 $\frac{1}{2}s$ 差不多，则可进一步改善催化剂制备方法，以改变表面粗糙度、分散度、晶格参数等以便 $q^* = \frac{1}{2}s$。虽然多位理论较好地解释了一些催化作用并成功地预言若干催化反应的发生，然而，也有人对巴兰金的多位理论提出异议。尽管有一定实验事实支持该理论观点，但从更多事实来看，体相晶格参数与催化作用之间的关联正确与否值得怀疑。通过低能电子衍射和电子显微镜等观察，发现催化剂表面存在大量缺陷。那么体相晶格参数对表面几何对应的意义就不是很大了。因此，还须进一步研究以全面阐明催化现象的复杂性和多样性。

三、　金属催化剂晶格缺陷和不均表面对催化剂性能的影响

（一）金属催化剂晶格缺陷及其对催化作用的影响

由于催化剂制备条件的影响，金属催化剂晶格中的原子排列并非规整的理想晶格，常常产生晶格缺陷。晶格缺陷通常分为两种，即点缺陷和线缺陷。

点缺陷是指在金属晶格上缺少原子或者有多余的原子（又称间隙原子），如图 5-7 所示。图 5-7（a）表示完整晶格；图 5-7（b）表示原子离开完整晶格变成间隙原子，这种缺陷称为弗兰克尔（Frankel）缺陷；图 5-7（c）表示原子离开完整晶格而排列到晶体表面，这种缺陷称为肖特基（Schottky）缺陷。有三种原因造成点缺陷。

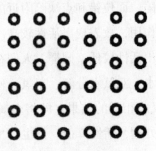

（a）完整晶体

（b）弗兰克尔缺陷

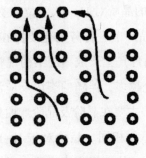

（c）肖特基缺陷

图 5-7　点缺陷图

1. 机械点缺陷

在机械作用下常常造成某些晶格点上缺少原子或晶格点间出现间隙原子。

2. 电子缺陷

在热和光的作用下晶格上出现不正常离子。

3. 化学缺陷

在制备时，化学过程产生局外原子或离子，出现在晶格点上或晶格之间。

线缺陷是指一排原子发生位移，又称位错。位错通常分为两种，即边位错和螺旋位错，通常在制备催化剂中，位错和点缺陷往往同时存在。人们在实验中观察到，位错和点缺陷的存在与催化剂的活性有关联。如金属 Ni 催化剂催化苯加氢生成环己烷时，Ni 经过冷轧处理后，催化活性增加很多，而经过退火处理后催化活性降低。这被认为是由于冷轧处理可增加催化剂的位错和点缺陷。而位错和点缺陷附近的原子有较高的能量，增强了价键不饱和性，容易与反应物分子作用，故表现出活性较高。相反，退火处理会使催化剂中位错和点缺陷数目减少，故表现出活性较低。同样，人们在利用 Cu、Pt 和 Ni 做催化剂对肉桂酸加氢、乙烯加氢、乙醇脱水、双氧水分解、正氢—仲氢的转移、蚁酸分解等反应进行研究时，得到与上述 Ni 加氢反应相同的结果，即将金属催化剂经过冷轧处理，催化剂活性提高；金属催化剂经过退火处理，活性降低。但也有相反的情况，在某些反应中，催化剂虽然有位错和点缺陷，但对催化活性基本没有影响。人们对此还不十分清楚，有待进一步深入研究。

（二）金属催化剂不均一表面对催化作用的影响

近年来，随着表面分析技术的发展，人们用低能电子衍射、俄歇电子能谱、紫外光电子能谱及质谱等研究 Pt 单晶的表面结构，直接观察到晶体表面存在着晶阶、晶弯和晶台等不均一表面。还发现不同部位有不同的催化活性。

在考查 H_2-D_2 同位素交换反应和正庚烷脱氢芳构化成甲苯及裂解结焦等反应时，发现 Pt（111）晶面与其他晶面所形成的晶阶对 H_2-D_2 同位素交换反应的催化活性比平坦的 Pt（111）面高几个数量级。在这种晶阶上进行芳构化要比在平坦的 Pt（111）面上快得多。但是只有在 Pt（111）晶面（或晶台）上形成一层结构规整的焦炭后，才会在晶阶上开始发生芳构化反应。台阶中的弯曲处越多，伴随的裂解反应深度越大。这被认为是使 H-H、D-D、C-H 键断裂所用的活性中心主要在晶阶及晶阶弯曲处。这种活性表面构造的空间概念与前面所述的多位理论的看法不大相同。晶阶对于 H-H、D-D 键断裂有较高的活性，可能是此处电子云密度较大的缘故；从空间因素来看，晶阶边缘好像"刀口"，要断裂的键碰着"刀口"上暴露的 Pt 原子，要比碰在平坦晶面（111）上的 Pt 原子时所须克服的排斥力小。在负载型高分散的金属催化剂表面上这些结构更多，对催化剂影响也更大。

第五节　负载型金属催化剂及其催化作用

一、金属分散度与催化活性的关系

对于多相催化反应，反应主要是在固体催化剂表面上进行的，因此，金属原子能较多地分布在外表面层（即表相中），就可大大提高这些金属原子的利用率。这就涉及金属的分散度。所谓分散度是就金属晶粒大小而言的。晶粒大，分散度小；反之，晶粒小，分散度大。在负载型催化剂中分散度是指金属在载体表面上的晶粒大小。如果金属在载体表面上呈微晶状态或原子团及原子状态分布，就称作高分散负载型金属催化剂。分散度也可表示为：

$$分散度(D) = \frac{表相原子数}{(表相 + 体相) 原子数} \qquad (5-18)$$

金属催化剂分散度不同（即金属颗粒大小不同），其表相和体相分布的原子数不同。

晶粒大小还直接影响着表面原子所处位置。通常表面上的原子有三种类型，即处于晶角上的、晶棱上的和晶面上的。晶粒大小不同，晶角、晶棱和晶面原子分数不同，如图 5-8 所示。由图可见，金属晶粒大小除影响表面原子占晶体总原子数的分数外，还影响着晶体总原子数和表面原子的平均配位数。当晶体大小从 0.55 nm 增加到 5.0 nm 时，表面原子的平均配位数从 4 增加到 8.64，而较小的晶粒变化影响更显著。如果催化剂的活性取决于平均表面原子分数，晶粒越小变化越明显。如果活性取决于角原子数目，随晶体变大活性在很大范围内是要连续下降的。

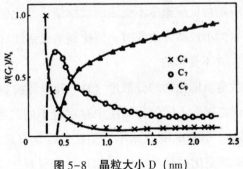

图 5-8　晶粒大小 D（nm）

晶粒大小对活性的影响也可能是能量因素而不是几何因素。配位数低的表面原子吸附分子的能力比配位数较高的表面原子更强烈。小晶体（约 1.0 nm）的熔融温度（℃）大约只有块状金属熔融温度的一半，极小晶体的外表面原子有可能不是处于由晶体结构预测的相对位置上，它们的振幅有可能大一点，原子间的距离稍短。甚至它们的铁磁性质发生变化，例如金属镍为铁磁性的，高度分散小于 10 nm 时，在磁场中有很大的顺磁性（超顺磁性），离开磁场无磁性，即变为顺磁性。

对不同反应，要求金属催化剂具有不同大小的晶粒。鲁宾斯坦曾用 Ni/Al_2O_3 催化剂对醇和环己烷脱氢反应进行了研究，发现晶粒大小在 6.0~8.0 nm 时活性最好。他又做了许多实验，最后得出结论：分散度是影响催化剂活性的一个主要原因，在于催化剂在一定粒度下给出最大有效表面积。

为了提高催化剂活性和节省贵金属的使用量，工业催化剂均采用制备分散度大一些的负载型催化剂，但此时要加一些结构型助催化剂，或者合金型催化剂，以保证金属小颗粒不产生熔聚。但也不是所有催化剂都要求制成高分散的，对一些热效应大或者金属催化剂本身活性很高的，常常不要求高分散。因为活性过高，热效应过大，往往会破坏催化系统正常操作。如乙烯氧化制环氧乙烷的银催化剂，晶粒为 30~60 nm。

综上所述，在讨论金属催化剂晶粒大小（即分散度）对催化作用的影响时，可从下述三点考虑：①在反应中起作用的活性部位的性质。由于晶粒大小的改变，会使晶粒表面上活性部位的相对比例起变化，从几何因素影响催化反应。②载体对金属催化行为是有影响的。当载体对催化活性影响越大时，金属晶粒变得越小，可以预料载体的影响会变得越大。③晶粒大小对催化作用的影响可从电子因素方面考虑，正如上面所述，极小晶粒的电子性质与本体金属的电子性质不同，也将影响其催化性质。

二、 金属催化反应的结构敏感行为

金属催化反应分为两类：结构敏感反应和结构不敏感反应。结构敏感反应是指反应速率对金属表面的微细结构变化敏感的反应，这类反应的反应速率依赖于晶粒的大小、载体的性质等。结构不敏感反应是指反应速率不受表面微细结构变化影响的反应。当催化剂制备方法、预处理方法、晶粒大小或载体改变时，催化剂的比活性（单位金属表面积或每个表面金属原子的反应速率）并不受影响。

根据最近的总结，负载金属催化剂的分散度（D）和以转换频率（TOF）表示的每个表面原子单位时间内的活性之间在不同催化反应中存在着不同关系。可分为四类：①TOF 与 D 无关。②TOF 随 D 增加。③TOF 随 D 减小。④TOF 对 D 有最大值。

金属 Pt 催化含有 C—H 键变化的烃类反应（如加氢、脱氢反应）是结构不敏感反应。例如，苯加氢、环己烷和甲基环戊烷脱氢也均为结构不敏感反应。正己烷异构化为甲基环戊烷，正己烷芳构化为苯及新戊烷的异构化反应也是结构不敏感反应。对于结构不敏感反应催化剂，金属形成合金时，对加氢、脱氢反应也没有影响。但是，当金属分散度接近于 1 时，这种结构不敏感反应就可能发生变化。但对负载在 SiO_2 上的 Pd、Ni 和 Rh 金属催化剂对苯加氢和氢氘交换反应却为结构敏感反应。已经观测到当晶粒大小为 1.2 nm 时，苯在 Ni 上加氢的比速率最大值变小。

与含有 C—H 键的反应相反，C—C 键的反应和一些其他反应，例如氧化反应，是结构敏感反应。如乙烷加氢裂化的比催化活性随催化剂晶粒变小而显著增加。在氧化反应中也观测到，当催化剂晶粒增大时比活性有明显增加，并且晶粒影响是发生在晶粒大小为 0.8~5.0 nm 的范围内，结构敏感反应在改变载体时也会显著影响比活性。如在氨氧化反应中，高度分散于 SiO_2 上的 Pt 的活性（以单位金属表面积为基准），比同样高度分散于 Al_2O_3 上的 Pt 的活性约高 10 倍。这种影响可以用载体对金属晶体表面微细结构的影响来解释，也可用对活性有影响的载体的诱导电子效应来解释。加氢裂化反应对合金催化剂是敏感的，它们的速率随表面上活性组分浓度的下降而显著减小。在含有 C—C 键的反应中，晶粒越小，比活性越高。

三、 金属与载体的相互作用

金属负载型催化剂在制备的各步骤中都会发生金属—载体间的相互作用，这些作用表现在最终对催化剂性能的影响上。金属—载体相互作用可归纳为三种：第一种是两者相互作用局限在金属颗粒和载体的接触部位，在界面部位分散的金属原子可保持阳离子性质，它们会对金属表面原子的电性质产生影响，进而影响催化剂吸附和催化性能。这种影响与金属粒度关系很大，对小于 1.5 nm 的金属粒子有显著影响，而对较大颗粒影响较小；第二种是当分散度特别大时，分散为细小粒子的金属溶于载体氧化物的晶格中，或生成混合氧化物。这样，金属催化剂会受到很大影响，这种影响与高分散金属和载体的组成关系很大；第三种是金属颗粒表面被来自载体氧化物涂饰。载体涂饰物可能与载体化学组成相同，也可能被部分还原。这种涂饰会导致金属—氧化物接触部位的表面金属原子的电性质改变，这将影响其催化性能。在烷烃氢解反应中，一旦载体氧化物向金属颗粒表面迁移，产生氧化物涂饰时，氢解速度呈数量级下降。乙烷氢解催化剂还原温度从 250℃ 升高到 500℃，氢解速度下降约 5 个数量级，这是因为高温还原产生 TiO_2 涂饰所致，前面已述，氢解反应为结构敏感反应，它需要多个 Kh 基团催化中心进行 C—C 键断裂，迁移到金属颗粒表面的 TiO_x 物种破坏了 Rh 基团催化中心，致使活性下降。但对结构不敏感反应影响很小，环己烷脱氢反应转换频率变化很小。这说明环己烷脱氢活性不因 Rh 基团催化中心的破坏而明显下降。

近年来，关于载体和金属之间强相互作用（SMSI）的研究十分活跃，发现负载在

TiO_2，上的多种贵金属催化剂，在高温下经 H_2 处理后会完全失去对 H_2 和 CO 的吸附，而催化剂自身在结构上并没发生变化，再经低温处理，又恢复了对 H_2 和 CO 的吸附活性。他们认为这是金属与载体的强相互作用的结果。除 TiO_2 外，负载 Ir 的 Nb_2O_5、V_2O_5、MnO 等也存在上述现象。TiO_2 负载金属催化剂对于 CO 加氢有特别高的活性，它比 SiO_2 和 Al_2O_3 负载金属的活性高很多。TiO_2 负载 Rh、Pd 和 Pt 催化剂对 H_2 或 CO 还原 NO 活性有所提高。H_2 和 CO 化学吸附活性随着催化剂还原温度的提高而下降，TEM 测定表明不是由于金属烧结，是由于金属表面被 TiO_2 部分涂饰，以及金属粒子由于载体表面湿润性改进而变成平坦的形状。这些都提供了二者强相互作用的证据。

这种强相互作用状态下的金属催化剂反应性能有着下列变化趋势：①对结构不敏感反应，如加氢反应，活性下降不到一个数量级，但使部分加氢反应的选择性增强。②对结构敏感反应，如氢解反应，活性骤然下降几个数量级。③对 CO 加氢反应，活性提高约一个数量级，高级烃产物的选择性增加。

四、 负载金属催化剂的氢溢流现象

在进行环己烷脱氢生成苯的研究时，使用 Pt/Al_2O_3 做催化剂，并用大量惰性氧化铝进行稀释，催化剂与惰性氧化铝比率为 1∶80~1∶5 000。例如，将 2.4 g 催化剂分散于 1.2 kg 的惰性氧化铝中，在进料速度为 2.9 mol/h 条件下可获得 50%~60% 的转化率。

为解释这一结果，人们推测，催化剂粒子可能活化了其周围惰性的氧化铝，而被活化的氧化铝体积远远大于催化剂粒子的体积，催化剂和被活化的氧化铝同时催化这一反应，才能导致活性如此之高。他们假定了以下动力学反应步骤：

第一，氢在 Pt/Al_2O_3 上解离并迁移到周围的惰性氧化铝上；

第二，迁移中的氢原子可活化途中的惰性氧化铝；

第三，周围已被活化的氧化铝上的氢原子，使环己烷按下列方式进行脱氢反应：

$$H_2 \xrightleftharpoons{Pt} 2H \cdot \qquad (5-19)$$

$$2H \cdot \xrightleftharpoons{Al_2O_3} 2H^+ + 2e^- \qquad (5-20)$$

$$nH \cdot + m \bigcirc \rightleftharpoons m \bigcirc + \frac{1}{2}(n+6m)H_2 \qquad (5-21)$$

$$2H \cdot \xrightleftharpoons{Pt} H_2(g) \qquad (5-22)$$

这一假定使每个粒子的有效催化体积从 0.0038 ml 增长到相当大的数值。

溢流定义为：被吸附的活性物种从一个相向另一个相转移，另一个相是不能直接吸附生成该物种的相。溢流的结果将导致另一个相被活化并参与反应。以氢溢流为例，氢分子

首先被金属 M（M＝n、Pd、Ni 等）吸附和解离。

$$H_2 + M \rightleftharpoons H_2M \tag{5-23}$$

$$H_2M + M \rightleftharpoons 2H_a \cdot M \tag{5-24}$$

然后，吸附在金属上的 $H\cdot$，像二维气体似的越过相界面转移到载体（θ）上。

$$H_nM + \theta \rightarrow M + H_{sp}\theta \tag{5-25}$$

氢溢流可引起氢吸附速率和吸附量的增加；氢溢流使许多金属氧化物（如 CO_3O_4、V_2O_5、Ni_3O、CuO 等）的还原温度下降；氢溢流能将本来是惰性的耐火材料氧化物诱发出催化活性，例如使 SiO_2 转变成特殊的加氢催化剂，使它在 423 K 下对乙烯加氢有活性，并且不被 O_2 或 H_2O 毒化；氢溢流还能防止催化剂失活，可使沉积在金属活性中心周围和载体上的积炭物种重新加氢而去掉，使毒化贵金属的 S 生成 H_2S 而消失。大量实验表明，溢流现象不仅发生于氢，而且 O_2、CO、NO 和石油烃类均表现出存在着溢流现象。如在 Pt/Al_2O_3 催化剂上积炭的氧化过程中，也存在着氧溢流。

溢流现象表明，催化剂表面上的吸附物种是流动的。溢流现象增加了多相催化的复杂性，但也有助于对多相催化反应的理解。它解释了催化重整中高速的脱氢反应等，氢溢流现象增加了我们对催化作用的基本理解，可以认为，在加氢反应中，活性物种不只是氢原子，而应该是 $H\cdot$、H^+、H_2^-、H_2^+ 和 H^- 的混合物。同理，氧化反应中，其活性物种应是 $O\cdot$、O^+、O^{2-} 和 O_2^- 的混合物。

第六节　合金催化剂及其催化作用

一、合金的分类和表面富集

（一）合金的分类

根据合金的体相性质和表面组成可将合金分为三类：

1. 机械混合

各金属原子仍保持其原来的晶体结构，只是粉碎后机械地混合在一起。这种机械混合常用于晶格结构不同的金属，它不符合化学计量。

2. 化合物合金

两种金属符合化合物计量的比例，金属原子间靠化学力结合组成金属化合物。这种合金常用于晶格相同或相近，原子半径差不多的金属。生成这种有序的合金是强放热的，以

$\Delta H_1 \ll 0$ 和 $E_{AA} + E_{BB}/2 \ll E_{AB}$，（$E_{AA}$ 表金属 A—A 键键能，E_{BB}、E_{AB} 同理）为特征。在这些体系中以异核原子簇形式分散，且不发生微晶的析出或相分离现象。但是，由于在形成 A—B 键时自由能减少很多，常常生成有序的金属间化合物，如常见的 Pt-Sn 合金中的 PtSn 和 Pt_3Sn；Ni-Al、Cu-Pd、Cu-Pt 和 Pt-Sn 也可形成金属间化合物。合金的表面组成取决于晶面。

3. 固溶体

介于上述两者之间，这是一种固态溶液，其中一种金属可视为溶剂，另一种较少的金属可视为溶解在溶剂中的溶质。固溶体通常分为填隙式和替代式两种。当一种原子无规则地溶解在另一种金属晶体的间隙位置中时，称为填隙式固溶体。其中填隙的原子半径一般较小。当一种原子无规则地替代另一种金属晶格中的原子时，称为替代式固溶体。合金为中等放热的，即从元素生成合金的生成焓 $\Delta H_i ? 0$，且 ΔH_t 小，键能关系为 $(E_{AA} + E_{?y?})/2 \approx E_{AB}$ 时，在任何温度下，体系达到平衡时，全部浓度范围内都以单一相的固溶体存在，没有生成金属簇的趋势。A 原子和 B 原子是混乱分布的，在厚度不超过几个原子的表面层中，含有较低表面自由能的组分富集在表面层（含量较高），Pd-Ag 就属于这类合金。若合金为吸热的，合金的 $\Delta H_i > 0$，$(E_{AA} + E_{BB})/2 > E_{AB}$，在温度 $T > \Delta H_i/\Delta S_f$（时，平衡合金的体相中生成 A 原子簇和 B 原子簇。这是因为 A—A 键和 B—B 键比 A—B 键更强。在温度 $T < \Delta H_1/\Delta S_f$ 时，存在一个混合区域，平衡合金有两个组成不同的相。吸热的 Cu-Ni 合金，其临界温度约为 320℃，高于此温度为单相，低于此温度为两相，其合金的相图如图 5-9 所示。由图可见，在混合围线以下的点，在 100℃时其组成范围为含 Cu 2%~80%，存在两个相，它们的组成从曲线与温度水平线的两个交点处即可找出。

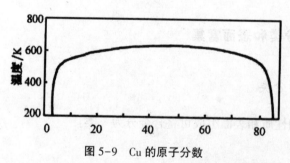

图 5-9　Cu 的原子分数

用蒸发法制得厚约 20 nm 的 Cu-Ni 膜，在 200℃左右分离成一个处于外层的富铜相（80%Cu，20%Ni），和一个类似樱桃的微晶核心的富镍相（2%Cu，98%Ni）。富铜相的组成在很宽的合金组成范围内都不发生变化。

（二）合金的表面富集

大多数合金都会发生表面富集现象，使其合金的表相组成与体相组成不同。如 Ni-Cu 合金，当体相 Ni 的原子分数为 0.9 时，表相 Ni 的原子分数只有 0.1。可见大量 Cu 在表面富集。表面富集由如下两个因素决定：①合金中表面自由能较低（升华热较低）的组分容易在表面富集。因此表面自由能的很小差别就会造成很大的表面富集。②合金表相组成与接触的气体性质有关，气体有较高吸附热的组分容易在表面富集。

合金的表相组成对催化剂的催化性能的影响往往比体相更直接，也更重要。从下文的合金催化剂几何因素的影响可以看得更清楚。

二、 合金的电子效应和几何效应与催化作用的关系

工业上常用的合金催化剂有 Ni-Cu、Pd-Ag、Pt-Au 等，这些合金催化剂中一部分为过渡金属元素 Ni、Pt、Pd 等，它们的电子结构特点是原子轨道没填满电子，也就是说具有"d 带空穴"；而另一部分是第 I 副族元素 Cu、Ag、Au 等，它们的电子结构特点是原子 d 轨道被电子填满，但具有未成对的 s 电子。正如前面所述，从能带理论出发，认为当二者形成合金时，Cu、Ag 和 Au 中的 s 电子有可能转移到 Ni、Pd、Pt 的"d 带空穴"中，使得合金催化剂的"d 带空穴"数变小，从电子因素来看，这将会引起合金催化剂的催化活性发生变化。但是 30 多年来的一些研究结果表明，对 NK3u 合金催化剂来说，即使合金中 Cu 原子含量超过 60%，每个 Ni 原子的"d 带空穴"数仍为 0.5±0.1。

这说明合金中 Cu 电子大部分仍然定域在 Cu 原子中，而 Ni 的"d 带空穴"仍大部分定域在 Ni 原子中。Ni 的电子性质或化学特性并不因与 Cu 形成合金而发生显著变化，这与能带理论的推测不相符。Ni 的电子结构不因 Cu 的引入形成合金而有很大变化，这是因为 Cu-Ni 合金是一种吸热合金，在此合金中可能形成 Ni 原子簇，而 Ni 和 Cu 的电子相互作用并不大。相反，对放热合金 Pd-Ag 而言，情况就不一样了。合金中 Pd 含量小于 35% 时，每个 Pd 原子的"d 带空穴"数从 0.4 降至 0.15。而从 X 射线光电子能谱的数据表明，随 Ag 的加入 Pd 的"d 带空穴"被填满。这是因为 Pd-Ag 合金两个不同原子间成键作用比 Cu-Ni 合金大，即 $E_{AB} > (E_M + E_{HS})/2$，所以 Pd 的电子结构受合金的影响会产生电子效应。

人们对 Cu-Ni 和 Pd-Ag 合金的电子因素和几何因素对金属催化剂催化作用的影响进行了较多研究，主要以烃类加氢、脱氢反应（结构不敏感型）和氢解反应（结构敏感型）为例。图 5-10 所示为氢在 Cu-Ni 合金催化剂上的吸附与合金组成的关系。图中强吸附氢是通过起始吸附等温线及抽真空 10 min 后所得等温线之差求得。

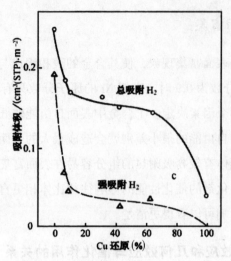

图 5-10　氢在 Cu-Ni 合金催化剂上的吸附与 Cu 含量之间关系

　　少量 Cu 的加入立即引起强吸附氢的剧烈减少。这说明富集的表面 Cu 尽管数量不多（<10%），但却覆盖了富镍相。当 Cu 含量>15%，发生相分离，而且富镍相完全被 Cu 包起，此时外层富铜相的组成不随 Cu 含量的增加而改变，即表面组成变化不大，所以总吸附氢量和强吸附氢量变化不大。由此可见，氢化学吸附不是电子效应引起的，而是 Cu 表面富集的作用。从图 5-11 和图 5-12 可以看出，这种合金表面富集也直接影响了 Cu-Ni 合金催化剂的催化活性。当 Ni 中加入 20%Cu 时，乙烷氢解为甲烷的反应速度降低约 4 个数量级，而环己烷脱氢速度只是略有增加，然后变得与合金组成无关，直到接近纯 Cu 时，速率才迅速下降。从图 5-13 给出的环丙烷在 Cu-Ni 合金上进行的加氢反应与氢解反应，其规律与上述类似，由于环丙烷中的 C-C 键的伸缩性，其开环很像双键加氢（生成丙烷），而不像氢解反应生成甲烷和乙烷。前者由于 C-H 键断裂容易发生，所以合金化影响并不明显。而对于 C-C 键的断裂，由于发生氢解反应，金属表面至少有一对相邻金属原子与两个碳原子成键，才能进行氢解反应。当 Ni 和 Cu 形成合金时，由于 Cu 的富集，Ni 的表面双位数减少，而且吸附强度降低，因而导致氢解反应速度大大降低。双位吸附减少是一种几何效应，而吸附强度降低是一种电子效应。由此可见合金中的几何效应和电子效应对催化作用都有影响，前者对结构敏感型反应影响更大一些。

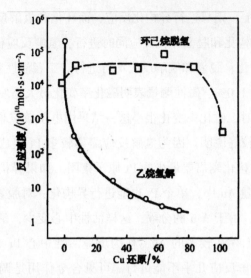

图 5-11 在 Cu-Ni 合金催化剂上乙烷氢解和环己烷脱氢反应的催化活性与合金组成的关系

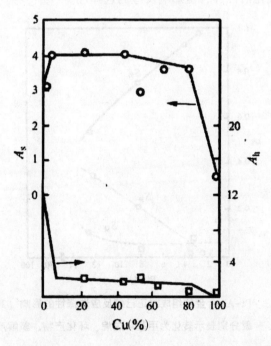

5-12 环丙烷在 Cu-Ni 合金催化剂上的氢解反应与 C 含量关系

（A_s——环丙烷的总转化率，A_h——氢解转化率）

Pt-Au 合金化对催化作用中几何效应影响更显著。Pt 能催化中等链长的正构烷烃脱氢环化、异构化和氢解等反应（如重整过程）。图 5-13 给出 Pt-Au 合金的组成对正己烷反应选择性的影响。在 Pt 含量较低（1%~12.5%）时，Pt 溶于 Au 中，并均匀地分散在 Au 中（可能有原子簇存在），由于 Au 的表面自由能较低，因而 Au 高度富集在表面层。如图 5-13 所示，当 Pt 在合金中含量为 1%~4.8% 时，表面分散单个的 Pt 或者少量 Pt 原子簇。

若将此合金负载于硅胶上，则只进行异构化反应，而环化和氢解反应几乎不能进行。当合金中含 Pt 10% 时，则异构化和脱氢环化反应同时进行，氢解反应仍难以进行。当 n 含量非常高（纯 Pt）时，异构化、脱氢和氢解反应均可进行。三者活性差别最大是当 n 含量为 0 ~10% 时，而不是 10%~100%。磁性测量表明磁化率变化最大是发生在 Au 含量最低之处，而 Pt 在 Au 中含量很少时，磁化率变化很小这一结果用电子效应难以给出清晰的说明，而从几何效应考虑可给出较好说明。因为氢解反应需要较多 Pt 组成的大集团，脱氢环化需要较少的 Pt 集团，而异构化则需要最少的 Pt 原子集团。如果异构化是按单分子机理进行的，Pt 原子高分散于大量 Au 中，单个 Pt 也能进行异构化；对脱氢环化反应至少须在两个相邻的金属原子上进行，由于 A u 的分隔，这样活性中心变少，活性较异构化低；对于氢解反应，由于合金表面上存在较多的 Au，作为反应活性中心 Pt 大集团存在的概率更小，所以在 Pt 含量较低时氢解反应几乎不能进行。可见合金作用是调变金属催化剂的一种有效方法，它除了影响催化活性外，也影响反应的选择性。

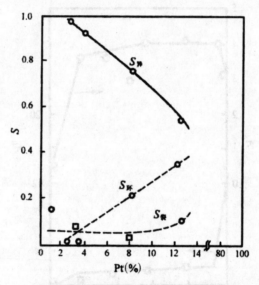

图 5-13　Pt-Au 合金的组成对正己烷反应选择性的影响（360℃）

（S 异、S 环、S 裂分别表示转化为甲基环戊烷、环化产物、氢解产物的分数）

第七节　典型金属催化剂催化作用剖析

一、　合成氨工业催化剂

工业上使用的合成氨催化剂以 Fe_3O_4 为主催化剂，Al_2O_3、K_2O、CaO 和 MgO 等为助催化剂。合成氨催化剂通常是用天然磁铁矿和少量助剂在电熔炉里熔融、在室温下冷却制备的。

氨的合成为放热可逆反应：

$$N_2 + 3H_2 \rightleftharpoons 2NH_3, \quad \Delta H_{500℃} = -108.8 \text{kJ} \cdot \text{mol}^{-1} \tag{5-26}$$

操作温度通常为 400~500℃，压力为 15~30 MPa。

（一）主催化剂的结构

主催化剂磁铁矿 Fe_3O_4 与天然矿物尖晶石 $MgAl_2O_4$ 的结构相似，尖晶石单胞含 8 个 $MgAl_2O_4$，而 Fe_3O_4 的单胞也含有 8 个 Fe_3O_4。二者的氧离子均属面心立方紧密堆积，阳离子处于氧离子八面体空隙或四面体空隙中，Fe_3O_4 单胞表示为：

$$Fe^{3+}[Fe^{2+} \cdot Fe^{3+}]O_4 \tag{5-27}$$

单胞中有 8 个 Fe^{3+}（处在四面体空隙）　　单胞中共有 16 个铁离子，Fe^{2+}、Fe^{3+} 各占一半（处在八面体空隙）

所以称为反尖晶石结构。

在高温熔融（约 1550℃ 以上）条件下，与 $F^{2+} \cdot Fe^{3+}$ 离子半径近似的离子（Si^{4+}、Al^{3+}、Ca^{2+}、Mg^{2+}、K^+ 等），可取代 Fe^{2+} 或 Fe^{3+}，生成混晶。还原时晶粒中全部氧被除去，但结构并不收缩，可制得与还原前磁铁矿体积相等的多孔铁。据相结构分析为 α-Fe，即体心立方结构，它是主催化剂。电子探针观察表明，α-Fe 微粒中掺入少量助剂，作为隔开微晶的难还原且耐高温的物质存在于 α-Fe 微晶之间。还原过程中助剂分布得更均匀。实验发现还原过程温度的控制、还原气体组成、线速、压力及助剂种类和含量等对还原后颗粒大小、细孔半径及分布等均有重要影响。

（二）各种助催化剂的作用及其最佳含量

1. Al_2O_3

Al_2O_3 是一种结构型助催化剂，它在高温下的稳定形态是 α-Al_2O_3；但在熔铁催化剂中，Al_2O_3 可能生成 $FeAl_2O_4$、$K_2Al_2O_4$ 等尖晶石型混晶结构，成为高熔点且难还原组分，隔开 α-Fe 微晶，以阻止 α-Fe 的烧结。Al_2O_3 的加入增加了催化剂的比表面积（如 Al_2O_3，含量为 10.2% 时，催化剂比表面积为 13.2 $m^2 \cdot g^{-1}$；而 Al_2O_3 含量为 0.15% 时，催化剂比表面积只有 1$m^2 \cdot g^{-1}$）。Al_2O_3 与 K_2O 有协同作用，使合成氨活性大增。这是因为 Al_2O_3 将表面游离的 K_2O 束缚住，生成铝酸钾，减少 K_2O 的流失。此外，Al_2O_3 还可增加催化剂对 S、Cl 等的抗毒性能。

Al_2O_3 加入量要合适，过多会使自由铁含量下降，还原速度减慢。Al_2O_3 表面还能吸附 NH_3，使生成的 NH_3 不能及时脱附，导致活性降低。因此，Al_2O_3 加入量要适中，而且还要与其他助剂添加种类和数量协调，通常为 2.5%~5%，最佳量为 3%~4%。

2. K_2O

K_2O 是一种电子助催化剂，由于 K_2O 的加入，使 $\alpha-Fe$ 的电子逸出功降低。这被认为是包围着 $\alpha-Fe$ 微晶的 K_2AlO_4 以其 K^+ 向外、AlO_2^- 向内，造成表面正电场，使金属 $\alpha-Fe$ 的电子逸出功降低。促进电子输出给 N_2，从而提高催化活性。K_2O 通常表相浓度大于体相浓度，可见 K^+ 是在固体表面层。K_2O 能促进 $\alpha-Fe$ 烧结，使比表面积下降，导致孔半径增大。不含 K_2O 的样品平均孔径为 28.4 nm，含少量 K_2O 的样品平均孔径为 36.4 nm，含大量 K_2O 的样品平均孔径则为 48.4 nm。

此外，K_2O 可中和 Al_2O_3 的酸性，使 Al_2O_3 吸附 NH_3 减弱，有利于 NH^{3+} 解吸。K_2O 的最佳含量为 1.2%~1.8%。

3. CaO

制备催化剂时，加入 CaO 能使 Al_2O_3 与磁铁矿的熔融温度降低，熔融液的黏滞性大大降低，因而使 Al_2O_3 在熔铁中均匀分布。有些数据说明 CaO 也有抗烧结作用和降低电子输出功的作用，以及增强催化剂抗 H_2S 和 Cl 等毒物的能力。CaO 的最佳添加量为 2.5%~3.5%。

4. MgO

MgO 与 CaO 作用相似，MgO 与 CaO 同时存在时能显著提高催化剂的低温活性。相对 Al_2O_3 来说，MgO 较易使催化剂还原。加入 MgO 还可改变催化剂的耐热性能。MgO 的最佳加入量为 3.5%~5%。

5. SiO_2

SiO_2 的主要作用是改善催化剂的物理结构，使 K^+ 分布更均匀或调节表面 K^+。而其最佳含量将随 K_2O 的含量而改变，与其他助催化剂含量也有关。

总的说来，助催化剂的各种成分是互相联系、互相制约的，它们通过对 $\alpha-Fe$ 微晶大小及其分布、$\alpha-Fe$ 电子逸出功等的改变使催化剂活性、稳定性达到最佳值。

二、 乙烯环氧化工业催化剂

乙烯环氧化生产环氧乙烷采用负载银催化剂。主催化剂为银（Ag），载体为耐热 $\alpha-Al_2O_3$（刚玉）小球、SiC（金刚砂）等，助催化剂为 Ba、Al、Ca、Ce、Au 或 Pt 等，采用浸渍法制备负载银催化剂。乙烯环氧化反应采用气固相反应，反应温度一般在 220~

280℃，该反应为放热反应。

（一）主催化剂

银被负载在低表面大孔载体上，银的负载量为5%~35%。对于乙烯环氧化反应，银催化剂是一种结构敏感型催化剂，因此负载银颗粒大小、载体性质及助催化剂等都对其有很大影响。制备银催化剂的关键是使银能牢固地负载在载体上。

（二）助催化剂

银催化剂中的助催化剂组分通常包括碱土金属、碱金属、稀土金属及贵金属，其中最常见的是 Ca 和 Ba。例如，加入钡盐在反应条件下转变为 $BaCO_3$，它能和银原子充分混杂在一起。随钡盐加入量增加，活性提高。当钡盐含量为 6%~8%（w/w）时达到最大值。钡盐含量再增加，其活性降低，而选择性随 BaO 含量增加而降低。钡盐和钙盐被认为起结构型助催化剂作用，它们可以把银颗粒隔开，防止银烧结。同时还观察到它们也是电子型助催化剂，可将银的电子逸出功从 4.40 eV 降低到 3.80 eV，从而提高其催化活性。

碱金属离子 Na^+、K^+，卤族元素离子 Cl^-、Br^-、I^- 及 S^{2-}、SO_4^{2-} 等加入银催化剂可以提高其选择性，KCl 可使选择性达到或接近 80%。若用碱修饰银，当乙烯转化率为 6.2% 时，C_2H_4O 的选择性高达 100%。用 NaCl 修饰的银催化剂可使选择性达到 90%。选择性提高的原因是调节银催化剂的电子逸出功使 O_2 活化形式以 O_2^- 为主。而 Cl^-、S^{2-}、SO_4^{2-} 等负离子富集在催化剂表面形成负电场，提高电子逸出功，也有利于 O_2^- 吸附物种生成。

（三）乙烯环氧化机理

通常认为乙烯在银催化剂上环氧化机理如下：

$$2Ag + O_2 \Longrightarrow Ag_2O_2(吸附) \tag{5-28}$$

$$Ag_2O_2 + C_2H_4 \rightarrow C_2H_4O + Ag_2O \tag{5-39}$$

$$4Ag_2O + C_2H_4 \rightarrow 2CO + 2H_2O + 8Ag \tag{5-30}$$

$$CO + Ag_2O = CO_2 + 2Ag \tag{5-31}$$

这个机理符合大量实验结果，其最大选择性小于 80%。但是最近发现一些工业银催化剂的环氧乙烷选择性大于 80%，这一结果与上述反应机理相矛盾。根据均相配合物催化剂在氧插入反应中的作用机理研究结果提出如下机理：

$$\tag{5-32}$$

$$O = Ag^{2+} + CH_2 = CH_2 \longrightarrow \quad \overset{Ag}{\underset{H_2C-CH_2}{\diagup}}^{O} \longrightarrow CH_2 = Ag^{2+} + HCHO \tag{5-33}$$

$$CH_2 = Ag + O_2 \longrightarrow Ag = O + HCHO \tag{5-34}$$

由于甲醛及其氧化物甲酸都是强还原剂，可将氧化银重新还原为银，构成催化循环。按照这一机理，反应化学计量式为：

$$7C_2H_4 + 6O_2 \rightarrow 6C_2H_4O + 2CO_2 + 2H_2O \tag{5-35}$$

按化学式计量式计算，其最大选择性为 85%。目前我国生产的银催化剂的环氧乙烷选择性已达 83%。

近年来，经过各国催化学者的努力，对长期以来具有争议的乙烯环氧化机理得到了较为一致的结论。主要结论有如下几点：

第一，吸附态原子氧（O_x）是乙烯银催化氧化的关键氧种，弱吸附（亲电子性）O_a 参与乙烯选择氧化，强吸附（亲核性）O_a 参与乙烯完全氧化，可以用下式表示：

$$\tag{5-36}$$

第二，高氧覆盖度导致弱吸附态原子氧，低氧覆盖度导致强吸附态原子氧。凡是能减弱 O_a 与银之间的键能的环境（如吸附碳原子）将有利于乙烯的选择氧化。

第三，在银表面易发生分子氧的解离吸附，并形成银下表层的原子氧。且银表面的吸附态原子氧随着氧的覆盖导致弱吸附态特性，使银成为此项工艺唯一有效的催化剂。

第四，既然吸附态原子氧为乙烯环氧化主、副反应的关键氧种，则没有必要对环氧乙烷选择性设一个 6/7 的上限。

三、 催化重整工业催化剂

（一）催化重整反应

催化重整是提高汽油辛烷值、制取芳烃的重要手段，是炼油加工过程中的重要部分。催化重整反应比较复杂，既有电子转移反应，也有质子转移反应。下面列出其代表性反应：

1. 环烷烃脱氯芳构化反应

$$\bigcirc \longrightarrow \bigcirc + 3H_2 \tag{5-37}$$

$$\text{(环己烷—CH}_3) \longrightarrow (\text{苯—CH}_3) + 3H_2 \tag{5-38}$$

2. 烷烃芳构化反应

烷烃经脱氢环化转化为环烷烃，再进一步脱氢转化为芳烃：

$$CH_3CH_2CH_2CH_2CH_2CH_3 \xrightarrow{\text{脱氢环化}} \bigcirc + 4H_2 \tag{5-39}$$

上述两种反应均可生产大量芳烃，既可提高汽油辛烷值，又可生产大量苯、甲苯和二甲苯化工产品，同时还可得到大量氢气。

3. 异构化反应

正构烷烃异构为异构烷烃，可提高汽油辛烷值：

$$CH_3CH_2CH_2CH_2CH{=}CH_2 + H_2 \longrightarrow \underset{\underset{CH_3}{|}}{CH_3CH_2CH_2CH_2CHCH_3} \tag{5-40}$$

烯烃加氢异构为异构烷烃：

$$CH_3CH_2CH_2CH_2CH_2CH{=}CH_2 + H_2 \longrightarrow \underset{\underset{CH_3}{|}}{CH_3CH_2CH_2CH_2CHCH_3} \tag{5-41}$$

4. 加氢裂化反应

在氢气存在下，大分子烃可裂解为小分子烯烃，进一步加氢成为小分子饱和烃，也可提高辛烷值：

$$C_8H_{18} + H_2 \rightarrow C_5H_{12} + C_3H_8 \tag{5-42}$$

5. 其他反应

包括脱硫、脱氮、脱氢以及积炭等副反应。

（二）催化重整催化剂

从上述催化重整反应可以看出，重整催化剂既要具有脱氢、加氢功能的电子转移金属组分，又要具有异构化、环化等功能的质子转移的酸性组分，因此，它是一种双功能催化剂。工业常用催化剂是金属 Pt 负载于酸性载体上的负载型金属催化剂，Pt 的浓度通常为 $0.1\%\sim1\%$，Pt 在载体上的分散度很关键，一般晶粒要小于 5 nm，载体常用 $\gamma\text{-Al}_2O_3$ 或沸石分子筛（丝光或 ZSM-5），载体也是活性组分的一种，可用助催化剂 H F 或 HCl 调节其酸中心强度。最新研制的催化剂中采用合金催化剂 Pt-Re 或 Pt-Ir，其中 Re 和 Ir 是结构型助催化剂，它可提高 P t 的稳定性，防止 Pt 粒因高温烧结引起 Pt 比表面积减小而造成电子转移活性下降。

(三) 催化重整反应机理

催化重整反应中金属组分的加氢、脱氢功能与酸组分的异构化、环化和加氢裂化功能，是通过烯烃（关键性中间物）发生作用的。Mills 最早提出重整反应机理，如图 5-14 所示。图中平行于纵坐标的反应发生在重整催化剂的金属中心上，而平行于横坐标的反应发生在催化剂的酸性中心上。这一系列连串步骤中每一个中间产物都能依次在两类活性中心上来回转移，才能得到最终产物。图 5-15 更为明显地表现了这一过程。

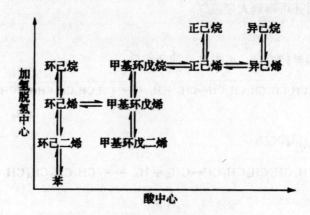

图 5-14　环己烷的重整反应图示

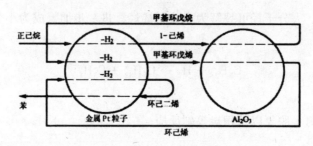

图 5-15　双功能催化机理示意图

由图可见，如果反应物或中间产物只能在一类活性中心上进行反应，就不能使连串反应进行下去，得不到最终目的产物，反而会引起一系列副反应。影响双功能催化效果的因素：首先考虑两种组分的活性中心，强弱必须搭配适宜，并考虑两者的相互影响；还要考虑两种活性中心来回转移迅速，这就要求 Pt 在 Al$_2$O$_3$ 上分散度适宜，通常 1~0.1 为好；如果 Pt 微粒大到 100~1 000 催化剂活性就会很差；如果 Pt 微粒过细，则两种活性中心互相重叠，相互干扰，也得不到良好的催化效果。

第八节　金属催化剂开发与应用进展

金属催化剂是固体催化剂中研究最早、最深入，同时也是获得最广泛应用的一类催化剂。近年来，合成氨的钌（Ru）催化剂，乙烯环氧化的银（Ag）催化剂、金（An）催化剂以及非晶态合金催化剂等都取得了新的进展。

一、合成氨的钌催化剂

这种钌催化剂以石墨化的碳为载体、$Ru_3(CO)_{12}$为活性组分前驱体制成，可在300℃、8.5 MPa下使用，其活性是传统熔铁催化剂的10~20倍，但由于钌催化剂的价格昂贵、活性高等特点，需要改进合成氨的工艺与其相适应。随着化肥工业的发展，我国合成氨催化剂发展十分迅速，近年来在钌催化剂上也做了大量的研究，钌与碳纳米管、活性炭组成的合成氨催化体系取得了突破性的进展，反应过程中催化剂活性和稳定性均达到了国际先进水平。

二、银催化乙烯环氧化催化剂选择性的突破

环氧乙烷是乙烯工业衍生物中仅次于聚乙烯和聚氯乙烯的重要有机化工产品，目前环氧乙烷的生产均采用氧气直接氧化法。银催化乙烯环氧化是金属催化烯烃环氧化的成功范例。银催化剂的寿命一般在3~5年，由于在乙烯环氧化制环氧乙烷的生产成本中，原料乙烯通常占70%以上，因此环氧乙烷的选择性尤为重要。通过添加助剂来提高环氧乙烷的选择性是高性能银基催化剂的研究重点。

三、金催化剂的崛起

长期以来，金一直被认为是化学性质最不活泼的、最稳定的一种金属，然而20世纪80年代一个重大的发现改变了人们对金的化学性质的认识。当金粒子小到纳米尺寸时，其对许多化学反应具有不寻常的选择催化作用。因此近年来对金催化剂的研究异常活跃。

用金催化剂既可保持高选择性，又可使转化率有较大的改善。将NaOH改性的Au/TS-1应用于丙烯环氧化反应，得到了约10%的丙烯转化率和90%的PO选择性，许多公司纷纷申请使用金催化剂直接生产环氧丙烷的专利，工业规模的试验厂很快投入运行。金催化剂还可用于CO的低温选择氧化。一种颗粒直径为几纳米的金负载Fe_2O_3和TiO_2催化剂，高温下对低浓度（$1.0 \times 10^{-5} \sim 10 \times 10^{-5}$）和高浓度（$1.0 \times 10^{-2}$）的CO氧化都非常有效。对

金催化剂除了进行一些基础催化的研究外，也已使其进入到商业应用。重要中间体醋酸乙烯单体的生产是第一个以金为催化剂组分的工业过程，用 Au/Pd 或 Au/Pd/KOAC 负载 SiO_2 微球为催化剂，采用流化床反应器，实现了工业化。氯乙烯是聚氯乙烯的单体，是一种大宗化工产品，工业使用 $HgCl_2$/C 催化剂进行乙炔的氢氯化反应合成氯乙烯，催化剂失活快且 $HgCl_2$ 有毒。将金负载于活性炭上制备的催化剂用于此反应时，催化剂失活速度慢，且活性是工业催化剂的三倍。此外，环己烷在 1%Au/ZSM-5 催化剂上还可用于氧化制环己酮；Au/TiO_2-SiO_2 能够在甲醇中直接催化乙二醇选择氧化制取乙醇酸甲酯；Au/C 催化剂还可用来催化葡萄糖选择氧化制取 D-葡萄糖酸；使用 Au-Pd/Al_2O_3 催化剂可用于双氧水合成，比目前使用的工业催化剂 Pd/Al_2O_3，效果更好；Au-Pd/SiO_2 催化剂可用于加氢精制油品馏分，而 Au/SiO_2 或 Au/Al_2O_3 催化剂可催化二烯烃选择加氢为烯烃。

四、 非晶态合金的工业应用

非晶态合金与晶态合金不同，其特点如下：①非晶态合金是一种长程无序而短程有序的体相结构，可形成更多的催化活性中心。②非晶态合金表面缺陷多，表面原子不饱和度大，表面能高，导致活性中心活性较高。③非晶态合金组成不受相平衡限制，便于调节各组分的含量，为寻找适宜的催化剂提供有利条件。

采用传统急冷法和化学法集成制备的非晶态镍骨架合金催化剂的比表面积高于 Raney Ni，通过向 Ni-P 非晶态合金中引入稀土元素 Y 提高了 Ni-P 非晶态合金的稳定性，使应用广泛的 Ni-P 非晶态合金加氢性能产生了质的飞跃。该催化剂已成功应用于己内酰胺加氢工业生产中。此外，这种 Ni-Y-P 非晶态合金催化剂的加氢活性优于 Raney Ni 催化剂，可以使烯烃、炔烃和硝基化合物在较低的温度下加氢饱和，是一种非常有应用前景的新型加氢催化剂。由于非晶态合金催化剂具有良好的磁性，可以满足磁稳定床对固体催化剂的要求。在磁稳定床中，外加磁场可以有效地防止颗粒催化剂被带出，实现高空速操作。此外，镍基非晶态合金还被应用于硝基苯液相催化加氢制苯胺、氯代硝基苯催化加氢制氯代苯胺等工艺中。

化学还原法制备的钌基非晶态合金催化剂，融合了纳米粒子和非晶态合金的结构特点，在苯选择加氢反应中表现出高活性和高环己烯选择性。尤其是负载型钌基非晶态合金催化剂具有贵金属利用率高和易于工业化等优点，有着明显的竞争优势。

第六章 催化剂的选择、制备、使用

第一节 催化剂的选择目的

工业催化剂的选择根据目的不同，大致可分为三种类型：一是不断改进现有催化剂的性能；二是利用现有廉价原料，为合成有用的化工产品寻找、开发合适的催化剂；三是为化工新产品和环境友好工艺的开发研制催化剂。下面将对各种类型进行详述。

一、 现有催化剂的改进

改进现有工业生产中使用的催化剂性能是一项非常重要的工作，使用中的各种催化剂必须不断改进和更新，推出新一代催化剂，才能保持其市场竞争力，因此，这种改进工作是无止境的。

改进催化剂的工作主要包括提高催化剂的活性、选择性和延长催化剂的寿命，以便提高生产能力和产品质量；寻找廉价的制备催化剂所用的原材料及简化制备方法，以便降低催化剂制造成本；改进催化剂使用条件，即降低反应温度、压力等，从而降低催化过程操作费用。

许多催化过程都使用贵金属催化剂（Pt、Pd、Re、Rh 等），寻找廉价金属原料来替代贵金属，或者降低贵金属使用量，都可降低催化剂生产成本，这也是催化剂改进的一个方向。对于非贵金属催化剂，提高其使用效率也是很重要的。例如，聚乙烯使用的第一代 Ziegler 型催化剂，每克钛只能生产几百克聚乙烯，混在聚乙烯中的钛相对含量较高，须进行后处理（除灰）除去钛。改进后的高效负载型钛催化剂，每克钛可生产出几十万克甚至几百万克聚乙烯，这样，产物中钛含量极低，不必脱除钛。催化剂的改进不仅提高了钛的利用率，也简化了生产过程，从而大大降低了生产成本。

二、 利用廉价原料研制开发化工产品所需催化剂

在石油化工产品中，原料费用占总成本的 60%~70%，使用廉价原料替代原来较贵的原料生产化工产品，可大大降低生产成本，从而带来巨大的经济效益。因此为利用廉价原料合成化工产品而寻找开发催化剂，已成为技术突破的途径之一。例如，前面讲到醋酸的生产，最初使用乙炔为原料（从煤出发的路线），利用 $HgCl_2$ 为催化剂，乙炔水合制乙醛后再氧化为醋酸。

利用廉价原料开发低成本新催化技术和催化剂是化工技术发展的有效途径。因此，目前人们正致力于研究开发用低碳烷烃（C_2~C_4）替代烯烃，烷烃直接官能团化制造醇、醛和腈等化工产品，利用甲醇制造化工产品，以及选择氧化烃类转化成含氧化合物。这些原料路线的改变势必要求选择相应的催化剂，从而促使催化技术迅速发展。

三、 为化工新产品和环境友好工艺的开发而研制催化剂

随着社会发展，人们对生活质量的要求也越来越高，要求提供更多的新的化工产品。这在药物、高分子化合物、生物制品及精细专用化学品等合成领域尤为突出。现代新催化技术还要求在合成这些化工产品时不造成环境污染。

聚合物在人类日常生活中的用途已经是不胜枚举。诸如人们身上穿的衣服（聚酯、锦纶和腈纶等纺织品）、脚上穿的鞋（聚氨酯鞋底）、各种交通用车轮（聚异戊二烯合成橡胶）、各种沙发（聚亚胺酯）家具、包装袋等。现在人们还在制造开发一些新产品，例如已经开发出的聚对苯撑对苯二甲酰胺纤维，其强度可与钢丝相媲美，但同体积材料质量只是钢丝的 1/5。这种新产品就是通过 12 种以上催化剂制成的。这种材料已经打入汽车工业，用以替代轮胎的径向钢带，它的高强度和抗撞击能力以及质量轻的优点，使之成为未来飞机和汽车工业的首选材料。此外，这种新材料还可用作士兵和警察的防弹衣，一件薄的防弹衣可以很舒服地穿在衬衫里面，并且能像钢板一样有效地阻止子弹。

又如，治疗帕金森氏病的药物 L-多巴（L-二羟基苯丙氨酸）分子，它有两种异构体：左旋分子是药物有效成分，而右旋分子是非活性的。在最初合成中，生产出来的产物是上述二者数量相当的混合物，须经昂贵的分离方法才可能将两者分开。

为了从源头根除环境污染，人们日益重视环境友好化学，又称绿色化学。这里最有说服力的一个例子是 4-甲基噻唑的生产。4-甲基噻唑是制造杀菌剂的原料，以前采用化学计量方法进行合成时要五步才能完成。反应步骤如下：

$$Cl_2 + CH_3COCH_3 \rightarrow ClCH_2COCH_3 + HCl \qquad (6-1)$$

$$CS_2 + 2NH_3 \rightarrow NH_2CSSNH_4 \qquad (6-2)$$

$$\text{NH}_2\text{CSSNH}_4 + \text{ClCH}_2\text{COCH}_3 \longrightarrow \underset{\text{HS}}{\underset{\text{S}}{\overset{\text{CH}_3}{\diagdown}}} + \text{NH}_4\text{Cl} + \text{H}_2\text{O} \qquad (6-3)$$

$$\underset{\text{HS}}{\underset{\text{S}}{\diagdown}} + \text{NaOH} \longrightarrow \underset{\text{NaS}}{\underset{\text{S}}{\diagdown}} + \text{H}_2\text{O} \qquad (6-4)$$

$$\underset{\text{NaS}}{\underset{\text{S}}{\diagdown}} + \text{O}_2 + \text{H}_2\text{O} \longrightarrow \underset{\text{S}}{\diagdown} + \text{NaHSO}_3 \qquad (6-5)$$

从上述五步反应可以看出，使用的原料和中间产物大都具有腐蚀性和毒性，如 Cl$_2$、CS$_2$、NH$_3$、NaOH 及中间产物等。它们对设备的腐蚀和环境的污染都很严重，此外还有制备步骤多、流程长的缺点。与此形成鲜明对比的是，用新的催化方法生产上述目的产物只需两步就可完成：

$$\text{CH}_3-\underset{\text{O}}{\overset{}{\text{C}}}-\text{CH}_3 + \text{CH}_3\text{NH}_2 \Longleftrightarrow \underset{\text{CH}_3}{\overset{\text{CH}_3}{\diagup}}\text{C}=\text{N}-\text{CH}_3 + \text{H}_2\text{O} \qquad (6-6)$$

$$\underset{\text{CH}_3}{\overset{\text{CH}_3}{\diagup}}\text{C}=\text{N}-\text{CH}_3 + \text{SO}_2 \xrightarrow{\text{Cs-沸石}} \underset{\text{S}}{\diagdown} + 2\text{H}_2\text{O} \qquad (6-7)$$

这里所采用的 Cs-沸石催化剂无污染、无腐蚀，只有一种中间产物，所用原料也简单。综上所述，新催化剂和催化技术的发展，可为化学工业中各部门生产新的产品提供保证，特别是聚合物、药物和生物衍生物产品等领域；催化剂科学的发展将对新产品的开发产生巨大影响；环境友好催化工艺的开发，可为化学工业可持续性发展打下基础，造福于全人类。

第二节　选择催化剂组分常用方法

一、利用元素周期表进行催化剂活性组分的选择

元素周期表是将所有元素按原子序数递增的顺序排列而成的，它反映了物质特性与相关的外层电子构型的关系。人们在实践中已发现许多对于不同类型反应有效的催化剂活性

组分，它们符合周期表中的一些规律。在进一步选择新催化剂或改进原有催化剂时，可借鉴已有催化剂，利用周期表中同一族元素的相似性进行选择。因为同一族元素具有相近的化学性质，表现出近似的催化功能。

V_2O_5 是选择氧化常用催化剂，而同一族元素的氧化物 Nb_2O_5 和 Ta_2O_5 也有选择氧化性能。丁烷和丁烯选择氧化制顺酐工业上使用 MoO_3、V_2O_5 系催化剂，同一族元素的氧化物 WO_3，也具有同样的功能。金属加氢常用 Fe、Co、Ni 等第Ⅷ B 族元素，同一族元素 Re、Rh、Pd、Pt 等也具有优良的加氢性能。其中 s 组元素（主族元素）包括 I A、Ⅱ A 族碱金属和碱土金属元素。这些元素及其氧化物均具有碱性，例如金属 Na 和 K，NaOH、K_2O、MgO 等可做碱催化组分；而 p 组元素，即Ⅲ A−Ⅶ A 族元素和它们的化合物常具有酸性，例如 Al_2O_3、SiO_2、H_3PO_4、H_2SO_4、HCl 等，p 组元素和其化合物常用作酸催化剂。d 组元素和 f 组元素为过渡族元素，其单质和氧化物具有氧化还原特性，因此常用金属、金属氧化物和络合物做氧化还原型催化剂。然而，这也不是绝对的，有些过渡金属氧化物或盐也具有酸催化性能，如 Cr_2O_3、$NiSO_4$、$FeCl_3$等也可做酸催化剂；同样，p 组元素（如 Sn、Sb、Pb、Bi）的氧化物也具有半导体特性，也可用于氧化还原反应。此外，p 组元素中Ⅳ A、VA、ⅥA 和ⅦA 族元素能提供孤对电子，所以多用作络合催化剂的配位体。

显然，电子构型不是影响催化剂催化作用的唯一因素。因为同一族的元素即使电子构型相同，催化活性也不一定相同，如用碱土金属 Be、Mg、Ca、Sr、Ba 的二价阳离子交换 Y 分子筛，它们的催化活性随离子半径增大而下降，这就说明除电子构型外，原子（或离子）的半径不同、核电荷数不同，也将影响电场强度，从而影响催化性能。前面已述固体催化剂中原子（或离子）的间距不同，晶体结构不同，也将从空间因素方面影响催化作用。尽管如此，根据周期表所总结出来的规律，加之估计这些物质结构参数的影响，再结合催化作用的理论，考虑同族元素中位置的变化，对选择催化剂组分还是很有帮助的。

另外，从元素周期表的同一周期元素性质着眼对催化剂选择也是有用的。同一周期元素位置变化时，电子构型改变，而且晶体构造也可能改变，所以，同一周期元素的变化比同一族元素的变化影响要大一些。

同一类型反应可选用不同化合态的物质做催化剂，以加氢反应为例，可选用不同化合态且具有不同加氢活性的物质。

利用元素周期律，可为那些具有相似反应机理的催化过程选择催化剂的活性组分及助催化剂。这些都是基于对催化剂的化学特性的认识。除此之外，催化剂还具有几何结构、孔道体系、比表面积等，这些对催化作用影响很大的非化学特性因素，在选择催化剂时也要予以注意。

二、 利用催化功能组合构思催化剂

有许多催化反应是由一系列化学过程串联来完成的。前述烃类的重整反应就是由一系列脱氢、加氢反应与异构化、环化反应构成的。在所涉及的各步反应中需要不同催化功能的活性中心。如脱氢反应需要有促进电子转移的活性中心，异构化反应则需要有质子转移能力的活性中心。所以，在选择催化剂时应考虑各自的不同要求，必要时进行功能组合。重整催化剂 Pt/Al_2O_3 是双功能催化剂的一个典型代表。不同功能的活性中心都是影响催化效果的主要因素，为使反应顺利进行，要合理搭配功能中心。对于 Pt/Al_2O_3 催化剂而言，金属和氧化物两种组分之间除各自有独特性能外，二者之间还会相互影响。金属会影响 Al_2O_3 固体酸的酸强度和酸浓度。相反，Al_2O_3 固体酸又会影响金属 Pt 的逸出功。所以，它们不同于机械混合，二者的性能必须合理搭配起来。若搭配不好，在重整中会出现下述问题：Pt 用量过大，脱氢活性虽高，但环化、异构化等酸催化步骤将成为重整总反应速率的控制步骤；由于脱氢后的中间物种来不及转化而越积越多，则部分 Pt 中心会被覆盖，引起催化剂结焦。因此，工业 Pt/Al_2O_3 催化剂对 Al_2O_3 的要求是比表面积大、孔径合适，便于 Pt 分布，而且酸性适当。近年来，用分子筛代替 Al_2O_3，在提高催化性能上取得了重要突破。

此外，为改善催化剂中 Pt 的热稳定性和寿命，可在催化剂中加入高熔点金属 Re、Ir 等结构型助催化剂。Re、Ir 因能与 Pt 生成合金从而使 Pt 热稳定性提高，防止 Pt 微粒长大。工业 $Pt-Re$ 重整催化剂就是为此目的而制备的。实践表明 Re 的加入还降低了结焦。设计良好的重整催化剂还应使反应物易于在两种活性中心上来回转移，这就要求 Pt 和 Al_2O_3 之间的分散度适宜，而且金属 Pt 的微粒大小要适当，一般认为在 $2\sim5$ nm 为好。这时重整反应速度较快。

在开发新的催化系统和进行功能组合之前，首先要根据已有的反应机理知识，将总包反应解析为一系列的简单反应，然后根据催化作用的基础知识，为各步反应设计相应活性组分。可按以下步骤进行：

第一，分析总包反应机理（按均相反应的知识来设想），并对所虚拟的各反应步骤的反应热力学和动力学有所估量。一般考虑以下几点：①在动力学上反应分子数不应高于双分子，因为三分子反应是罕见的。②在热力学上平衡常数极小的反应是不现实的，因为经历这样的过程，中间物种浓度太低。③应抛弃反应热过大的吸热反应，因为这类反应的活化能太高，在动力学上是不利的。④在合理的范围内，应该选用所经历步骤最少的反应机理。

根据上述原则，可以拟定出反应机理，比如重整反应，由异己烷制苯要经过六步基本反应，使它们组合起来方能达到目的。

第二，根据拟定机理，进一步比较各步骤的相对速度，决定其控制步骤，由此，有针对性地考虑所需催化剂。对于多功能催化反应，要有两种以上活性组分，缺一不可。因为所经历的反应机理中涉及两种以上活性中心来加速催化反应。这样可初步确定催化剂的活性组分。

第三，催化剂功能强度的调节。

我们在前面已经讨论过不同催化反应要求不同功能和强度的活性中心。在氧化反应中，如果希望部分氧化制取含氧化合物，常采用半导体催化剂（金属氧化物或硫化物），而完全氧化常用金属催化剂 Pt、Pd 等。又如加氢反应，对同一种元素而言，金属的加氢功能强于其氧化物或硫化物，而同一金属的络合物又较金属的加氢功能强。所以，不同加氢深度可选用不同强度的加氢催化剂。如果没有合适的强度，可通过加助催化剂或载体等来调节其功能的强度。对于多功能催化剂，为了调节其功能的相对强度，可用强化某种功能的方法，也可用削弱某种功能的方法。强化功能强度可利用选择适宜的化合状态的活性组分（如上面所提到的用于加氢的不同化合态金属，其加氢强度不同）；削弱功能强度可通过调整活性组分，也可用加入某种毒物的方法，使其选择性中毒。

第四，选择适宜载体、成型及制备方法。功能组合法是选择新催化剂组分的一条很有用的途径。

第三节　催化剂的预处理

固体催化剂的催化性能主要取决于它的化学组成和结构。然而由于制备方法不同，尽管化学成分和用量完全一样，所得到的催化剂的催化性能可能会有很大差异。因此，必须慎重选择催化剂的制备方法，并严格控制制备过程中的每一步指标，才能获得各种性能都很优异的工业催化剂。现介绍几种主要制备方法。

大部分工业催化剂使用前都需要进行预处理。预处理通常是在催化剂装入反应设备后进行的。预处理是指由某些原始化合物转变成活性相。例如，上述过渡金属氧化物还原为金属催化剂，硫化使氧化物转变成相应的金属硫化物等。除此之外，为了降低催化剂初始活性所带来的副反应，也常用预处理法进行杀活或者通过外表面毒化法提高其择形催化作用。

一、　氧化物或盐类加氢还原为金属催化剂

上述合成氨催化剂装入反应塔使用前须进行还原预处理，使磁铁矿还原为金属，催化剂颗粒越小，还原金属铁暴露在水中的时间越短，催化剂比活性越高。在催化剂还原期间，必须防止床层下部（出门）产生的水反向扩散，与已还原的上层金属接触，引起上层已还原的催化剂中毒。通常还原过程采用高空速，尽量降低还原温度和压力，在低还原速度下保持低水蒸气浓度，从而将水中毒降到最低限度。另外，还原开始一旦有铁生成，床层中少量氮气就会发生合成氨的反应，因为合成氨是放热反应，会导致床层温度上升，这样又会加速还原速度，控制不当，就会使铁晶粒长大，导致催化剂烧结。所以还原必须保持在低压和低温下进行，减少氨的生成。通常控制反应器出口水浓度小于 10 000 Mg/l。

负载型金属催化剂活化还原是决定催化剂性能好坏非常关键的一步。如常用的加氢催化剂 Ni/SiO_2，在还原过程中还原温度不同，金属镍微晶大小分布也完全不同。温度低时得到的晶粒小，而且晶粒大小分布集中。

同样还原气氢气流速对还原镍微晶大小分布影响也很大。尽管氢气流速大容易带走水，但氢气流速太大还原程度降低。此外，还原气氢气的纯度也必须保证。

为了得到令人满意的还原结果，必须严格按照操作程序进行。严格控制反应条件，才能得到金属均匀分布的催化剂。有关催化剂的预处理、还原活化操作程序通常由催化剂生产厂家提供。

二、　金属氧化物硫化制备金属硫化物催化剂

金属硫化物催化剂是通过金属氧化物在反应器中进行硫化预处理得到的。

化工厂中通常采用含硫原料，如 CS_2 或 H_2S 进行硫化预处理。在硫化预处理时必须当心，不要使催化剂在变成硫化物之前被氢还原，因为还原的金属很难再被硫化，还容易引起某些不希望出现的副反应。在硫化过程中也要像还原过程一样选择适宜的硫化条件，其中包括硫化温度、含硫气体的流量、硫化物含量、硫化时间等。

过渡金属硫化物可用于石油馏分的加氢脱硫、脱氮。此外，铂族金属硫化物还可用于选择加氢、重整等反应。以铂族金属 Ru、Rh、Pd、Os、Ir、Pt 为催化剂，尽管催化剂成本较高，但由于它们的活性高、选择性高、寿命长、可多次再生及废催化剂可回收等优点，仍被广泛使用。铂重整催化剂就是很好的例子。新鲜的铂重整催化剂使用前一般先还原，然后再用含几百 $\mu g/g$ 硫化物的原料预处理，数天后，再把上述原料改换成不含硫的铂重整原料油。铂重整催化剂失活后可再生，然后用氧气还原。还原后的铂也要进行上述硫化预处理。这种硫化预处理是用硫使金属铂进行选择性中毒，以降低催化剂加氢裂化初

始活性，否则会在铂上进行裂化生成大量轻气体，并放出大量热，使催化剂床层过热，铂金属晶粒长大，导致活性降低，产量降低。

值得一提的是，用硫化预处理铂族金属制得的金属硫化物作为多烯烃、乙炔或芳烃的选择加氢催化剂也具有极高的选择性。如在 200℃、0.7 MPa 下，硫化铂/氧化铝、硫化钯/氧化铝和硫化钌/碳等催化剂催化丁二烯加氢为丁烯时，其选择性高达 100%。

三、 择形催化剂的预积炭处理和外表面覆盖、 孔口收缩预处理

（一） 预积炭

在采用沸石做固体酸催化剂时，发现随着进料时间的延长，催化剂表面积炭会引起选择性上升。由此总结出沸石催化剂预积炭改性的方法。

（二） 外表面覆盖、孔口收缩预处理

化学气相沉积（CVD）方法是对沸石催化剂进行外表面覆盖、孔口收缩预处理十分有效的方法。这种预处理的一般做法是用正硅酸四甲酯（分子直径为 0.89 nm）或正硅酸四乙酯（分子直径为 0.96 nm）的蒸气分子和沸石催化剂接触，通过与沸石表面酸中心的化学反应，使有机硅先与沸石骨架形成如 $(RO)_3Si-O-Al$ 结构，然后经焙烧处理以氧化硅的形式"覆盖"在酸中心上。对于 HZSM-5 型沸石，因所用硅酯的尺寸比沸石孔口尺寸（0.53~0.56 nm）大得多，所以改性结果是使其外表面的酸中心被消除。CVD 改性还可调节沸石孔口尺寸。因为在沸石外表面形成的硅膜皆由 Si-O-Si 单元构成，而沸石晶格存在 Si-O-Al 单元。由于 Si-O-Si 和 Si-O-Al 在键长和键角上的差异，使硅膜的 Si-O-Si 键伸入沸石孔口造成孔口收缩。用这种方法预处理 HZSM-5 沸石可使芳烃对位烷基选择性大大提高。

第七章

催化剂的失活和再生

第一节　中毒

催化剂的活性按催化剂的定义，其存在虽然改变了反应的动力学性质，但自身并不消耗和变化，这是从不包含时间变量的热力学角度考虑的结果。然而，物质总是在不断运动变化之中，催化剂也不例外。如果从动力学角度来考察催化剂本质，实际上由于诸多因素的影响，任何一种催化剂在参与化学反应之后，它的某些物理和化学性质已经发生了变化。催化剂的活性或选择性的改变就是明显的证据。对大多数工业催化剂来说，它们的物理、化学性质的变化在一次反应完成之后是微不足道的，很难察觉。然而长期运转的结果使这些微不足道的变化累积起来就造成了催化剂活性或选择性的显著下降，这就是催化剂的失活过程。因此，催化剂的失活不仅指催化剂活性完全丧失，更普遍的是指催化剂的活性或选择性在使用过程中逐渐下降的现象。催化剂性质可分为量和质两方面的恶化。所谓量的恶化是指活性中心数目减少，质的恶化是指活性结构改变。失活可分为可逆失活与不可逆失活，即失活后能再生和不能再生。

影响催化剂失活的原因是多种多样的，归纳有物理变化、化学变化和体相变化，例如结焦、中毒、烧结、粉化等。本章将重点介绍中毒、结焦，堵塞、烧结，热失活三大类失活。对催化剂因破裂、粉化或磨损等机械原因造成催化剂床层压力降上升和活性下降的情况比较容易检查，也比较好理解。

由于工业生产上使用的大多数是固体催化剂，因此在讨论催化剂失活问题时，常以固体催化剂为主。但其中某些原则也可适用于均相催化剂。

活性由于某些有害杂质的影响而下降的称为催化剂中毒，这些有害物质称为毒物。其主要特点是毒物的量很少，浓度很低时就足以使催化剂活性显著降低。这种现象本质上是由于某些吸附质优先吸附在催化剂的活性部位上，或者形成特别强的化学吸附键，或者与活性中心发生化学反应生成别的物质，引起催化剂的性质发生变化，使催化剂不能再自由地参与对反应物的吸附和催化作用。这必将导致催化剂活性降低，甚至完全丧失。由于毒物能选择性地与不同的活性中心作用，有时催化剂的中毒也引起反应选择性下降。

使催化剂中毒的物质常常是一些随反应原料带入反应系统的外来杂质。此外也有在催化剂制备过程中由于化学药品或载体不纯而带进的有害物质。反应系统污染引进的毒物（例如不合格的润滑油、反应设备的材料不合适），反应生成产物中含有对催化剂有毒的物质等。一般说来只有那些以很低浓度存在就明显抑制催化作用效力的物质才被看作是毒物。大多数情况下，毒物和催化剂活性部位形成的强吸附键具有特定的性质，其主要取决于催化剂和毒物二者的电子构型和化学活性。因此，对不同类型催化剂来说毒物是不同的。对同一催化剂而言，也只有联系到它所催化的反应才能清楚地指明什么物质是毒物。也就是毒物不仅是针对催化剂，而且是针对这个催化剂所催化的反应来说的。反应不同，毒物也有所不同。

一、催化剂中毒的几种类型

催化剂的中毒根据相互作用的性质和强弱程度将毒物分为可逆中毒、不可逆中毒和选择中毒等。

（一）可逆中毒和不可逆中毒

既然中毒是由于毒物和催化剂活性组分之间发生了某种相互作用，那么可以根据这种相互作用的性质和强弱程度将毒物分成两类：一类是毒物在活性中心上吸附或化合时，生成的键强度相对较弱，可以采用适当的方法除去毒物，使催化剂活性恢复，而不会影响催化剂的性质，这种中毒叫作可逆中毒或暂时中毒；另一类是毒物与催化剂活性组分相互作用，形成很强的化学键，难以用一般的方法将毒物除去，使催化剂活性恢复，这种中毒叫作不可逆中毒或永久中毒。

以合成氨用的铁催化剂为例。由氧和水蒸气引起的中毒，可用加热还原的方法，或者用精制的干燥合成气处理，使催化剂活性恢复，这是可逆中毒。然而由硫化物引起的中毒，用一般方法不能解除，这是不可逆中毒。

（二）选择中毒

催化反应过程中有时可以观察到，一个催化剂中毒之后可能失去对某一反应的催化能力，但对别的反应仍具有催化活性，这种现象称为选择中毒。在串联反应中，如果毒物仅导致后续反应的活性部位中毒，则可使反应停留在中间阶段，获得所希望的高产率中间产物。对有的催化剂的引入来说，少量毒物的引入可提高催化剂的活性或使催化剂的活性变得稳定。这种部分中毒，给催化剂的活性或选择性带来了有益的影响。例如：用银催化剂使乙烯催化氧化生成环氧乙烷时，常有副产物 CO_2 和 H_2O 生成，造成原料的浪费。如果向反应物乙烯中加入微量的二氯乙烷会使催化剂上促进副反应的活性中心中毒，这就抑制了 CO 的生成。这样，环氧乙烷的生成速度既不受影响，选择性又可从 60% 提高到 70%。这就是利用选择性中毒带来的好处。

二、 金属催化剂的中毒

（一） 非金属元素及其化合物

含非金属元素的毒物主要是指周期表 ⅤA、ⅥA 和 ⅦA 族元素，以及含有这些元素的化合物，即带有孤对电子的化合物质。

含非金属元素毒物的毒性是由于该元素的原子在和其他原子结合时，它的价电子层中还保留有孤对电子。当这种毒物吸附在催化剂表面金属中心上时，毒物成为电子给体，和金属原子形成给电子键。例如，二甲基硫醚吸附在 Pd 上，通过磁化率测定说明，电子从二甲基硫醚转移到金属 d 带，形成了强配位键。

需要指出的是，并非所有这些元素的化合物都是毒物。它们有无毒性，取决于这些化合物分子中含有潜在毒性元素的电子构型。

在含有潜在毒性的非金属元素的化合物中，如果该元素的价电子层有未共享的电子对，或者未使用的价键轨道，当它们和过渡金属元素相作用时，容易形成强化学吸附键，使金属组分失去催化活性，这种物质就是有毒的。然而假如潜在的毒性元素在化合物中以屏蔽状态存在，那么它的毒性就消失了。所谓屏蔽状态，是指潜在毒性元素的原子已经和其他元素的原子形成了稳定的价键，使它的正常价键轨道处于饱和状态。对毒性元素来说，这时它的外层电子结构达到了最稳定的八电子偶，而且不存在孤对电子，因此不容易和金属原子形成强化学吸附键。

对同一种含潜在毒性元素的化合物来说，由于电子构型随条件而变，因此它是否具有毒性还与反应条件有关。如砷和锑的化合物在加氢条件下容易转变为非屏蔽的具有毒性的砷化氢和锑化氢，因此砷和锑的大多数化合物在催化加氢中都是毒物。然而砷酸钠这类化合物，在过氧化氢分解反应中，对铂和类似的催化剂又是非毒性的，这是因为在这种强氧化条件下，砷化物保持屏蔽结构状态，甚至进一步被氢化为过砷酸根离子。但是在某些氧化还原体系中，或者在不太剧烈的氧化条件下，例如在二氧化硫氧化为三氧化硫的氧化反应中，砷化物对铂催化剂是有毒的，因为在这些条件下，砷原子不能达到完全的屏蔽状态。

VA 和ⅥA 族的第一个元素氧和氮的毒性并不像该族中其他元素的毒性那样大。例如用铂黑做催化剂使环己烷溶液中的环己烯催化加氢时，干燥的纯吡啶有很强的毒性，但是它的毒性也仅是噻吩的十分之一。

（二）金属元素及其化合物

这类毒物大多数是重金属和重金属离子，包括 Hg、Bi、Pb、Cd、Cu、Sn、Ti、Zr 等。它们的毒性与 d 轨道上的电子结构有内在联系。

金属离子无毒；金属离子的 d 轨道从半充满直到全充满者，即从 d^5 至 d^{10}，都是有毒的。这种关系还可推广到金属化合物中。在这些化合物中，金属原子的外层 s 和 p 的价电子已和其他元素的原子形成稳定的化学键。例如，四乙基铅中，铅原子最外层的 s 和 p 轨道已和碳原子成键，铅的外层电子结构变为：

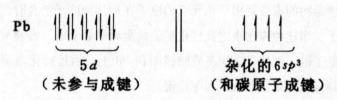

图 7-1　铅的外层电子结构

很明显，这时铅的充满电子的 d 带在铅和铂形成的强化学吸附的键中起着重要作用。这时铅是作为给电子体和铂结合，它的成键关系类似于给电子的具有潜在毒性的非金属元素。

含毒性金属元素的物质，有的是在催化剂制备过程中，由于使用的化学药品不纯带入的，有的是反应原料中含有的，有的是因选用的设备材料不合适引入的。例如，y-Al$_2$O$_3$ 负载的 Pt 催化剂，如果载体中 Ti、Sc、Zr 等金属杂质的浓度达 0.002%，就会导致环己烷脱氢制苯的比活性降低 2/3~5/6，其中 Ti 的毒化作用最大。又如同用 Pt 和 Pd 催化剂进行催化加氢反应时，如果用含有 Hg、Pb、Bi、Sn、Cd、CU、Fe 等的物质做载体，这些金属杂质会和 Pt 或 Pd 结合，使它们失去催化活性，其中 Hg 和 Pb 的毒性特别强。此外，加铅汽油中的铅化合物对汽车尾气净化催化剂的毒化已是众所周知的。

（三）含不饱和键的毒物

这类毒物的毒性和它们的价键不饱和度有关。由于这类毒物分子中含的不饱和键能提供电子和Ⅷ族金属原子的轨道结合成较牢固的键，使催化剂中毒。

由于不饱和化合物的毒性与键的不饱和度有关，如果将这些化合物的不饱和度降低，毒性就可以消失。例如 CO 对于许多金属催化剂是毒物，但是将它氧化为 CO_2，加氢转化为 CH_4，它的毒性即消失了。在合成氨生产过程中，利用甲烷催化剂消除原料气中的 CO，就是利用这一原理。

三、 半导体催化剂的中毒

这里所说的半导体催化剂是指非化学计量的金属氧化物催化剂，大多数用于氧化反应。对这类催化剂中毒失活的原因了解不多。一半认为这类催化剂参与的催化氧化反应，常常涉及电子转移过程，发生催化剂的氧化—还原循环，所以任何倾向于稳定催化剂离子价态的物质都会阻碍活性组分的氧化—还原循环，这些物质就可能是这类催化剂的毒物。根据毒物和催化剂的氧化—还原电位的相对大小，可以估计金属离子的毒性。一般说来，对金属催化剂是毒性的物质，对金属氧化物催化剂也是有毒性的。但是，在金属氧化物催化剂上进行的反应要比在负载型金属催化剂上进行的反应受无机杂质的影响小得多。

四、 固体酸催化剂的中毒

固体酸催化剂的活性中心是 Lewis 酸和 B 酸（以下简称 L 酸和 B 酸），有机含氮化合物和碱金属化合物容易和这些酸中心相互作用，使它们丧失催化活性。

（一） 有机含氮化合物毒物

有机含氮化合物使催化剂中毒的机理，一般认为是毒物被化学吸附在催化剂的配位不饱和的铝或硅离子（L 酸中心）上，封闭了 L 酸中心，同时还应考虑它可能和 B 酸中心作用，使质子酸中心数目减少。

$$(7-1)$$

Mills 等对异丙苯裂化的硅酸铝催化剂的中毒研究表明，有机含氮化合物的毒性大小顺序为：

2-甲基喹啉（$C_2H_6N—CH_2$）>喹啉（C_2H_7N）>吡咯 [（>cH_2cH_2）2Nh] >哌啶 [CH_2（CH_2）2nh] >癸胺 [CH_5（CH_2）$_2NH_2$] >苯胺（$C6H_2NH_2$）

如果按照酸碱中和的概念，有机氮化合物的碱性愈强，毒性应愈大，但是上面这个顺序和这些有机碱的强度顺序并不符合。哌啶是其中最强的碱，但是它并不是最强的毒物。然而，有的含氮化合物（如吡咯）不是碱性的，它的毒性却比哌啶还强。这说明，不能单纯用酸碱作用的观点来解释这类化合物的中毒问题，还需要考虑分子中氮原子的供电子能力、分子大小和在反应过程中的变化等因素。通常随着有机氮化物分子量的增大，毒性增强，而杂环化合物又比同碳数的胺的毒性强得多，这是因为环状化合物吸附在催化剂表面上比较稳定。

（二）碱金属化合物毒物

碱金属化合物，如 NaOH、KOH 和 NaCl 等，也是酸性催化剂的毒物。例如，纯的氧化铝对烃类异构化反应有很高的催化活性，当它用 NaOH 或 NaCl 溶液浸渍后，异构化活性就大幅度下降。

五、 毒物的结构和性质对毒性的影响

毒物分子的毒性大小一般与两个因素有关：一是被吸附毒物的每一个原子或分子覆盖的催化剂活性组分原子或集团的数目，把它称为覆盖因子（s）；二是毒物分子在催化剂表面上的平均停留时间，把它称为吸附寿命因子（t）。于是，毒物的有效毒性可表示为这二者的函数式：

$$有效毒性 = f(s, t) \tag{7-2}$$

覆盖因子 s 与毒物分子的性质、结构和它在空间运动占有的有效体积大小有关；吸附寿命因子主要取决于毒性元素的性质和分子结构。由于毒物的吸附寿命一般比反应分子的吸附寿命长得多，所以毒物浓度即使非常低，它累积于催化剂表面上仍可以有效地阻碍反应物分子的吸附，使催化剂失活。

要准确测定毒物分子的吸附寿命是很困难的，所以在考察毒物的毒性时，一般是以原料中毒物的浓度与它所引起的催化剂活性下降关联作图和计算，求出毒物分子有效毒性的大小。实验表明，当毒物浓度很低时，催化剂活性随毒物含量增加很快地呈直线下降，进一步增大毒物浓度时，活性下降明显减缓。

例如，用铂黑为催化剂时，丁烯酸加氢反应过程中 AsH_3 的中毒曲线如图 7-2 所示。这些中毒曲线的直线部分可用下式描述：

$$r_c = r_o(1 - ac) \tag{7-3}$$

式中：

r_c ——毒物浓度为 c 时的催化活性（即反应速率）；

r_o ——没有毒物时的活性；

a ——比例常数，称为毒性系数。

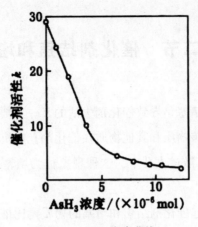

图 7-2　AsH_3 中毒曲线

六、预防中毒失活的工艺对策

中毒失活一般是由于原料中杂质在催化剂表面吸附或化合所致，有些场合难于通过再生恢复活性，因此，应在流程中增加原料脱除杂质的步骤或采取其他措施来解决。例如，在甲烷化和费托合成工艺中均采用金属催化剂，要求在合成反应器之前安排一个脱硫工段，将原料中硫含量降至 0.1 ppm 以下，以保证催化剂寿命为 1~2 年。重整过程使用 Pt/Al_2O_3 催化剂，为保护催化剂活性，对进料物中的铅、铁、砷、硫、一氧化碳、碱金属、氮、氟、氯、氧化合物及水含量都有严格规定。为了脱除这些杂质就要增加好多个工序，例如预脱硫工序、预脱砷工序、预加氢工艺、预脱水工序等。在裂化和加氢裂化反应中，应除去氨、胺类化合物和吡啶，以防止所用催化剂的酸功能失效。对于轻质烷烃脱氢异构化的钯/丝光沸石催化剂，水分和硫化物导致的催化剂中毒属于可逆中毒。由于操作失误引入这些杂质而使催化剂中毒时，当更换清洁原料以后，经适当处理可恢复催化剂的活性。

如果由于金属杂质而导致催化剂失活，有时可以通过使前者中毒的方法来降低其毒性。例如用于催化裂化的含镍原料油中，镍在催化剂上沉积使催化剂选择性变差，产生大量焦炭和氢气。这时，如果在原料中注入锑化合物使镍选择性中毒，就可以减缓镍的有害影响。还有，焦炭沉积有时也可能具有延缓中毒的作用。例如在加氢精制装置中生成的焦炭，可以保护催化剂减少镍和钒盐造成的中毒危害；在再生过程中，金属也可以随焦炭而大部分被除去。此外，为了提高催化剂的抗毒性能，还可引用蛋白型催化剂。例如，加氢精制的 Pd/Al_2O_3 催化剂，可使金属钯处于中间层，其外层为 Al_2O_3，这种催化剂能很好防止毒物的有害作用。同样，可以选用扩散阻力较大的催化剂，以便达到在外面壳层的中毒不会波及催化剂颗粒内部进行的化学反应，也不会改变催化剂活性组分在载体上的分配状态，因而可以收到良好的效果。

第二节　催化剂结焦和堵塞

催化剂表面结焦和孔被堵塞是导致催化剂失活的又一重要原因。催化剂表面上含碳物质的沉积称为结焦。由于含碳物质和其他物质在催化剂孔中沉积，造成孔径减小（或孔口缩小），使反应物分子不能扩散进入孔中，这种现象称为堵塞。因为结焦会引起堵塞，所以也有人把结焦归并到堵塞中。

与催化剂中毒相比，引起催化剂结焦和堵塞的物质要比催化剂毒物多得多。以有机物为原料的催化反应过程几乎都可能发生结焦，它使催化剂表面被一层含碳化合物覆盖。严重的结焦甚至会使催化剂的孔隙完全被堵塞。另一类堵塞是金属化合物的沉积。如金属硫化物，它们来自石油中或由煤生产的液体燃料中的有机金属组分和含硫化合物的反应产物，在加氢处理或加氢裂化中它们沉积在催化剂孔中。这种情况可称为杂质堵塞。尘埃造成的催化剂堵塞也属于杂质堵塞。

结焦按反应性质不同，可以分为非催化结焦和催化结焦两类。由于结焦产物是很复杂的，而且大多数沉积物是很相似的，所以要由形成的产物来确定结焦是由什么东西生成的是一个困难的问题。结焦产物中可能含有：①气相生成的烟炱；②在惰性表面上生成的有序或无序的炭；③在对结焦反应具有催化活性的表面上形成的有序或无序的炭（催化结焦）；④液态或固态（焦油）物质缩合形成的高分子量芳环化合物。

一、　非催化结焦

非催化结焦是指在气相或非催化表面上生成焦油和炭的过程。焦油是一些高沸点的多环芳烃，有的是液体物质，有的是固体物质，它们有的还含有杂原子。

非催化结焦中生成的炭以不同结构形态存在，从几乎无定形的炭到结晶良好的炭都可在结焦产物中找到。气相生成的炭称为烟炱，是由小晶体组成的球状颗粒，这些颗粒又以链状结构连接在一起。这类炭的构造似乎与母体烃无关。表面上生成的炭具有较大的晶粒，层间距离较小，密度较高，它们呈薄片状沉积在固体表面上。

气相结焦一般被认为是按自由基聚合反应或缩合反应机理进行的，类似于 Diels-Alder 反应，生成高分子量产物。

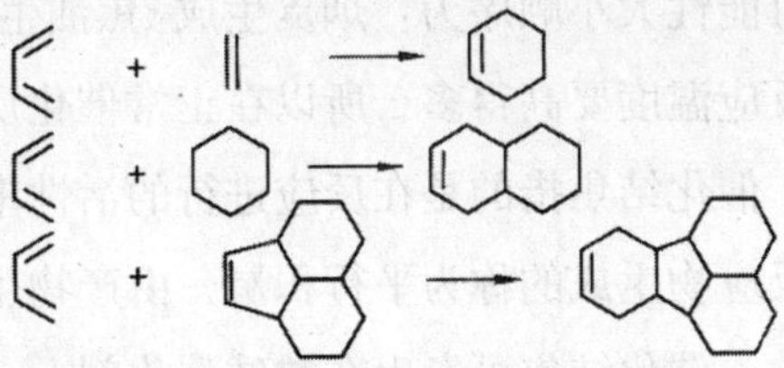

(7-4)

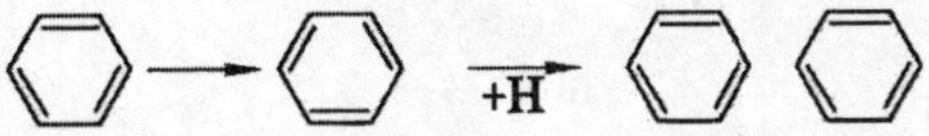

(7-5)

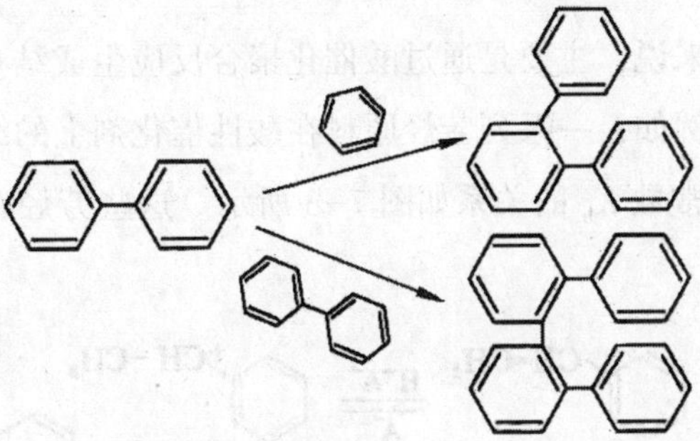

(7-6)

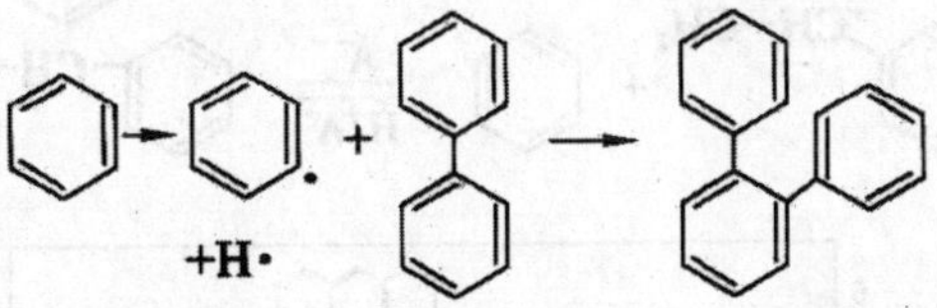

(7-7)

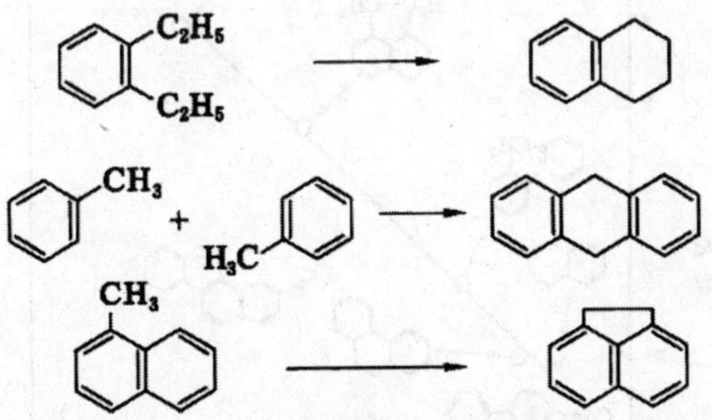

(7-8)

  表面上的非催化结焦是气相生成焦油和烟炱的延伸，它是在无催化活性的表面上形成焦炭的过程。非催化表面起着收集凝固焦油和烟炱的作用，促使这些物质浓缩，从而发生进一步的非催化反应。由于高温下高分子量中间物（不管是由原料带入的或由气相反应生成的）在任何表面上都会缩合，因此，通过控制气相焦油和烟炱的生成，可使非催化结焦减少。

二、催化结焦

  如果将气相烟炱生成、焦油生成以及催化结焦对催化剂失活的影响进行比较，那么它们造成催化剂失活的可能性大小顺序为：烟炱生成<焦油生成<催化结焦。因为发生气相结焦的反应温度比催化反应温度要高得多，所以在正常催化反应条件下，催化结焦是导致催化剂失活的主要因素。催化结焦指的是在反应进行的活性中心上，主反应进行的同时出现生成炭的副反应。由反应物生成的称为平行积炭，由产物生成的称为连串积炭。催化积炭与催化剂性质密切相关。催化结焦可发生在酸碱催化剂上，也可发生在金属催化剂上，它们的反应机理是不同的。

（一）酸碱催化剂上结焦

对固体酸碱催化剂来说，主要是通过酸催化聚合反应生成结焦产物。结焦速度与催化剂表面的酸碱性有关。例如，一系列芳烃原料在酸性催化剂上的结焦速度（用催化剂的结焦量表示）与原料碱度常数 K_b 的关系如图 7-3 所示。这些芳烃在结焦中所涉及的反应类型如下：

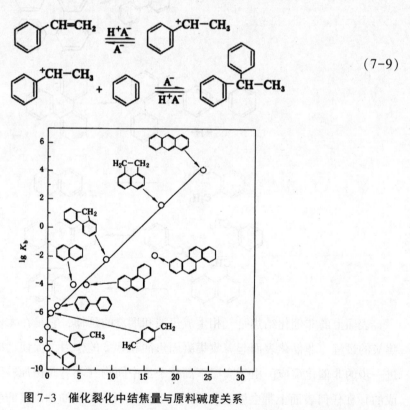

$$(7-9)$$

图 7-3　催化裂化中结焦量与原料碱度关系

（二）金属催化剂上结焦

金属催化剂上的结焦是通过烃类深度脱氢和脱氢环化聚合反应产生的，简称脱氢结焦。为减少积炭生成，可采用临氢操作，或用少量预先处理金属或金属氧化物催化剂使脱氢部位中毒。通过调节催化剂的组成，减少有利于积炭的晶相结构，也可降低积炭的生成速率。

金属颗粒大小、分散度、晶体结构、合金化等都会对结焦过程产生影响。

对多孔性催化剂进行的大量研究说明，结焦使催化剂严重失活，并不一定要求结焦量达到充满孔隙，只要部分结焦而造成催化剂的孔口直径减小致使反应物分子在孔中的有效扩散系数大为下降，就会导致催化剂粒子内表面利用率显著降低，这必将引起催化剂活性大幅度下降。例如，异丙苯在 H-丝光沸石上裂解 40% 的结焦沉积物就使有效扩散系数下降约 50%。显然当孔口直径减小到小于分子扩散所要求的尺寸时，催化剂将完全失活。因此从孔堵塞的平均结焦量来衡量催化剂的意义不大，重要的是结焦的分布。如果结焦主要是在孔口，它比整个催化剂上均匀结焦对催化活性的影响要大得多。这也说明，催化剂的孔结构与结焦引起失活有密切关系。假如催化剂的孔是墨水瓶形的，入口小、内部空间大，在表面层有少量结焦就会使催化剂严重失活。

三、 催化剂上金属沉积

许多原油和从煤液化获得的液体产物中，都含有有机金属化合物。原油中的主要金属杂质是钒和镍，煤液化产物中主要含镍和铁。

当这些石油残留物或各种煤液化的产品进行加氢脱硫时，有机金属组分从油中分离出，并和硫化氢反应形成金属硫化物沉积。金属硫化物沉积如发生在催化剂颗粒的孔中，颗粒内孔会被封闭，如发生在催化剂床层的颗粒之间，催化剂床层就会被堵塞。

催化剂的堵塞，还会由于尘埃在催化剂表面沉积，或者由于催化剂的粉碎而引起。

四、 防治和再生方法

在金属上生成焦炭应要求合适的表面原子总体结构，或者能使炭在金属体相中溶解。因此，如果加入能够改变表面结构或降低炭的溶解度的物质，就可以防止结焦失活；如把铜或硫加入镍或钌催化剂中，由于表面原子结构的改变而避免了结焦失活；又如铂加入镍催化剂中，由于降低了炭在镍中的溶解度，从而防止了结焦失活。至于在固体酸催化剂上，结焦主要在强酸中心进行，因此应减少载体酸度。在蒸气重整反应中，由于催化剂中的某些添加剂有利于水的吸附，因而能够促进炭的气化反应，从而使结焦失活的危害性降低。ZSM（AF 类）分子筛催化剂，因对原料有择形反应能力，可使某些潜在结焦物质难于进入孔道反应，从而避免结焦。反应器床层和催化剂几何尺寸也会影响结焦。例如，某些膜传质和孔扩散状态能影响催化剂颗粒内外的炭沉积、大孔载体能减轻孔口堵塞，而直径较大的催化剂颗粒却能防止反应器因结焦堵塞等。

已经结焦失活的催化剂一般采用烧炭的方法再生。烧炭时炭氧化为 CO_2 和 CO。在催化裂化催化剂烧炭再生时，大约生成一半 CO_2 和一半 CO。由于结焦物质至少由碳氢两种元素组成，氢被氧化后生成水，以水蒸气形式和碳氧化合物一同离开催化剂。

重整催化剂烧炭反应历程可能为：

$$[O_2] + C \rightarrow C_yO_x \rightarrow CO_2 + H_2O \tag{7-10}$$

需要注意的是，在烧炭之前须将反应器降温，停止进料，用氮气吹扫系统中的氢气和油气，直到爆炸试验合格，再通氧气和氮气的混合物循环烧炭。烧炭时要尽量缩短烧炭时间并严格控制烧炭温度。

采用烧炭处理后的催化剂，在含氧的气氛下，注入一定量的氯化物不仅可以补充损失的氯组分，而且通过高温氧化能再一次分散催化剂表面聚结长大的铂粒子。

实际上，再生后的催化剂往往不能恢复到它的初始活性，因为催化剂本身发生了一些永久性的变化。当催化剂再生后，其活性不能恢复到生产中所规定的应有指标时，则须将其更换。

更换下来的催化剂一般作为废渣处理，若其中有贵重组分（例如贵金属），则将其回放再利用。

第三节　烧结和热失活

催化剂的烧结和热失活都是由高温引起的催化剂结构和性能的变化。二者之间的区别在于，高温除了引起催化剂的烧结以外，还会引起其他变化，主要有：化学组成和相组成的变化；活性组分被载体包埋；活性组分由于生成挥发性物质或可升华的物质而损失等。这些变化称为热失活。在某些情况下，由烧结引起的催化剂结构状态和性能变化是复杂的，其中也包含热失活的因素，因此二者之间有时难以明确区分。

至今，虽然对热失活的了解很少，但是对催化剂的烧结已进行了广泛研究。本节将着重讨论催化剂烧结引起的失活，因为这是工业催化剂，特别是负载型金属催化剂失活的重要原因。

一、催化剂的烧结

工业催化剂，无论是氧化物、硫化物或金属催化剂，大多数都是多孔性物质。尤其是负载型金属催化剂的活性组分，在载体表面上呈高分散状态。这些催化剂有发达的表面，包含多种结构缺陷的微晶，因此它们是具有许多性质偏离热力学平衡的体系。在低温下，这种不平衡状态能保持很长时间。当温度升高时，固体结构单元流动性增加，体系倾向于转变为更稳定的状态。在高温下，实际上所有的催化剂都将逐渐发生不可逆的结构变化，只是这种变化的快慢程度随催化剂不同而异。遗憾的是，至今还不能预料在给定的操作条件下各种结构参数（例如表面积、孔隙率、孔分布、金属晶粒大小等）变化的速度。大多数情况下，所观察到的变化是催化剂表面积减小、孔容和孔径重新分布、平均孔径增大、总孔隙率降低。这就是高表面积的催化剂的烧结现象。对于载于氧化物载体上的金属催化剂（例如载于氧化铝或硅胶上的镍和铂）来说，高温不仅引起载体表面积下降，还会导致负载的金属晶粒长大、金属分散度降低、活性金属表面积减小。

（一）金属催化剂的烧结

对金属催化剂的烧结过程机理，有不同的解释，下面列举的是较常采用的几种机理。

1. 凝结过程

金属原子从具有较高蒸气压的小粒子向具有较低蒸气压的大粒子转移，它类似于液滴的蒸发和凝结。

2. 晶粒迁移的聚集

假定金属原子和载体表面之间的相互作用比金属原子间相互作用弱，金属粒子较小（不大于 1 nm 的粒径）时，当温度高于该金属的 Tammann 温度后，晶粒处于准液态，它可以在载体表面迁移，并聚集成较大晶粒。

3. 金属原子由表面从一个晶粒转移到另一个晶粒的三步

①金属原子从晶粒转移到载体表面；②金属原子在载体表面上迁移；③迁移的原子和别的晶粒相遇而被俘获，或者由于温度下降，或者由于到达表面能量陷阱部位而定居下来。

（二）氧化物的烧结

氧化物除了可以单独作为催化剂使用而外，它还可做催化剂载体，特别是一些高表面积氧化物，如 Al_2O_3 和义 O_2 等，在工业上广泛地用来担载活性金属组分。

同一种化合物，有可能经由不同机理发生烧结，这取决于它所处的条件和状态。对大多数氧化物而言，扩散和迁移是主要的烧结机理。在晶体温度 $T(K)$ 与其熔点 $T_m(K)$ 处在不同的比值时，晶格迁移或扩散的不同情况如下：

当 T/T_m 在 0.25~0.40 时，表面晶格发生迁移；

当 T/T_m 在 0.40~0.60 时，体内扩散；

当 T/T_m 在 0.60 以上时，晶粒黏结长大。

在表面迁移阶段，表面原子、分子或离子活跃移动，表面构造变化剧烈，可产生新的介稳态表面，或者不稳定表面消失；在体内扩散阶段，发生晶型转变，晶格缺陷有的消失，有的又新产生；温度更高则结晶长大，排列整齐，结构趋向稳定化。

高表面积氧化物在高温下的烧结过程，一般认为可概括为三步：首先，小晶粒之间接触面增加，形成相互连接的"颈部"；其次，这些"颈部"相互交错，形成封闭的孔；最后，经过足够长的时间后，封闭的孔渐渐消失。

（三）烧结对催化反应的影响

催化剂烧结的主要后果是微晶长大、孔消失或者孔径分布发生变化，从而使比表面积减小、活性位数减少。这会导致催化剂活性下降，有时还使选择性发生变化。

随着 Pt 微晶的直径 d 的增大，由脱氢环化而得的芳烃产量减少，异构化反应增加，加氢裂化几乎保持不变，因此生成高辛烷产物的选择性随催化剂烧结而降低。

二、 固相间化学反应和相组成的变化

催化剂由于受到高温作用，各组分之间会发生固相化学反应，或者发生相变和相分离。这些变化将使催化剂的活性中心组成、结构和性质改变，多数情况下是引起催化剂活性和选择性下降。这是催化剂热失活的一种表现。

（一）固相间化学反应

固相间的化学反应大致可分为两类：一是负载物质和载体之间的反应，例如负载的金属组分与载体或助剂之间的反应；二是分散相之间的反应，例如共沉淀催化剂两相之间的反应。假如两种固体之间的反应在热力学上是可能的话，反应速率主要决定于两个因素：一是它们之间的接触面积；二是反应离子的扩散系数。

（二）相变和相分离

催化剂中很多物质处于介稳态。例如，催化工业中使用的氧化铝大多数都是过渡态 α-Al_2O_3 或 γ-Al_2O_3。原则上它们都可以转变为稳定结构的 α-Al_2O_5。

相变和相分离的结果引起催化剂失活主要表现在两方面：一是活性和选择性改变；二是使催化剂强度下降，变得容易破碎。例如，氧化铝的酸性与它的结构有密切关系，在重整催化剂中氧化铝的酸性对整个催化剂的性能有着重要影响，氧化铝的结构变化将引起酸性的改变，从而导致催化剂的活性和选择性变化。

三、 活性组分被包埋

氧化物负载的金属催化剂，当加热到高温时，金属晶粒会部分"陷入"氧化物载体中，形成活性金属组分四周被包埋的状态。这也是一种热失活现象。

Powell 等利用扫描电镜对 Pt/SiO_2 催化剂进行观察发现，当此催化剂在空气中于 1200 K 和 1375 K 进行退火处理时，100 nm 的铂晶粒部分陷入 SiO_2 表面中，同时周围的 SiO_2 隆起，将铂晶粒部分包埋。这个变化过程如图 7-4 所示。

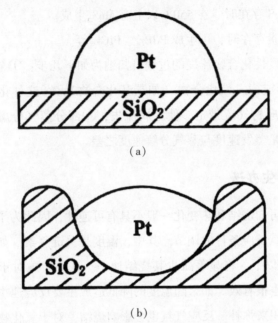

图 7-4　铂晶粒包埋于 SiO_2 中示意图

铂晶粒被包埋和催化剂失活之间的关系是双重性的。一方面由于包埋使暴露的铂原子数目减小，引起催化剂活性下降；另一方面，晶粒被包埋后，它就不容易在表面上迁移，从而抑制了晶粒长大。在 Al_2O_3 表面的凹入部位上的铀晶粒不大可能从这些部位迁移出，因为迁移过程将引起铂晶粒化学位增加。因此，被包埋的铂晶粒要通过表面迁移聚集长大，在热力学和动力学上都是不利的，它只有通过铂原子或 PtO 分子以晶粒间扩散的方式才可能实现。从这个角度看，包埋可以稳定金属晶粒大小的分布。

包埋发生的原因可能如下，如果铂晶粒的表面能大于铂和 SiO_2，或 Al_2O_3 之间的界面能，就存在热力学上的推动力，促进铂晶粒部分陷入载体表面。

四、 催化剂活性组分的流失

催化剂金属组分的直接挥发损失，一般不是催化活性下降的重要原因（催化燃烧是例外），因为金属的蒸发温度，除汞外，都在 1 000℃以上，这比通常的催化反应温度高得多。催化剂金属组分的损失主要是因为生成挥发性或可升华的化合物，例如金属羰基化合物、金属氧化物、硫化物和卤化物等，随反应物气流被带走。一些典型的挥发性化合物的生成条件列举如下：

反应环境中 CO 存在时，在 $0 \sim 300℃$ 都可生成羰基化合物，例如 $Ni(CO)_4$、$Fe(CO)_3$ 等。

反应气氛中 O_2 存在时，25℃就可生成 RuO_3，850℃和更高温度下生成 PbO。

反应物料中有 H_2S 存在时，在550℃以上有 MoS_2 生成。

反应体系中有卤素存在时，可生成 $PdBr_2$、$PtCL_4$ 等。

金属组分生成挥发性化合物流失的过程可归纳为如下几步：①金属与挥发性试剂（如CO）反应，可逆地形成挥发性化合物（如羰基化合物）；②这种化合物以一定的速度蒸发；③部分蒸气被反应物气流带走，使金属流失；④部分蒸气分解，金属再沉积出。因此，金属流失的速度是蒸发速度与蒸气分解速度之差。

五、 防治和再生办法

通过以上介绍，可知烧结和热变化一般不具有可逆性，因此为了防止烧结和热变化带来的失活现象，应注意反应条件的调节。其中，温度是关键因素。如果保持反应温度在该金属的 Tammann 温度以下，将显著减少其烧结速率。这一措施对于避免金属氧化物、硫化物和载体的重结晶也很有效。如果随温度的降低造成主要反应速率太慢，可以通过提高催化剂的活性或表面积来弥补。反应气氛也会影响烧结，对于氧化物载体当有水蒸气存在时会加速重结晶和结构变化，因此在表面积比较大的载体上进行的高温反应，须尽量降低水蒸气的浓度。

催化剂中加入热稳定剂，可减少烧结的发生。例如，在金属镍中加入高熔点的铑或钌以及在氧化铝中加入钡、锌或锰助催化剂，均能增加它们的抗烧结能力。而金属催化剂采用良好的载体是改善抗烧结能力的重要措施。

此外，很多学者也在研究烧结后的大晶粒再分散以实现催化剂再生。烧结使小晶粒成长为大晶粒，降低了其催化活性。使它再生的方法就是将大晶粒再次分散为小晶粒。因此，再分散是烧结的逆过程。实验发现，在高于600~650℃时，氧的存在有利于烧结，低于600℃时，O_2 或 Cl_2 的存在有利于再分散。

从化学键角度看，金属内部以较强的金属键结合，与载体表面结合力较弱，所以金属组分在载体上总是以微晶粒状态存在。但当金属氧化或氯化之后变为氧化物或盐类，与载体表面的作用力变强，存在着自发倾向。

第八章 环境催化

第一节 环境催化的特点和研究内容

一、 环境催化的特点

用于环境保护的催化剂,在原理上与前面各章所叙述的相同,但由于环境保护工作的特点,环境催化又有别于其他催化过程,有自己独特之处。首先,环境催化与化学和炼油催化不同的是,环境催化的反应条件往往取决于上游单元。例如,三效催化剂的反应条件取决于汽车尾气排出状况。这使得进料量和反应条件不能像一般化学催化过程那样能够调整到使转化率或选择性最高的状态;其次,环境催化涉及的范围更广,除了炼油和化学过程废物排放外,还包括其他类型的生产过程(电子、农业和食品工业、造纸、皮革业等)产生的污染物排放,以及日常生活和运输过程的排放等。这就意味着环境催化将催化概念由化学化工推广到整个工业生产和日常生活领域中的污染治理。因此,环境催化剂更为繁杂多样;再次,与化学和炼油催化相比,环境催化反应条件更为苛刻,常常在极低或极高的温度下,以极高的空速或在超低的浓度下反应。有时进料组成变化很快,并且存在不可消除的毒物,这给环境催化剂和催化反应带来极大难度。例如,一般多相催化剂反应温度多在 $200\sim500℃$,而环境催化(CO 氧化、污水净化等)则必须在低温下进行。相反,催化燃烧必须在 $900℃$ 以上的高温下进行。

二、 环境催化对催化剂的要求

环境催化对催化剂的要求更加苛刻,归纳如下:

第一,要求处理的有害物质含量很低,通常只有千分之几,甚至百万分之几。例如,硝酸厂尾气中含氮的氧化物为 $0.2\%\sim0.5\%$;含氰废水中氰含量小于 $1\,000\,g/g$,处理后要求有害物质降至 g/g 级或 10^{-3} g/g 级。因此要求催化剂具有极高的催化效率。

第二，要求处理气体或液体量大。例如，60 万千瓦火力发电厂锅炉排放的尾气量约为 $1.6×13^6$ m^3·h^{-1}；城市排水，每天以几百万吨计。这就要求治理所用催化剂除高活性外，还必须有足够的强度，能承受如此巨大的冲刷和压力降。

第三，在被处理的气体或液体中，经常含有多种物质，如粉尘、重金属、含氮及含硫化合物、卤化物、O_2、CO、CO_2、H_2O、碳氢化合物等，因此要求催化剂抗毒性能强、化学稳定性高、选择性好。

第四，被处理的气体或液体组成或含量和温度等反应条件经常剧烈变动（如汽车尾气），因此要求催化剂在很宽的反应条件下仍具有高活性、高强度和高稳定性。此外还要考虑治理后不会造成二次污染、催化剂价格便宜等。

三、 环境催化的研究内容

环境催化所涉及的研究内容非常广泛，如污水处理、机动车尾气排放控制、大气中氮氧化物（NO_x）的脱除、含硫化合物和可挥发性有机组分（VOCs）的转化以及温室气体的消除和转化等。作为一个新兴的研究领域，环境催化还包括开发一些被称为绿色化工或环境友好的工艺。例如，不影响生态的新型炼油、化学以及非化学催化过程；使废物排放最小化的催化技术和副产物少、选择性高的新催化反应过程；能够更有效地利用能源的催化技术与工艺（催化燃烧、燃料电池中的催化技术等），降低燃油车辆对环境污染的催化技术（不仅指用于控制废气排放的催化剂，还包括在发动机内用于提高燃烧性能和散热器中用于消除臭氧排放的催化剂）以及炼油工业中生产新型燃料的催化过程（超低硫燃料、重整燃料、将重馏分油转化为清洁燃料等）都属于环境催化的范畴。从广义上讲，其他一些用到催化技术的领域，例如对于使用者友好的技术（开发智能或自清洁材料等）、降低室内污染（臭氧、甲醛以及其他室内有机污染物的转化，能够杀菌的光催化空气净化等）、消除污染点污染的催化技术（被污染的土壤和水源的恢复，其中包括军事原因造成的污染）也都可归属为环境催化。此外，还应考虑到催化剂本身在使用时和废弃后不对环境造成污染。

对污染的控制方法主要可分为以下三种：①对污染的治理。如将污染物转化成无害物质或回收加以利用。②在生产过程或化学反应过程中减少污染的排放，直至无污染排放。③用新的原料、催化剂取代对环境有害的物质，或开辟新的副产物少、选择性高的催化反应路径。

随着国民经济飞速发展以及煤和石油等不可再生的化石资源日趋匮乏，环境催化将面临越来越多的新的挑战和课题。除了消除已经产生的污染物以及利用催化技术预防或减少污染外，环境催化还应该包括将废弃物或低附加值的副产物再利用或再资源化。下面将讨论一些重要的环境催化剂与催化技术。

第二节　机动车尾气净化催化技术

随着城市发展和机动车增加，向大气中排放的污染物日益增多。如何降低机动车尾气排放，减少对环境造成的污染，已成为人们关注的问题。

一、汽油机汽车尾气净化催化技术

汽车尾气的主要成分包括一氧化碳（CO）、碳氢化合物、氮氧化物（NO_x）、硫氧化物（SO_x）、颗粒物（铅化合物、黑烟、油雾等）、臭气（甲醛、丙烯醛等）等，其中CO、碳氢化合物及NO_x是汽车污染控制所涉及的主要大气污染成分。

汽车尾气净化技术主要包括两个方面：机内净化和机外净化。机内净化主要是改善发动机燃烧状况，以降低有害物质的生成。如改进进气系统、供油系统和燃烧室结构等。这些技术与汽车发动机设计及制造水平密切相关。机内净化只能减少有害气体的生成，而不能除去已经生成的有害气体。机外净化是在尾气排出汽缸进入大气之前，利用转化装置将其中的有害成分转化为无害气体。尾气转化装置包括：

（一）热反应器

向排气口喷入新鲜空气，并加强排气管保温，利用尾气本身的热量使CO、碳氢化合物继续氧化，转化为相对无害的CO_2和H_2O。

（二）催化反应器

利用催化剂将CO、碳氢化合物和NO_x转化为CO_2、H_2O和N_2。由于汽油燃烧过程中，有害气体的生成不可避免，热反应器对CO和碳氢化合物的转化效率有限，且不能对NO_x进行转化，因此，催化反应是解决尾气污染最根本有效的办法。

CO和碳氢化合物氧化为CO_2和H_2O。由于当时的汽车尾气排放法规也只对CO和碳氢化合物的排放进行控制，因此这种Pt-Pd催化剂满足了当时的排放要求。在外形上，最初使用时催化剂多为颗粒状，后来又采用了整体式的圆形或椭圆形的蜂窝陶瓷载体催化剂。

1. 三效催化剂尾气净化原理

三效催化剂闭环控制系统是目前世界上最常用的汽车尾气催化净化系统。在这个系统中，汽油机排气中的三种主要污染物 CO、碳氢化合物和 NO_x 能同时被高效率地净化。对车用三效催化剂的主要要求有：①起燃温度低，有利于降低汽车冷启动时的排气污染物排放。②有较高的储氧能力，以补偿过量空气系数的波动。③耐高温，不易热老化。④对杂质不敏感，不易中毒。⑤极少产生 H_2S、NH_3 等物质。⑥价格适中。

在三效催化剂上发生的化学反应如下：

氮的氧化物（NO_x）的还原，以 NO 为例：

$$NO + CO == \frac{1}{2}N_2 + CO_2 \qquad (8-1)$$

$$NO + H_2 == \frac{1}{2}N_2 + H_2O \qquad (8-2)$$

Rh 对 N_2 的生成具有良好的活性和选择性，它是催化剂的主要部分。

一氧化碳（CO）和碳氢化合物（HC）的氧化：

$$CO + \frac{1}{2}O_2 == CO_2 \qquad (8-3)$$

$$4HC + 5O_2 == 4CO_2 + 2H_2O \qquad (8-4)$$

Pt、Pd 是除去 CO 和碳氢化合物的有效金属组分。

其他反应：

$$2HC + 4H_2O == 2CO_2 + 5H_2 \qquad (8-5)$$

$$CO + H_2O == CO_2 + H_2 \qquad (8-6)$$

从以上反应方程式可看出，汽车尾气净化同时包括氧化和还原反应。三效催化转化器虽然能同时降低三种排气污染物，但是只有在空燃比等于 14.6 时才能达到最优化。因为 NO_x 的还原需要 H_2、CO 和碳氢化合物等作为还原剂。

2. 三效催化剂组成

三效催化剂通常是以贵金属 Pt、Rh 和 Pd 为活性组分，堇青石为第一载体，$\gamma\text{-}Al_2O_3$ 为第二载体（活性涂层）。将 $\gamma\text{-}Al_2O_3$ 涂覆在熔点达 1 350℃的堇青石上，并向 $\gamma\text{-}Al_2O_3$ 中加入 Ce、La、Ba、Zr 等作为改性助剂。它们能增强氧化铝的热稳定性，减少比表面积的损失，并能提高贵金属的分散度，防止金属聚集，还能促进水煤气转化。活性组分均通过浸渍的方法，分散在大比表面积的 $\gamma\text{-}Al_2O_3$ 上。

对于三效催化剂来说，Pt、Pd 主要氧化 CO、碳氢化合物，Rh 主要还原 NO_x。其中 Pd 对 CO 和不饱和碳氢化合物的氧化活性比 Pt 好，耐热性能也比 Pt 好。但 Pd 的抗中毒能力不如 Pt，Pt 对饱和碳氢化合物的活性比 Pd 好。当空燃比在 14.25~14.85 时，三种活性组分的单金属和复合金属的活性顺序如下：

氧化碳氢化合物、CO：Pt-Rh＝Pd-Rh>Pd>Rh>Pt

还原 NO_x：Pt-Rh≥Pd-Rh>Rh>Pd>Pt

活性涂层 $\gamma-Al_2O_3$ 附着于堇青石载体表面，提供大的比表面积来担载铂族贵金属或其他催化组分。对活性涂层的基本要求是，对载体附着性好且附着均匀、比表面积大、高温稳定性好。但是 $\gamma-Al_2O_3$ 是 Al_2O_3 的过渡态，在高温 800℃ 以上不稳定，会转变为无活性、比表面积很小的 $\alpha-Al_2O_3$，从而使催化剂的活性下降。为防止 $\gamma-Al_2O_3$ 的高温劣化，通常要加入 Ce、La 等稀土元素或碱土元素作为助剂，提高 $\gamma-Al_2O_3$ 的高温热稳定性。

三效催化剂载体，不仅指分散活性组分及改性助剂的高比表面积物质 $\gamma-Al_2O_3$，还包括多孔结构的陶瓷-堇青石（$2MgO \cdot 2Al_2O_3-5SiO_2$，47-62 孔/$cm^2$）。这种陶瓷载体具有一组薄壁的平行通道，它减少了压力降，强度高、几何表面积大，适于在高温条件下使用。

另外，作为三效催化剂载体也有使用整体金属（monolithic metal）材料的。这是一种极薄的螺旋状或波纹状合金，主要优点是热性能好。由于其热容低，所以能够被迅速加热或冷却。这样，一方面减少了催化剂在低温下的工作时间，提高了效率；另一方面又避免催化剂长时间暴露在高温下，降低了高温失活的可能性。但金属载体催化转化器成本太高，而且重量大。一般将它做成小催化转化器，安装在陶瓷主催化转化器的前面，用来改善主催化转化器的冷启动性能；或者用于摩托车的催化转化器，以增强其抗震性能。

三效催化剂常用的助剂有 Ce，少量的 La、Y、Nd、Sm 以及碱土金属 Ba、Sr、Ca、Mg等。具有贮氧功能的 CeO_2 作为助剂加入三效催化剂中能显著降低由于空燃比变化而对催化剂的性能造成的不良影响，从而扩大操作弹性。

由于 Ce 具有变价（+3、+4）特点，在发动机瞬时富油而造成排气瞬时缺氧时，四价铈（CeO_2）可变成三价铈（Ce_2O_3）而放出氧，反之结合氧。

$$2\,CeO_2 \rightleftharpoons Ce_2O_3 + \frac{1}{2}O_z \tag{8-7}$$

这就是所谓的贮氧作用。

尽管贵金属催化剂催化性能很好，但考虑到贵金属的来源及经济的限制，人们对非贵金属三效催化剂的研究也较多。主要以过渡金属氧化物（ZnO、Cr_2O_3、TiO_2、CaO、MgO、FeO、CuO、Co_3O_4、NiO、MnO_2、CeO_2 和 La_2O_3 等）及其尖晶石、钙钛矿结构复合氧化物为活性组分。

由于单组分氧化物耐热性差、活性低、起燃温度高，在使用上受到限制，因此一般采用多组分的复合型氧化物为催化剂，通过复合活性组分的配方和采用适当的制备技术，使其性能接近贵金属催化剂。

3. 三效催化剂存在的问题

尽管三效催化剂具有良好的催化性能，其制备和应用技术也已相当成熟，但它还是存在以下几方面问题：

第一，催化转化率不能满足更苛刻的要求。大多数催化剂高温活性好、低温活性差，这极大地影响了催化转化效果。

第二，催化剂易热失效。这也是自汽车尾气净化催化剂研制以来一直未能根本解决的问题。热失效是因为催化剂在高温作用下发生烧结和晶粒长大，导致活性下降。

第三，催化剂中毒失效可以分为化学中毒和机械中毒。前者是废气与催化剂中的活性物质发生化学反应，引起活性下降；后者是毒物强烈吸附在催化剂的表面，从而阻碍反应物在催化剂表面的吸附引起活性下降。高温下催化剂的热劣化和 S、P、Pb 中毒极大地缩短了催化剂的使用寿命。

第四，冷启动问题。汽车尾气中 60% ~ 80% 的有毒气体是在冷启动 2 min 内产生的，要有效处理好这个阶段的废气必须着手改善催化剂的低温活性，以提高尾气的低温催化转化。

第五，贫燃时催化效率降低，使常规的三效催化剂能控制 CO 和碳氢化合物排放，但几乎无法控制 NO_x 的排放。

第六，为控制 NO_x 的排放，可在尾气中注入一种还原剂 NH_3，使它在内燃机中与 NO_x 反应形成无害的物质。但这种方法实用价值有限，因为若控制不好，NH_3 本身就是一种污染物。此外，通过 NO_x 的分解治理 NO_x 是较有吸引力的方法，此法不需要还原剂。反应方程式如下：

$$2NO = N_2 + O_2 \qquad\qquad (8-8)$$

在温度低于 900℃ 时，NO 的分解在热力学上是允许的，但是活化能太高。使用金属离子交换沸石催化剂可以在富氧条件下有效地分解 NO_x。但总体而言，在这方面还没有突破性进展，对 NO_x 催化还原的效率还有待于进一步提高。

第七，热稳定性不高。大多数催化剂的热稳定性还不太理想，其耐热冲击能力弱、热抗震性能差。

第八，目前汽车广泛使用的催化剂大多还是贵金属或贵金属掺杂其他金属氧化物型，成本仍然很高。

综上所述，提高涂层的热稳定性和净化器使用寿命；开发转化尾气中 NO_x 的技术和材料，提高低温活性和贫燃条件下的 NO_x 还原转化率；降低成本、减少贵金属用量或开发以 Pd 代替 Pt 的技术等仍是目前研究的热点。

二、 柴油机汽车尾气净化催化技术

柴油机主要应用于大功率机械，包括公交车、大卡车、建筑采矿设备等。近年来，由于柴油价格便宜，柴油机的燃油经济性、可靠性、耐久性以及强劲的动力，使其也逐渐应用于轻型汽车中。柴油机通过尾气排放的有害物主要有 CO、碳氢化合物、NO_x、SO_2 和颗粒排放物（P M）。柴油机由于空燃比高、氧过量，使燃油燃烧充分，节省了燃料，增大了功率，降低了 CO、碳氢化合物和 CO_2 的排放。但高氧浓度导致了 NO_x 和颗粒物的大量排放。因此对于柴油机尾气来说，NO_x 和颗粒物成为主要治理对象。

柴油机尾气比汽油机尾气治理技术更为复杂，柴油机尾气中气、液、固三相共存。气相中主要是可挥发性碳氢化合物、CO、NO_x 和 SO_2 等；液态、固相混合在一起形成颗粒物。颗粒物主要由固态碳、液态未燃烃以及少量吸附的硫酸或硫酸盐组成。燃油中的 S 燃烧后形成 SO_2，一部分被氧化为 SO_3 并与水分、其他离子接触形成硫酸和硫酸盐；液态烃主要是未燃烧完全的烃和润滑油，二者共称为可溶性有机物（SOF），形成气溶胶黏附于固态碳上。

柴油机尾气净化化学反应分为氧化型、还原型和自分解型三种，其化学反应与汽油机尾气的反应类似，即氧化型 [见反应式（8-3）与（8-4）]、还原型 [见反应式（8-1）与（8-2）] 和自分解型 [见反应式（8-8）]。

自分解型反应是一种反应速度很慢的反应。由于没有很好的有效催化剂，所以是一种难于使用的方法。对于还原型反应，尾气要有还原的条件。汽油机因尾气贫氧，且 CO 含量高，具有还原的条件。而柴油机是在富氧燃烧条件下进行的，空燃比高达 20。由于柴油机排放的尾气中含氧量高，所以氧化型反应比较适合于柴油机的净化。这样一来，氧化—还原型的三效催化剂不适用于柴油机汽车尾气处理。

柴油机加装氧化型催化转换器是一种有效的机外净化排气中的可燃气体和可溶性有机物的方法。氧化型催化转换器中催化剂以 Pt、Pd 贵金属作为活性组分，能使碳氢化合物、CO 减少 50%，颗粒粉尘减少 50% ~ 70%，其中多环芳烃和硝基多环芳烃也有明显减少，还可有效地减少排气的臭味。但是，氧化型催化转换器的缺点是会将排气中的 SO_2 氧化为 SO_3，生成硫酸雾或固态硫酸盐颗粒，额外增加颗粒物质的排放量。所以柴油机氧化型催化转换器一般适用于含硫量较低的柴油燃料；并要求催化剂及载体、发动机运行工况、发动机特性、废气的流速和催化转换器的大小以及废气流入转换器的进口温度等正常，才可使净化效果达到最佳。

对柴油机尾气中的 NO_x，常用 NO_x 催化转化器，在温度为 350 ~ 550℃ 的范围内进行催化转化，可使柴油机的 NO_x 排放降低 20% ~ 30%。NO_x 催化转化技术可分为催化热分解和

选择性的催化还原反应两种。催化热分解是利用由沸石、V 和 Mo 构成催化剂来降低 NO_x 热分解反应的活化能，使 NO_x 分解成无毒的 N_2，该方法简单且反应生成物无毒。选择性催化还原反应是在排气中喷入饱和的烃类和 NO_x，反应生成物为 N_2、CO_2 和 H_2O，此反应将会生成额外的 CO_2。

第三节　排烟脱硫、脱氮技术

一、催化脱除 NO_x

氮的氧化物 NO_x（包括 N_2O、NO 和 NO_2）是形成光化学烟雾、破坏高空臭氧层、引起温室效应、形成酸雨的主要来源。它的排放主要来自煤和油的燃烧（电厂和锅炉的烟道气、机动车排气，硝酸厂、炼铁厂、水泥厂、玻璃厂及其他有关化工厂排气），全世界人为排放 NO_x 总量每年已超过 5×10^5 吨。

催化消除 NO_x 有两种方法，其中最成熟的方法是以氨为还原剂，当排气的含氧量在 5% 以下时，选择催化还原（SCR）可使 NO_x 转化为 N_2 和 H_2O。该过程的反应温度为 $200 \sim 450℃$，所用催化剂为钛基氧化物（Ti-V、Ti-W）。但是此类装置费用昂贵，而且 NH_3 泄漏会造成二次污染。在含氧量大于 5% 的过量氧条件下，反而会因 NH_3 氧化成 Na 造成新的污染。另一种方法是 NO_x 直接催化分解，此方法无须添加还原剂，因此使用安全、成本低。但该法反应温度较高，转化率最大时的反应温度区较狭窄（$550 \sim 600℃$）。这种方法最主要的问题是当气氛中氧含量高时，NO_x 难以分解。因为这时氧的脱附成为反应的控制步骤，此外，在富氧燃烧的排气中，烃类还原剂可以在较低反应温度下将 NO_x 还原为 H_2O、N_2 和 CO_2，也成为 NO_x 选择氧化催化过程的研究热点。

（一）NH_3 做还原剂的选择催化还原

以 TiO_2 或 TiO_2/SiO_2 为载体，V_2O_5、MoO_3、评 O_3 和 Cr_2O_3 为活性组分的催化剂都可用作选择催化还原催化剂。其中 V_2O_5/TiO_2 最为常用。选择催化还原催化剂一般用于发电厂、废弃物焚化炉以及燃气轮机。

煤燃烧后产生的烟道气与 NH_3 一起流经选择催化还原反应器。选择催化还原反应器一般置于废气预热器和空气预热器之间，烟道气粉尘很大，反应器在所谓"高粉尘"状态下工作。因此要求催化剂有很高的耐磨性，这也是选择 TiO_2 做载体的重要原因。

除 NH_3 之外，CH_4、CO、H_2 都可做还原剂，但由于 NH_3 活性高，而且有氧存在时能够提高其反应速率，因此常选 NH_3 做还原剂。在 V_2O_5/TiO_2 催化剂上总的反应方程式为

$$4NO + 4NH_3 + O_2 = 4N_2 + 6H_2O \qquad (8-9)$$

$$6NO_2 + 8NH_3 = 7N_2 + 12H_2O \qquad (8-10)$$

选择催化还原催化剂常用共浸渍法制备，其活性取决于载体上 V_2O_5 的担载量和分散度。但是 TiO_2 与 V_2O_5 间作用力很强，不利于催化剂活性的提高。为了降低 TiO_2 对活性组分的影响，载体中常引入 SiO_2。

（二）烃类做还原剂在富氧条件下的选择催化还原

富氧条件下烃类选择性催化还原 NO 可表示为

$$NO + O_2 + k_2 \rightarrow N_2 + CO_2 + H_2O \qquad (8-11)$$

人们已对以贵金属和部分过渡金属、稀土金属氧化物等为活性组分的催化剂进行了大量考查，一般可将它们分为如下三类：

1. 金属离子交换的沸石催化剂

除 Cu-ZSM-5 外，还研究了 Co、Ag、Fe、Ga、In、H、Ce、Zn、Mn、Ni、Ca、La 等离子交换的沸石催化剂。主要沸石类型为 ZSM-5，其次还有丝光沸石、镁碱沸石、Y 型沸石和 L 型沸石等。

2. 金属氧化物催化剂

包括以 Al_2O_3、SiO_2、TiO_2、ZrO_2 等为载体的负载型金属氧化物，Al_2O_3、TiO_2、SiO_2、ZrO_2、$Cr2O_3$、稀土氧化物和 Al_2O_3、SiO_2、TiO_2、ZrO_2 与 ZnO 相互构成的双金属氧化物以及 $LaAlO_3$ 等稀土钙钛矿型复合金属氧化物。

3. 贵金属催化剂

Pt、Pd、Rh 和 Au 等以原子形态，或交换在沸石上，或负载在 Al_2O_3、SiO_2、TiO_2、ZrO_2 上。

用于催化还原 NO 的还原剂包括低碳烃和含氧低烃，可将它们分为选择性和非选择性两类。前者在一定的条件下优先与 NO 作用，而后者则优先被 O_2 氧化。Iwamoto 等曾报道对于 Cu-ZSM-5 为催化剂，C_2H_4、C_3H_6 和 C_4H_8 不饱和烃为选择性还原剂，而 CH_4、C_2H_6 等饱和烃为非选择性还原剂。但这并不是普遍适用的规律，在 Co 和 Ga 离子交换的沸石上，CH_4 和 C_2H_6 也能够选择性还原 NO。一般说来，不饱和烃的还原性优于相应的饱和烃。

对催化剂性能影响最大的排气组分是 O_2、H_2O 和 SO_2。无氧条件下，烃类几乎不能还原 NO。O_2 能显著提高碳烃类选择催化还原 NO 的活性。这一规律几乎适用于所有催化剂体系，但过高的 O_2 浓度会导致催化剂活性降低，尤其是高温区域的活性，原因是 O_2 氧化

碳氢化合物的能力随 O_2 含量和反应温度的升高而增大。H_2O 会引起除 Pt 之外的贵金属和过渡金属离子交换的沸石催化剂失活,失活程度随 H_2O 的含量、接触时间和反应温度升高而增大。

关于烃类选择性催化还原 NO 的机理尚不十分清楚。但已在此方面进行了大量的研究,并提出了一些可能的机理,大体可分为如下两类:

(1) NO 与烃类不直接作用机理

这种机理认为 NO 与烃类或它们的中间产物之间并不直接接触,而是交替作用于催化剂表面,实现 NO 还原。以金属离子交换的沸石为例,NO 首先吸附在金属离子位置,直接分解为 N_2 和表面氧物种。然后烃类和这些表面氧物种快速反应使活性位置复原。O_2 的作用是避免金属离子被还原为低活性或无活性的原子态金属。

(2) NO 与烃类直接作用机理

这种机理认为在 NO 还原为 N_2 的过程中,NO 与烃类或它们的中间产物之间发生直接接触,含碳沉积物、部分氧化的烃类或烃类自身是活性物种,反应物被还原为 N_2。

二、 催化脱除 SO_x

SO_x 同 NO_x 一样是形成酸雨的主要原因。SO_x(SO_2 及 SO_3)主要来自含硫燃料(煤和油)的燃烧、含硫矿石的加工及含硫化工厂废气的排放等。

(一) 催化脱硫工艺

根据废气排放中 SO_2 的浓度和其他具体工厂条件,有多种脱硫方法。其中主要有亚硫酸钠、氨—石灰或钠—石灰等双碱法,石灰浆等湿式吸收法,催化氧化法和吸附法等。采用非催化过程的石灰浆湿式吸收法吸收速度比较快,脱硫率一般可达 90%~95%。即先吸收并反应生成 $CaSO_3$,$\cdot 5H_2O$,再氧化生成 $CaSO_4 \cdot 2H_2O$,但此法脱硫要处理大量固体废弃物和废水,装置庞大,副产物硫酸钙无法有效利用。所以应用催化方法脱除 SO_x 引起人们极大的关注。

用催化法脱硫消除烟道气中的 SO_2,化学反应简单,反应方程式为

$$SO_2 + \frac{1}{2}O_2 = SO_3 \tag{8-12}$$

生成的 SO_3 被水吸收后生成硫酸:

$$SO_3 + H_2O = H_2SO_4 \tag{8-13}$$

H_2S 和 SO_2 反应生成 S 和 H_2O 的 Claus 工艺是另一个消除 SO_2 的途径。该工艺用活性氧化铝或新型的铁基组分为催化剂,产物为硫,需要使用 H_2S 并控制 H_2S 的含量。Wellronan-Lord 工艺是先将低浓度的 SO_2 用低浓度的 Na_2SO_3 水溶液吸收并反应生成 $NaHSO_3$，再加热分解生成 SO_2，然后用 CH_4 或 H_2S（即 Claus 工艺）催化还原成单质硫。也有使用 VO_2O_5WDT 催化剂，使 SO_2 催化氧化生成 SO_3，再用水吸收生成 H_2SO_4，但成本较高。

工业上已经采用以钒和活性炭为催化剂的工艺处理电厂烟道气：

1. 用钒 WDT 催化剂的催化氧化法

电厂排放烟道气时，首先要经静电除尘，除去夹带的固体微粒。然后经加热炉将烟道气升温到反应温度，进行催化氧化，使 SO_2 转化为 SO_3，再被水吸收为硫酸。钒催化剂在使用过程中每年要经过四次过筛，除去使用中的粉碎物，以保证反应顺利进行。这种方法可将烟道气中 85% 的 SO_2 除去。

2. 活性炭催化法

活性炭有极大的比表面积，有很大的吸附能力，在一定条件下还能起催化作用。可以利用活性炭吸附富集在烟气中的微量 SO_2，并使之转化。用活性炭固定床吸附 SO_2，并在吸附时将 SO_2 氧化为 SO_3，后者可以用水吸收，生成硫酸，反应方程式如下：

$$SO_2 + \frac{1}{2}O_2 \stackrel{}{=\!=\!=} SO_3 \stackrel{1H_2O}{=\!=\!=} 2SO_4 \tag{8-14}$$

可用水将活性炭微孔中的 H_2SO_4 洗出，得到 10%~20% 的硫酸。

（二）催化脱硫催化剂

正在研究的催化剂有以下几种：

1. 单一金属氧化物

早期研究曾对不同金属氧化物脱硫性能进行筛选，以期得到脱硫能力较强的金属氧化物。适宜的金属氧化物应该既能将 SO_2 催化氧化为 SO_3，又能吸附 SO_3 形成金属硫酸盐，还能在还原再生时脱除被吸附的 SO_3。金属氧化物能同时起到催化剂和吸附剂的作用。另外，氧化和吸附过程受内扩散控制，因此增加催化剂活性中心数目和孔道面积对反应是有利的。由于热力学和动力学因素的限制，只有少数几种金属氧化物有应用前景。铈氧化物可在较宽的温度范围吸附 SO_2，并在相似温度下还原。铈氧化物通常负载于 $\gamma\text{-}Al_2O_3$ 上，吸附速度较快。MgO 可在 670~850℃ 吸收 SO_2 形成稳定的 $MgSO_4$。MgO 不仅可在表面与 SO_2 形成硫酸盐物种，而且在体相和亚表层都可形成硫酸盐，因此硫容较大。但反应速率受 O_2 浓度影响，随 O_2 浓度增加而增大；另外，MgO 还原再生困难且失活较快。用 CuO 也可脱除 SO_2，将 4%~6% 的 CuO 浸渍到 $\gamma\text{-}Al_2O_3$ 中，300~500℃ 时能很好地吸收 SO_2，并且热再生温度较高（大于 700℃），还原再生温度在 400℃ 左右，因此可在相同温度下吸收和再生，还原气以 H_2 或 CO/H_2 混合气较好。但总的说来，单一金属氧化物饱和硫容较小，限制了实际应用，因此人们对复合金属氧化物催化剂进行了研究。

2. 尖晶石型复合金属氧化物

复合金属氧化物克服了单一金属氧化物吸附容量低、还原困难的缺点，特别在高温脱硫方面显示出优势。代表性的催化剂有 Mg-Al 尖晶石催化剂和浸渍了氧化铁的 Mg-Al 尖晶石催化剂（MgO、$MgAl_{2-x}Fe_xO_4$）。

3. 层状双羟基复合金属氧化物

层状双羟基复合金属氧化物是一种具有层状微孔结构的类天然黏土材料，具有很大的比表面积，层间有可交换的阴离子，可由两种以上金属盐类合成。分子式为 $[M^{2+}_{1-x}M^{3+}_x(OH)_2A^{n-}_{x/n}\cdot yH_2O]$。其中，$M^{2+}$ 和 M^{3+} 分别代表二价和三价金属阳离子，A^{n-} 为层间平衡阴离子。层状双羟基复合金属氧化物既可用于低温脱硫，也可用于高温脱硫。低温时，层状双羟基复合金属氧化物保持完整层状结构，SO_2 气体与层间阴离子发生离子交换从而达到脱硫的目的。高温时，层状双羟基复合金属氧化物发生结构变化形成混合金属氧化物的固体溶液，这种固体溶液的特点是：碱性强；比表面积大；金属活性中心高度分散。因而适合用作高温脱硫剂。

三、 同时催化脱除 SO_x 和 NO_x

由于热电厂烟道气中同时含 NO_x 和 SO_x，因而迫切需要开发同时脱除 NO_x 和 SO_x 的技术。目前实际使用的装置仍是分步进行的。例如，以煤为燃料的电厂一般可先用前述的选择催化还原法除去 NO_x，然后用石灰石法除去 SO_x，但此类装置的设计十分复杂，因此亟须待开发出一种新的 NO_x/SO_x 脱除技术。

离开锅炉的烟道气先经过高温电除尘装置，除至粉尘小于 20 mg/m³，工作温度约为 460℃。然后进入除 NO_x 的反应器，用 NH_3 将 NO_x 还原为 N_2 和 H_2O，所用催化剂可以是以分子筛为载体的，也可以是常见的选择催化还原体系。前者有被残余的粉尘堵塞的可能；而后者在 400~460℃ 具有基本稳定的 NO_x 转化率，使得它能适应因发电厂负荷变化而引起的温度波动。脱除了 NO_x 后的烟道气立即进入反应器的后半段，将 SO_2 氧化为 SO_3。这时烟道气温度仍在 400℃ 以上。V_2O_5 催化剂可将 SO_x 氧化为 SO_3。由于 V_2O_5 在 400~450℃ 氧化 SO_x 的反应转化率高且稳定，这就使得它能与选择催化还原法除 NO_x 的催化剂相配合。之后再经几段冷却，其中 SO_3 与水蒸气结合生成硫酸，用冷凝法回收，可得到 70% 的工业硫酸。用这种方法 SO_x 的转化率可达 95% 以上，并且没有浆料和固体颗粒循环问题，没有再生步骤，不产生须处理的废物和废水。其中的关键问题是如何有效地俘获细小的硫酸雾滴，并处理由此带来的设备腐蚀问题。

第四节 催化燃烧

高温火焰燃烧往往不能使燃料完全燃烧，导致在燃烧过程中，除生成 CO_2 和 H_2O 外，还会发生副反应（超过 1 300℃），产生 NO_x、CO 及致癌的烃类。例如在热电厂，若用天然气作为燃料，燃烧产物只有 CO_2 和 H_2O，并且比所有含碳燃料所产生的 CO_2 都少，因而对减少环境污染和降低温室效应有利。但是天然气的火焰燃烧温度高于 1 800℃，可使空气中的 N_2 和 O_2 结合生成 NO_x。另外含硫天然气燃烧时还释放 SO_x。

目前，处理有机废气的方法很多，如吸附法、吸收法、冷凝法等。而采用催化燃烧改善燃烧过程、促进完全燃烧、降低燃烧温度是降低生成有毒物质副反应的最有效途径。燃料的催化燃烧和火焰燃烧有本质不同。对于催化燃烧，有机物质氧化发生在固体催化剂表面，同时产生 CO_2 和 H_2O。它不形成火焰，催化氧化反应温度低，大大抑制了空气中的 N_2 氧化为 NO_x。而且催化剂的选择性催化作用，有可能会抑制燃料中含氮化合物（RNH）的氧化过程，使其主要生成 N_2。这种对污染控制的方法远比前述的有害废气的催化消除更为彻底和经济。

催化燃烧可以分为四种情况：

第一，在低温下燃烧，受多相氧化反应的控制，这是动力学控制燃烧。

第二，在比较高的温度下燃烧，无论是反应动力学，或是在催化剂气孔上，燃料—空气扩散速度都对催化燃烧速度有影响，这种燃烧属内部扩散控制。

第三，进一步提高燃烧温度，催化燃烧速度变化很小，这种燃烧的反应速度取决于燃料—空气混合物向催化剂表面的扩散速度。

第四，在高温下燃烧，加快了催化剂表面氧化反应，均相燃烧占优势，使燃烧速度大大增加。

燃烧温度超过 1 000℃ 的高热负载大功率加热设备，都在第四种燃烧状况下工作，这种燃烧状况称为催化助燃。

对于催化剂的研究经历了贵金属催化剂、过渡金属氧化物催化剂和复氧化物催化剂几个阶段。

早期催化燃烧的研究是以贵金属作为催化剂，以甲烷、CO 等低碳烃作为底物，重点是基础理论的探索研究。作为催化剂的贵金属常负载于 $\gamma\text{-}Al_2O_3$ 等载体上，使得贵金属呈高分散状态。载体 $\gamma\text{-}Al_2O_3$ 不仅起结构支撑作用，而且具有分散效应。催化剂对甲烷的起燃温度为 600℃，当反应温度达 900℃ 时，其转化率达 98%，可实现甲烷的催化燃烧。贵金属催化剂的优点是具有较高的比活性、低温活性和良好的抗硫性，缺点是高温易烧结、价格昂贵。

作为取代贵金属的催化剂，氧化性较强的过渡金属氧化物对甲烷等烃类和 CO 亦具有较高的活性，例如 MnO_x、CoO_x 等，起燃温度可达 350℃。单一氧化物活性仍不理想，并且随着反应温度的提高易产生相变，而且不同价态活性差别明显，因此已被复氧化物所代替。一般认为，复氧化物之间由于存在结构或电子调变等相互作用，活性比相应的单一氧化物要高。复氧化物催化剂主要有钙钛矿型（ABO_3）和尖晶石型（AB_2O_4）两种。常见的钙钛矿型复氧化物催化剂有 $BaCuO_3$ 和 $LaMnO_3$ 等。由于纯钙钛矿型催化剂活性并不理想，辅之以稀土金属添加形成多种替代结构缺陷，催化活性明显提高。尖晶石型催化剂具有优良的深度氧化催化活性，例如，对 CO 的催化燃烧起燃点落在低温区（约 80℃），对烃类亦可在低温区实现完全氧化。

第五节 氯氟烃的催化治理与水污染治理

一、 氯氟烃的催化治理

能够破坏 CFCs 的化学反应有氧化、分解、加氢和氢解等。但最彻底的方法是开发新的能够替代 CFCs 的化合物。替代 CFCs 的化合物可以是一些含氢的氟化烃类（HCFCs 和 HFCs）。这些化合物在到达平流层以前，可以在对流层中被羟基分解，不致对臭氧层造成破坏。有很多类型的催化剂，包括金属卤化物、铬的氧化物以及三氟化铝等均可以用于在高温下的氟化反应。例如，$Cr_2O_3/MgO/Al_2O_3$、Cr^{3+}/AlF^3 以及 Zn/Al_2O_3 可用于四氯乙烯和 HF 反应生成 HCFC-123、HCFC-124 和 HCFC-125，而 AlCl 则可用于将 HCFC-134 异构化生成 HCFC-134a。总的说来，该领域是一个新兴的领域，尚有大量反应和催化剂有待于进一步开发。

二、 水污染治理

水是人类生活和工农业生产不可缺少的自然资源。随着工农业生产的发展和人口的增长，水污染问题日益严重。尤其是低剂量难降解物水溶液的处理，尤为困难。寻求一种高效、可行、廉价的污水处理方法已成为环境科学工作者努力的目标。生物酶催化降解和光催化氧化法在化工污水处理中已得到广泛应用。对于生物酶难以降解的化合物，光催化氧化法具有独特优势，是一种重要的水污染处理方法。

　　光催化氧化法就是利用氧化物的半导体的特性，在光的照射下吸收光子，进行氧化反应，把有害化合物分解为二氧化碳、水和无机盐。半导体催化光解水中污染物的试验后，利用半导体光催化氧化水中污染物的工作日益为人们所重视。原因如下：①利用半导体光催化氧化降解水中污染物不同于以往单纯用物理方法、化学方法和生物方法的水处理过程，它不需要复杂的处理流程，不产生进一步的化学污染，处理速度又比微生物法快。②半导体光催化氧化是非选择性氧化过程，可以处理各种无机和有机污染物，并使它们矿化，是一种广谱性的氧化处理方法。③半导体光催化氧化过程有可能利用阳光资源，这不仅解决了能源问题，而且可以利用最为洁净的自然能源，不产生新的污染。

（一）反应机理

　　目前光催化处理水中有机污染物的催化剂多数是一些过渡金属氧化物或硫化物，这类物质都具有半导体特性。当能量高于带隙能的光辐射照射半导体时，就可将处于价带上的电子激发到导带上，从而在价带上产生空穴（h^+），即在半导体表面产生具有高度活性的空穴（h^+）和电子（e^-）。半导体表面的空穴和电子组成了一个具有强氧化还原特性的氧化还原体系，吸附在半导体表面的 H_2O 和溶解氧则与空穴和电子发生作用，产生高度活性的羟基自由基 $OH·$。以 TiO_2 为例：

$$TiO_2 + h\nu \rightarrow h^+ + e^- \tag{8-15}$$

$$h^+ + H_2O \rightarrow OH· + H^+ \tag{8-16}$$

$$e^- + O_2 \rightarrow O_2^- \tag{8-17}$$

$$O_2^- + H^+ \rightarrow HO_2· \tag{8-18}$$

$$2HO_2· \rightarrow O_2 + H_2O_2 \tag{8-19}$$

$$H_2O_2 + O_2^- \rightarrow OH· + OH^- + O_2 \tag{8-20}$$

$$H_2O_2 + h\nu \rightarrow 2OH· \tag{8-21}$$

$$h^+ + OH^- \rightarrow OH· \tag{8-22}$$

　　半导体表面产生的大量羟基自由基 $OH·$ 作为强氧化剂，与有机物反应并使之氧化，实现了光能与化学能之间的转化，起到了光解水中有机污染物的作用。比如脂肪烃的光解反应可归纳为如下步骤：

$$R - CH_2 - CH_3 + 2OH \rightarrow R - CH_2 - CH_2 - OH + H_2O \tag{8-25}$$

$$R - CH_2 - CH_2 - OH \rightarrow R - CH_2 - CHO + H_2 \tag{8-26}$$

$$R - CH_2 - CHO + H_2O \rightarrow R - CH_2 - COOH + H_2 \tag{8-27}$$

$$R - CH_2 - COOH \rightarrow R - CH_3 + CO_2 \tag{8-28}$$

每生成一个 CO_2，脂肪烃即减少一个碳链，直至转化完全。

（二）半导体光催化剂

如上所述，目前常用的半导体催化剂大多是过渡金属的氧化物或硫化物如 TiO_2、WO_3、ZnO、SnO_2、CdO、$Fe2O_3$、CdS、ZnS 等。这些半导体材料在能量高于其禁带值的光照射下，其价电子会发生带间跃迁，从价带跃迁至导带，从而产生电子和空穴，形成氧化还原体系。电子和空穴可以立即复合恢复至起始状态，也可以被吸附在催化剂表面的水和氧俘获发生反应，产生自由基。复合和俘获相互竞争，若能延长电子和空穴在半导体表面的寿命，会有利于俘获，也就能提高催化光解的效率。

在上述催化剂中，TiO_2 带隙较宽（3.2 eV），光催化活性最好，并且它的化学性能和光化学性能十分稳定，耐强酸强碱，耐光腐蚀，无毒性，因而常选择 TiO_2 作为光催化剂。

研究发现，吸附在半导体表面的 O_2 是电子的接受体。提高电子向 O_2 的输送速率，是阻止电子与空穴复合的有效途径。此外在半导体近表浅层内淀积贵金属，构成电子捕获阱，增加 O_2 被还原的机会，是有效延长电子寿命、减少光生载流子间复合的有效方法。还可采用在半导体中掺杂金属离子的办法来改善其性能，阻止光生载流子与空穴的复合。这是因为掺杂金属离子后可能在半导体晶格中产生缺陷或改变结晶度，产生电子或空穴的阱，从而延长了半导体的光催化寿命，防止快速复合。不过，金属离子掺杂的情况还是比较复杂的，往往因掺杂的离子种类不同、浓度不同，产生的效果可能截然相反。

目前常用的半导体催化剂带隙能相对较高。若要充分利用太阳光能量或可见光，须对半导体材料进行光敏化处理。所谓光敏化处理，是指将一些光活性化合物，如叶绿酸、曙红、玫瑰红等染料吸附于半导体表面。在可见光照射条件下，这些物质被激发，电子注入半导体导带，导致半导体导带电位降低，从而扩大半导体激发波长范围，提高可见光利用率。

研制复合半导体，利用两种甚至多种半导体组分性质差异的互补性，可以提高催化剂的活性。目前复合半导体多数是二组分，这类复合半导体光活性都比单个半导体的高。活性提高的原因在于不同性能的半导体的导带和价带的差异，使光生电子聚集在一种半导体的导带而空穴聚集在另一种半导体的价带，光生载流子得到充分分离，大大提高了光解效率。在研制这类复合半导体催化剂时，除了注意制备方法外，还要注意各种半导体组分的配比。不同的组分配比，对光催化剂性能影响很大。

（三）光催化反应器

光催化氧化反应中，如何选择催化反应器也是一个很重要的问题。理想的反应器既可使污水和半导体催化剂有较好的接触，又能充分利用光源能量，光催化反应器可分为间歇式反应器和连续式反应器。早期的反应器为悬浮液型反应器，半导体催化剂微粒与待处理废水以一定比例组成悬浮液，通过环形或直形石英管，光源直接照射反应管。这类反应器虽然结构简单、能处理废水，但处理完成后，水和催化剂的分离回收过程较复杂、困难。此外，由于悬浮液对光的散射，能接受光辐射的液层厚度很有限。

另一类反应器为固定床型反应器。在这类反应器中，催化剂被固定在载体上，使待处理废水流经载体表面与催化剂接触，并经光照射发生光解作用。在实际制作这类反应器时，通常将催化剂烧结、固化在玻璃板上或管道壁上。这种反应器的优点是省去了液固分离过程。但在使用中发现，由于仅有部分催化剂表面能与废水接触，使催化剂实际使用面积减少，致使效率有所下降。为此，人们又在固定床型反应器基础上提出了在光导纤维上镀载薄薄的催化剂层，并将多根这类光导纤维组成集束置入一个反应管内。该反应管类似于管式热交换器，大大提高了催化剂与废水的接触面积，充分利用了光能，但价格较昂贵。

除上述反应器外，目前在试用的反应器还有光电化学催化反应器。在这类反应器中，将导电玻璃涂上半导体氧化物制成光透电极，用该电极作为工作电极（正极），与铂电极、甘汞电极构成一个三电极电池。在近紫外光照射电极的情况下，在一对工作电极上外加直流低电压，将光激发产生的电子通过外电路驱赶到反向电极上，阻止了电子和空穴的复合。由于光电催化无需电子捕获剂，所以溶解氧和无机电解质不影响催化效率。载有催化剂的光透电极稳定、牢固、反应装置简单。

第六节　清洁燃料的生产和环境友好催化技术的开发

一、清洁汽油和柴油的生产

（一）清洁汽油

汽油的组成对其燃烧性能和汽车尾气的排放有着重要的影响。烯烃是汽油中高辛烷值组分，因此人们一度采用提高汽油中的烯烃含量的方法提高辛烷值。但是，烯烃受热不稳定，在发动机进油系统、喷嘴和汽缸内都可以形成胶质和沉淀，导致发动机效率下降、排放增加。烯烃蒸气进入大气会形成臭氧，还会形成有毒的二烯烃。此外，汽油中的烯烃还会增加发动机尾气中的 NO_x 含量，加重环境污染。

　　芳烃也是汽油理想的高辛烷值组分。但芳烃燃烧后可导致尾气中含有致癌性物质，并且增加汽缸的积炭，使尾气污染物排放增加。降低汽油中芳烃含量可以大幅度降低尾气中芳烃、CO、碳氢化合物和NOx的排放量。实验表明，芳烃含量从43%降低到13%，汽油馏出温度从191℃降低到136℃，能使碳氢化合物含量下降29%、NO_x含量下降30%。汽油中芳烃含量还对尾气中CO_2含量有直接的影响，当汽油中的芳烃含量从50%减少到20%时，汽车尾气中CO_2含量可以减少5%。

　　汽油中苯是一种对人体危害极大的致癌物质。不论是汽油所含的苯，还是在汽车行驶中汽油燃烧所形成的苯，都会严重污染空气，必须尽量脱除。在汽油中加入含氧化合物，如MTBE（甲基叔丁基醚）等，除了可以提高汽油辛烷值外，还对控制汽车尾气中的有毒物质有帮助。但MTBE不能生物降解，会污染地下水，因而需要开发MTBE的替代物。汽油中的硫燃烧产物SO_x不仅会污染大气，造成酸雨，使CO碳氢化合物和NO_x排放量增加；还会毒害尾气催化转换器中的催化剂，造成催化剂失活。

　　总的说来，烯烃和芳烃都是汽油中高辛烷值组分，因此如何在不影响汽油辛烷值的情况下脱硫，限制芳烃含量和烯烃含量是生产清洁汽油的主要任务。下面简要介绍一下汽油降烯烃技术：

　　由于成品汽油中的烯烃主要来自催化裂化（FCC）汽油，所以降低催化裂化汽油中烯烃的含量是首要问题。国内外技术主要有两种。一种是采用催化裂化助剂和新型催化剂配方，增加氢转移反应，使烯烃饱和；添加沸石分子筛如ZSM-5，使汽油中的烯烃有选择性地裂化成C_3和C_4烯烃；采用高硅铝比沸石，增加异构化反应，提高饱和烃和烯烃的异构化程度，降低辛烷值损失。另一种是采用催化裂化汽油醚化技术，通过对汽油中的正构烯烃进行骨架异构化，然后再与醇类进行醚化反应，使部分烯烃饱和。

　　我国汽油的特点是高烯烃、低芳烃，成品调和汽油中的催化裂化汽油比例非常高。通过芳构化反应，将汽油中部分烯烃转化为芳烃和烷烃，在保证辛烷值不损失的情况下大幅度降低汽油的烯烃含量，更适合我国国情。通过在ZSM-5沸石中加入一些金属（如Zn、Ga、Pt、Ni、Cd等）得到的改性催化剂可直接将烯烃及其混合物转化为芳烃，芳烃产率和选择性都大为改善。大连理工大学王祥生等利用纳米HZSM-5反应活性和选择性高、抗积炭能力强以及金属活性组分担载量高等特点，开发出了用于汽油芳构化降烯烃的改性纳米HZSM-5催化剂。该催化剂显示出优异的降烯烃活性和稳定性，并有降苯脱硫功能，为我国催化裂化汽油降烯烃开辟了一条新的道路。

　　（二）柴油加氢精制

　　对于柴油机汽车来说，柴油改质、生产清洁燃料仍是目前控制柴油机排放的有效方法。柴油改质所面临的问题主要有脱硫脱芳、合理提高十六烷值等。这都是通过加氢精制过程实现的，而加氢精制催化剂又是柴油加氢精制工艺的核心。柴油中含硫有机化合物经汽车发动机燃烧后会形成 SO_x，排入大气后不仅对人体健康有害，而且还是形成酸雨的直接原因，是造成大气污染的主要因素之一。因此深度加氢脱硫催化剂的开发也就成为目前生产清洁柴油亟待解决的问题。

石油中的含硫化合物可分为非杂环与杂环两类。前者主要包括硫醇和硫醚类化合物，易于脱除。后者主要包括噻吩（T）及其烷基或苯基取代物。

加氢脱硫催化剂的研发主要是从改进活性组分的担载方法、筛选活性更高的组分和寻找更好的载体三方面展开的。改进担载方法通常用金属有机络合物做前体以提高活性组分的分散度，从而提高催化剂活性。但该方法制备成本高，而且当硫含量降至更低时无法满足要求，因而近年来对高效深度加氢脱硫催化剂的开发主要集中在后两方面。就筛选活性更高的组分而言，Ru、Pt 等贵金属虽然有很高的催化活性，但它们的价格昂贵。另外，贵金属催化剂一般都不耐硫、氮，很容易因中毒而失活，也是制约它们在加氢脱硫反应中应用的一个重要原因。与之相比，传统的 Co、Ni、Mo、W 的硫化物在过渡金属硫化物中有着极高的性能价格比。近年来，Mo 和 W 的氮化物和碳化物因其高活性，尤其是高加氢脱氮活性，引起了人们的重视；但这些氮化物和碳化物在热力学上是不稳定的，当有 H_2S 以及有机硫化物存在时，会转化为相应的硫化物。最近，过渡金属磷化物作为高活性的加氢脱硫催化剂引起了人们的注意。在已经研究过的ⅥB 族元素的磷化物中，MoP 和 WP 的活性高于相应硫化物催化剂，在ⅧB 族元素的磷化物中，Ni2P 活性最高。

在载体的选择上，由于良好的机械性能、再生性能、优异的结构及低廉的价格，传统的加氢精制催化剂一般都采用 Al_2O_3 做载体。但 Al_2O_3 与过渡金属氧化物间有很强的相互作用，这种强相互作用对加氢脱硫催化剂的活性不利。根据制备条件，Co 和 Ni 等助剂离子甚至能够生成尖晶石结构的 $CoAl_2O_4$，和 $NiAl_2O_4$ 影响催化剂活性。

活性炭与金属氧化物之间相互作用较弱，另外由于活性炭还具有其他一些如高比表面积、孔容和孔径可调等优良性质，越来越受到人们的关注。许多研究结果都表明，与传统的 Al_2O_3 做载体的催化剂相比，活性炭担载的催化剂有更高的活性和较低的结焦倾向。影响活性炭材料应用的主要因素是微孔率高，在大分子催化反应中，微孔无法利用，反而会浪费沉积在其中的过渡金属；而大多数中孔活性炭材料的强度都很差，密度或比表面积都很低。与 Al_2O_3 不同，SiO_2 表面羟基和氧桥因处于饱和状态而呈中性，使 SiO_2 与活性组分间相互作用很弱，不利于活性组分的分散，制约了 SiO_2 的应用。

除上述几种载体之外，酸性载体也是目前研究的一个热点。在酸性载体中，研究最多的是无定形硅酸铝、TiO_2 和 Y 分子筛。一般说来，负载于酸性载体上的催化剂都表现出很高的加氢脱硫活性；但酸性载体本身也或多或少存在一些不足之处，如对沸石做载体的催化剂来说，由于加氢裂化活性过高，在加氢脱硫反应条件下容易因结焦而失活。

　　总的来说，上述各种载体要么孔径和比表面积都较小，要么孔径分布不均匀，因此不适于处理大分子含硫有机化合物。最近以 MCM-41 为代表的中孔分子筛以其孔径分布均匀、比表面积大、表面酸强度适中且可调等特点逐渐引起了人们的注意。全硅 MCM-41 是一种优良的深度加氢脱硫催化剂载体，但与传统沸石分子筛不同的是，这些中孔分子筛的骨架本身是由无定形的硅氧聚合物组成的，水热稳定性较差。因此如何提高中孔分子筛水热稳定性，是目前研究的热点之一。

二、 生物柴油

　　生物燃料是指以生物质为原料生产的液体燃料。生物柴油是生物燃料的一种，也是一种清洁的矿物燃油替代品。生物柴油是指以植物、动物油脂等可再生生物资源生产的可用于压燃式发动机的清洁替代燃油。由于生物柴油来源于植物或动物油脂，因而具有如下优点：①可再生性。作为可再生资源，生物柴油可通过农业或畜牧业得到。②燃烧性能好。生物柴油十六烷值高，燃烧性能优于普通柴油；燃烧残留物呈微酸性，能够延长催化剂和发动机机油的使用寿命。③具有良好的低温启动性能。④环保性能优良。尾气中有毒有机物和 CO 排放量仅为普通柴油的 10%、颗粒物为 20%。能够减少二氧化碳的生成量，二氧化硫和硫化物的排放也可减少约 30%。⑤较好的安全性能。闪点高，易于运输、储存。⑥较好的润滑性能。可降低喷油泵、发动机缸体和连杆的磨损率，延长其使用寿命。

　　生物柴油也存在一些缺点：生物柴油具有腐蚀性和吸水性，能对设备造成腐蚀；生物柴油运动黏度高、雾化能力低；另外，生物柴油还存在稳定性差、NO_x 排放量高及成本较高等问题。

　　生物柴油生产方法主要有直接混合法、微乳液法、高温裂解法、化学酯交换法、生物酶催化法以及超临界甲醇法等。

　　直接混合法是指将植物油与矿物柴油按一定比例混合后作为发动机燃料使用。直接混合法生产的柴油存在黏度高、易变质、燃烧不完全等缺点。

　　微乳液法是指将动、植物油与溶剂混合制成较原动、植物油黏度低的微乳状液体。这一方法主要解决了动、植物油黏度高的问题。

　　高温裂解法是在常压、快速加热、超短反应时间的条件下，使生物质中的有机高聚物迅速断裂为短链分子，并使结炭和产气降到最低限度，从而最大限度地获得燃油。但高温裂解法的反应产物难以控制，而且得到的主要产品是生物汽油，生物柴油只是其副产品，同时热解设备价格昂贵。

化学酯交换法是目前生物柴油的主要生产方法，即用动、植物油脂和甲醇或乙醇等低碳醇在酸或者碱催化和高温（230~250℃）条件下进行酯交换反应，生成相应的脂肪酸甲酯或乙酯，经洗涤干燥即可得生物柴油，生产过程中可产生副产品甘油。反应方程式为：

$$\begin{array}{l} CH_2COOR_1 \\ | \\ CHCOOR_2 \\ | \\ CH_2COOR_3 \end{array} + 3CH_3OH \longrightarrow \begin{array}{l} CH_3COOR_1 \\ CH_3COOR_2 \\ CH_3COOR_3 \end{array} + \begin{array}{l} CH_2OH \\ | \\ CHOH \\ | \\ CH_2OH \end{array} \qquad (8-29)$$

可以用于酯交换反应的催化剂有碱（NaOH、KOH、NaOMe、KOM、有机胺等）、酸（硫酸、磺酸、盐酸等）、酶等。在无水情况下，碱催化剂酯交换活性通常比酸催化剂高。传统生产过程采用在甲醇中溶解度较大的碱金属氢氧化物作为均相催化剂。在均相反应中，油的转化率高，可以达到99%以上，而且后续分离成本低。但在均相反应中催化剂不容易与产物分离，合成产物中存在的酸、碱催化剂必须在反应后进行中和及水洗，产生大量的污水。均相酸、碱催化剂随产品流出，不能重复使用，带来较高的成本。同时，酸、碱催化剂对设备腐蚀也比较严重。使用固体催化剂（固体酸、碱及固定化酶催化剂）可以解决产物与催化剂分离的问题，是环境友好过程。用于生物柴油生产的固体催化剂主要有树脂、黏土、分子筛、复合氧化物、固定化酶、硫酸盐、碳酸盐等。其中，负载型碱土金属是很好的催化剂体系，在醇中的溶解度较低，同时又具有相当的碱度，表现出良好的催化酯交换反应性能。化学酯交换法合成生物柴油的缺点是：工艺复杂；醇过量，后续工艺必须有相应的醇回收装置，能耗高；脂肪中不饱和脂肪酸在高温下容易变质，色泽深；酯化产物难于回收，成本高等。

生物酶催化法合成生物柴油主要是用动、植物油脂和低碳醇通过脂肪酶进行转酯化反应，制备相应的脂肪酸甲酯及乙酯，可以在一定程度上解决上述问题。该法的优点是条件温和、醇用量小、无污染排放但存在的问题是：尽管脂肪酶对长链脂肪醇的酯化或转酯化有效，但对短链脂肪醇（如甲醇或乙醇等）转化率低，一般仅为40%~60%；短链醇对酶有一定的毒性，能够缩短酶的使用寿命；副产物甘油和水难以回收，能够抑制产物的形成和毒化固定化酶，降低固定化酶的使用寿命。

超临界甲醇法是近几年发展起来的一种制备生物柴油的方法。经过超临界处理的甲醇能在无催化剂存在的条件下与油脂发生酯交换反应，产率高于普通催化过程，同时还可避免使用催化剂的分离过程，使酯交换过程更加简单、安全和高效。但反应中甲醇须进行超临界处理，反应所需温度较高，且甲醇必须过量。

三、 环境友好催化剂及催化技术的开发

绿色化学又称为环境友好化学，目的是把现有的化学和化工生产技术路线从"先污

染，后治理"变为"从源头上根除污染"。利用化学技术和方法，减少或杜绝有害的原料和催化剂的使用以及副产物的生成，实现有害物质的零排放。在绿色化学基础上发展起来的技术称为环境友好技术或清洁生产技术。目前研究的重点之一是开发新的原子经济反应和环境友好催化技术。其中，设计和使用降低或消除污染物、副产物以及废物流出的高选择性催化过程和新型催化剂，显得格外重要。

以环氧丙烷生产为例，工业上主要采用氯醇法和 Halcon 法生产。氯醇法污染严重，而 Halcon 法设备投资巨大，并且受到关联产品销路的制约。因此，开发适应时代要求的全新环氧丙烷生产技术势在必行。下面将根据绿色化学近几年的研究进展，对膜催化技术、超临界流体和室温离子液体在绿色催化反应过程中的应用做简要介绍。

（一）膜催化技术

膜催化技术是将膜的分离功能与催化反应相耦合的一种新技术。该技术将催化材料制成膜反应器或将催化剂置于膜反应器中，在催化反应发生的同时可以有选择地、及时地将产物移出反应体系，打破化学平衡的限制，在较温和的条件下获得较高的产率，同时大大抑制了副反应的发生，控制了反应的进程和深度，提高了反应的选择性。

膜催化技术中，关键是膜材料。理想的膜应该具有较高的通透量、较好的选择性、高的热稳定性和化学稳定性，有时还需要有较高的催化活性。膜的功能主要有两种：

①膜是反应区的一个分离元件，具有分离功能。②膜具有催化活性，膜本身是催化剂或是用催化活性物质进行处理而具有催化功能，同时又有选择性透过的功能。

膜催化研究初期，由于主要局限于生物工程领域，反应条件比较温和，催化剂主要是酶，因此有机聚合物成为制备膜的主要材料。通常是将活性组分固定于膜的表面或膜内，使膜同时具有催化功能。但当反应温度达到200℃以上时，有机高分子催化膜容易分解或损坏，从而限制了它在工业中的应用，而无机膜由于具有热稳定性高、机械性能好、结构稳定（耐高温和高压）、孔径可以调控、高选择分离功能及抗化学及微生物腐蚀等特点，在膜催化研究中越来越受到重视。

常见的无机膜有金属膜、合金膜、多孔陶瓷膜、多孔玻璃膜、复合膜以及近几年来出现的沸石分子筛膜、氧离子导体膜、氧离子—电子导体膜等。无机膜的制备方法主要有以下几种：采用固态粒子烧结法制备载体及过滤膜；采用溶胶—凝胶法制备超滤膜、微孔膜；采用分相法制备玻璃膜；采用金属浇铸、物理气相沉积、化学气相沉积、电镀等专业技术制备致密膜和微孔膜，为了提高膜对某种组分的选择性渗透、改善膜的内孔孔径、提高膜的稳定性等，需要经常对膜孔进行修饰或表面改性。常见的方法主要有：溶胶凝胶法、化学气相沉积法、化学镀、溅射以及电化学气相沉积法等。

目前，膜催化技术主要应用在烃类的加氢、脱氢以及催化氧化等反应中。在催化加氢反应中，氢气通过膜沿着反应器径向渗透，在反应区均匀分布，能够更有效地控制加氢反应，避免或减少副反应发生，进而提高加氢反应的选择性；而对于脱氢反应，通过金属膜透氢可以使受热力学平衡限制的反应发生平衡移动，使得反应转化率高于理论平衡转化率。

膜催化研究中存在的主要问题有：①高选择性膜的制备；②高温下的设备密封；③膜的污染与稳定性问题；④膜催化反应过程的数学模拟等。这些问题都有待进一步解决。

（二）超临界流体

临界点是指气、液两相共存线的终结点。此时气液两相的相对密度一致，差别消失。超临界流体是一种温度和压力都处于临界点以上、性质介于液体和气体之间的流体。SCF有近似于气体的流动行为，黏度小、传质系数大，有与液体相近的溶解能力和传热系数。此外，SCF还具有区别于气体和液体的明显特征：可以得到处于气态和液态之间的任一密度；在临界点附近，压力的微小变化可导致密度的巨大变化。由于黏度、介电常数、扩散系数、溶解度都与密度相关，因此可通过调节压力来控制SCF的物化性质。

在SCF状态下进行化学反应时，由于SCF的高溶解能力和高扩散性，能将反应物甚至催化剂溶解在SCF中，使传统的多相反应转化为均相反应，消除了反应物与催化剂之间的扩散限制，有利于提高反应速率。利用SCF对温度和压力敏感的溶解性能，选择合适的温度和压力条件，能有效地控制反应活性和选择性，及时分离反应产物，促使反应向有利于目标产物的方向进行。此外，还可以利用SCF优异的溶解能力抽提出催化剂表面上的积炭、结焦和毒物，延长催化剂的使用寿命。在超临界反应中，一般常采用 CO_2、H_2O 等作为流体，污染小，有利于环境保护。

由于具有以上的独特性质，在SCF中进行的催化加氢、催化氧化、烷基化、高分子聚合、酶催化以及生物柴油制备等研究都取得了很大的进展。如在不对称催化加氢反应中，反应溶剂类型对其立体选择性有很大的影响。通常只在有限范围的溶剂中反应才可能达到高的立体选择性，而这些溶剂往往都会造成环境污染。利用超临界 CO_2 作为反应介质代替常规有机溶剂，不但对环境友好，且可通过控制压力和温度，使反应介质对立体选择性的效应达到最佳化。

（三）室温离子液体

室温离子液体（room temperature ionic liquid. RTIL）又称室温熔盐，是由有机阳离子和无机或有机阴离子构成的、在室温或室温附近温度下呈液态的离子化合物。一般离子化合物只有在高温状态下才能变成液态，而离子液体在室温附近很大的温度范围内均为液态。原因是普通的离子化合物由于阴、阳离子间离子键作用较强，因而具有较高的熔、沸点和硬度。如 NaCl，阴、阳离子半径相似，在晶体中紧密堆积，每个离子只能在晶格点阵中做振动和有限摆动，熔点达 804℃。如果改变离子大小，使阴、阳离子半径相差很大，减小较大离子的对称性，破坏有序的晶体结构，使离子不能做有效堆积，减小离子间作用力，降低晶格能，可以使离子化合物的熔点下降，室温下可能成为液态。

与传统的有机溶剂相比，离子液体具有如下特点：①液体状态温度范围宽，从低于或接近室温到 300℃。②不易燃烧和爆炸，不易氧化，具有良好的物理和化学稳定性。③没有显著的蒸气压，不易挥发，消除了挥发性有机化合物（VOC）环境污染问题。④对大量的无机和有机物质都表现出良好的溶解能力，且具有溶剂和催化剂的双重功能，可作为许多化学反应的溶剂或催化活性载体。⑤极性较强且酸性可调、黏度低、密度大，可以形成两相或多相体系，适合做分离溶剂或构成反应—分离耦合新体系。⑥离子液体的物化特性会随着阳离子和阴离子的不同而发生较大变化，可以根据需要合成出具有不同特性的离子液体。

由于离子液体具有以上独特性质，一方面，可以使它作为新型绿色溶剂，从而避免大量易挥发溶剂所带来的环境污染问题；另一方面，离子液体也为催化反应提供了一个新的反应环境。作为反应介质，既可起到促进反应的作用，有时更直接起着溶剂和催化剂的双重作用，进而实现环境友好、绿色催化的目标。

第七节　废弃资源的利用

我国人均资源匮乏，多年来资源的高强度开发及低效利用，加剧了资源供需的矛盾，资源短缺和资源低效利用已成为制约我国经济社会可持续发展的重要瓶颈。资源综合利用是解决可持续发展中合理利用资源和防治污染这两个核心问题的根本途径，在我国经济社会发展中具有十分重要的战略地位。采用高效、环保的先进技术对资源开采、生产过程中的主料、辅料和伴生料综合利用，对再生资源综合利用，既可以缓解资源匮乏问题，又可以解决环境污染问题。另一方面，随着全球人口的剧增、社会生产力水平的提高，人类社会经济活动产生的大量废弃资源对自然生态环境造成了严重的污染和危害，甚至已经成为威胁人类自身生存与发展的一个因素。废弃资源的利用或再资源化，不仅能有效地治理污染和改善环境，而且也是缓解自然资源短缺的重要途径之一。废弃资源的利用涉及的内容非常广泛，其中有很多过程，如纤维素、甲烷、CO_2 以及液化气等低碳资源的利用等，都涉及了催化。

一、 CO$_2$的催化利用

大量使用化石燃料，导致大气中 CO$_2$大量积累，是造成温室效应的原因之一。与脱除 SO$_x$、NO$_x$不同，CO$_2$排放量太大，从燃烧尾气中除去实际上无法实现。所以节能和开发不含碳的燃料要比 CO$_2$治理重要得多。

减少 CO$_2$向大气中的排放量有多种方案。可以应用多种工艺从烟道气中回收 CO$_2$。例如化学吸收、膜技术分离 CO$_2$，以及利用双气体汽轮机和蒸气与 CO$_2$气体汽轮机循环等方法回收 CO$_2$。另一个重要的研究方向是将 CO$_2$作为碳资源加以利用，将 CO$_2$转换为汽油、甲醇、合成液态碳氢化合物等。据估计，约有总量三分之一的 CO$_2$是以浓度很高的状态存在的，它来自发电厂、钢铁厂、水泥厂和石油化工厂等。这部分浓缩的，或是已经和其他气体分离的 CO$_2$，可以设法转化成有用的化合物。

CO$_2$的反应活性比较低。这是因为 CO$_2$非常稳定，活化比较困难。光照条件下 CO$_2$插入到过渡金属 C-M 键之间并分离得到产物，说明 CO$_2$可以在光照和温和的反应条件下被金属有机物活化，为 CO$_2$的活化提供了一种新方法。在光促进温和条件下用 CO$_2$代替 CO，以一系列不同类型的卤代烃及烯烃为底物，用非贵金属钴盐［如 Co（OAc）$_2$、Co（acac）$_2$、CoSalen、CoTPP、CoPc、Co（Ph$_3$P）$_2$Cl$_2$］做催化剂，在常温常压下实现了羰基化反应，有选择地得到了甲酯化产物。以 CO$_2$为源合成酸及酯，CO$_2$中的三个原子全都变成了产物中的原子，因此具有良好的原子经济性，最大限度地利用了原料；另外，CO$_2$是地球上丰富的碳源，用 CO$_2$代替 CO 进行温和条件下的羰基化反应，可以减少环境污染。

另一条可行的途径是将 CO$_2$作为一种活性较为温和的氧化剂，从 CO$_2$和低碳烷烃分子出发，通过不同的化学反应途径来高选择性地制取高附加值产品。例如，用 CO$_2$氧化低碳烷烃、CH$_4$，—CO$_2$重整制合成气、CO$_2$氧化 CH，偶联制 C$_2$H$_2$ 和 C$_2$H$_4$、CO$_2$氧化低碳烷烃脱氢制烯烃、CO$_2$氧化低碳烷烃芳构化、CO$_2$氧化乙苯脱氢制苯乙烯等。在这些反应中，催化剂都发挥了核心作用。

二、 催化降解废旧塑料制汽油和柴油

塑料制品的大量使用在给人们生产生活带来便利的同时也造成了严重的环境污染。填埋或焚烧、回收利用以及开发可降解塑料是目前治理塑料废弃物污染的重要途径。填埋处理不能从根本上解决污染问题，并且由于塑料制品密度小、体积大、不易腐烂，不仅会占用大量土地，而且被占用的土地长期得不到恢复，影响土地的可持续利用。焚烧塑料会释

放出二恶英等有害气体，造成二次污染。回收利用不仅有益于环保，而且增加了对废弃资源的利用途径。催化降解废旧塑料制汽油和柴油等燃料油是塑料回收利用的一个重要方法。在石油资源日益枯竭的今天，这种方法具有重要的意义。

废旧塑料制取燃料油主要有高温裂解和催化降解两种方法。高温裂解一般是在反应器中将废旧塑料加热到分解温度（600~900℃）将其分解，再经吸收、净化得到可利用分解物。高温裂解反应温度高、生成的烃类沸点范围宽、回收利用价值低。催化降解不仅反应温度低、出油率高，而且能够控制产物分布，所产出的油品稳定，不饱和烃少，能得到品位较高的汽油。废旧塑料催化降解工艺包括两部分：先经过高温裂解反应，再对高温裂解油催化裂解得到高质量的油。常用的塑料有聚乙烯、聚丙烯、聚苯乙烯、聚氯乙烯等。塑料裂解是一个分子数增大的反应，因此降低压力有利于反应的进行，并有利于气体产物的生成。但为使燃料油产率达到最大值，必须选择合适的反应压力。催化降解所用催化剂一般为固体酸，常用的有无定形硅铝、沸石分子筛及介孔材料等。以无定形硅铝和介孔材料做催化剂制得的油品中烯烃含量较高，在放置过程中容易聚合或被氧化；而以沸石分子筛做催化剂制得的油品富含芳烃，烯烃含量较低。目前催化降解废旧塑料主要面临以下几方面的问题：①塑料中含有聚氯乙烯，在高温裂解中产生氯化氢气体，严重腐蚀设备。②塑料的导热性差，达到热分解温度的时间较长。③碳残渣黏附于反应器壁上，不利于连续排出。④塑料受热产生高黏度熔化物，难以输送。⑤催化剂的使用寿命和活性较低。⑥废旧塑料虽然量多，但收集困难，不便于长途运输。⑦催化剂制备成本高，目前还没有完全适合于废旧塑料制燃油的催化剂。

第九章
催化剂装置工程设计

第一节 催化剂装置工程设计的基本原则

设计方案的选择是多种因素综合的结果，不取决于某个单一的目标，而且有很多要求是相互矛盾的，如何决定或取舍常因建厂具体情况而异。例如工程费用与操作费用，究竟哪一个是矛盾的主要方面？前者可以通过合适的经济评价判据来决定，后者则取决于设计人员或业主的主观判断，无法用定量的指标来表达。从这个意义上来讲，设计不仅是一门科学技术，也是一种艺术。为了使整个设计有统一的判别策略，不因人而异，在方案设计阶段须做好设计前期工作，须综合比较各方案的先进性、可靠性、经济效益、生产安全、环境保护、投资情况等各种因素，为此应确定下述设计原则。

一、 技术经济指标

这是具体方案比较的依据，投资回收期与投资利润率是反映该项目经济效益好坏的量化指标。

二、 生产能力波动的适应范围

根据最高操作负荷与最低操作负荷等操作弹性要求，确定设计裕量。

三、 自动化水平

根据装置的安全要求、生产操作要求与投资控制等确定装置的自动化水平。

四、 材质选用

根据操作介质的温度、压力、腐蚀性的安全要求、生产操作要求与投资控制等确定装置的材质选用。

五、 设备的备用原则

转动设备，易磨损、易腐蚀或易结焦设备是否备用，可根据设备的平均故障间工作时间、平均修复时间、全装置的连续运转时间和利润等数据，用可靠性理论得出定量的结论。当没有可靠的数据时，应根据经验对全装置的动设备备用做出统一的规定。

六、 发展余地

有的项目因投资、市场需求和各配套装置的建设进度等原因须分期建设，若分期建设的间隔时间不长，则在第一期设计时应考虑后期建设的需要，例如在设备平面布置、单元设备的生产能力和主要管道的管径等方面应留有余地，以节省总投资和减少改造工作量。

第二节 催化剂装置工艺流程设计原则

催化剂装置工程设计的核心是工艺流程设计，工艺流程是装置的灵魂。完整的工艺流程设计一般包括方案设计、基础工程设计、详细设计三个阶段。

一、 方案设计阶段工艺流程设计

首先要调查研究，收集相关资料，并进行资料筛选，即分析国内外文献报道或实地考察相关催化剂装置的工艺路线，比较各在线生产流程的运营情况、技术要求和经济特点，了解已建成的相关生产工艺路线和流程的自动化水平、设备运行状况、设备制造与维修的难易程度、原材料消耗指标、能耗指标、三废治理情况、安全劳保措施、投资情况、劳动生产率等，要充分利用别人的研究成果，善于吸取经验教训。

催化剂装置工程设计的常用方法就是兼收并蓄、取长补短，即比较现有的（文献的）工艺流程，分析其各自的优缺点，力图在众多生产流程的基础上，综合分析，比较其经济性、工艺技术先进性、操作可靠性和安全性，取长补短。取用一个较好的工艺路线和流程，加以修改完善，形成一个新的工艺路线方案，再用化工设计的方法，对它进行必要的计算、评比，将工艺路线流程化，作为基础工程设计的参考。

二、 基础工程设计阶段工艺流程设计

基础工程设计阶段的工艺流程，对整个工艺设计、工程设计是一个带有"宪章"性质

的工艺流程，一经设计完成，就是整个工程的设计、采购、施工的重要依据和参考，因此必须认真对待。

基础工程设计阶段，须将方案设计阶段的工艺流程进行仔细、深入的研究，并通过各步精确周密的化工计算，对各工序设备进行确切的工艺计算，决定其基本型式、基本尺寸和基本操作参数。通过计算，对催化剂制备工艺流程进行逐步完善，全面系统地研究物料、能量、操作、控制，使各工序完整地衔接和匹配，能量得到充分利用。在对催化剂制备工艺流程进行逐项工艺计算的同时，要确定各设备和各操作环节的控制手段和控制参数，准确提出各操作控制点的要求。

基础工程设计阶段，对工艺流程的方案设计要从下列几个方面加以完善：

（一）设计能力、操作弹性和设备设计

在设计和完善流程方案时，首先考虑主反应装置的生产能力，确定工作日和生产时间、维修时间等，按照设计的主导产品产量要求，设计留有一定操作弹性，经过设计能力和操作弹性设计，就可以将流程具体化到单元设备的台数。

（二）工艺操作条件的确定和流程细节安排

在基础工程设计中，根据方案设计的流程，最重要的工作是核定、落实各工序的工艺操作条件，包括温度、压力、投料配比、反应时间、反应热、操作周期、物料流量、浓度等。这些条件直接关系到流程中使用一些辅助设备、附加装置和必要的控制设备。

（三）操作单元装置的衔接和辅助装置的完善

在进行催化剂装置平面布置过程中，有时为了节省厂房造价和建筑物的合理性，并不片面追求利用位差输送物料，而设计输送机械。通过全流程的设计计算、平面布置，可能对工艺流程做一些细节的必要修正与补充，使流程更趋于完善。

（四）确定操作控制过程中各参数控制点

在基础工程设计中，考虑开车、停车、正常运转情况下，操作控制的指标、方式，在生产过程中取样、排净、连通、平衡和各种参数的测量、传递、反馈、连动控制等，设计出流程的控制系统和仪表系统，补充可能遗漏的管道装置、小型机械、各类控制阀门、事故处理的管道等，使工艺流程设计不仅有物料系统和公用工程系统的原则流程图（简称PFD、UFD），还有工艺管线、公用工程系统和自动控制系统流程图（简称PID、UID）。

三、 详细设计阶段工艺流程设计

详细设计阶段以被投资者或有关方面批准的基础工程设计工艺流程为基础，进一步为设备、土建、管道、仪表、电气、公用工程等专业的详细设计与施工安装提供指导性设计文件。

详细设计阶段，工艺流程一般是在基础工程设计工艺流程的基础上进行完善，一般不做大的流程变动，有时可能要做适当修改，一方面是为了满足基础工程设计审批意见的要求，另一方面是为了适应新情况，如须采用最新研制的设备、仪表、专利成果等。

第三节　催化剂装置工程设备的工艺设计原则

在催化剂的制备中，绝大部分物料是流体，流体的性质多种多样，如有强腐蚀性的（如硫酸、硫酸铝、硝酸、盐酸、氯化铵、硫酸铵等）；黏度很大的（如水玻璃溶液、硅铝胶浆液等）；含有固体悬浮物的（如分子筛浆液、催化剂浆液等）。为适应各种流体工况，就需要有不同结构和特性的设备。

液固相的过滤、气固相的分离、物料的搅拌与干燥等设备，是催化剂制备中的重要组成部分。由于各生产装置的产品不同，要求也不一样，设备的种类和型号各有差异，但其基本构造原理或作用性能是一样的。

催化剂工程设备与化工设备类似，总体上可划分为标准设备（也称定型设备）和非标准设备（也称非定型设备）两类，也可划分为专利设备与非专利设备，有时划分为专用设备、通用设备和非标设备三类。

催化剂工程设备的工艺设计，对于定型和标准设备来说就是选型，如泵、风机、压缩机、过滤机、混捏机、挤条机、干燥机、焙烧转炉等，设计与生产都由专业公司或专利公司完成。化工设计师一般不涉及专利设备的设计细节，主要工作是选择具体功率负荷所需的设备，与供货商咨询洽谈，以确保所供应的设备是合适的。对于非标设备来说就是通过化工计算，提出设备结构型式、材料、尺寸和其他一些要求，交设备专业公司进行工程设备加工设计。

一、 催化剂工程设备选型和工艺设计的原则

催化剂工程常用设备的选型与设计原则是工艺合理、技术先进、运行安全、经济俭省。

第一，合理性：即设备必须满足工艺要求，与工艺流程、生产规模、工艺操作条件和工艺控制水平相适应，在设备的许可范围内，能够最大限度地保证工艺的合理和优化，并运转可靠。

第二，先进性：工艺设备的型式与牌号多种多样，要求设备的运转可靠性、自控水平、收率、效率等尽可能达到先进水平，且要求操作方便，有一定的操作弹性，容易维修，备件易于加工等。

第三，安全性：设备的选型和工艺设计要求安全可靠、操作稳定、无事故隐患，对工艺、建筑、地基、厂房等无苛刻要求，工人在操作时，劳动强度小。

第四，经济性：设备投资省，易于制造加工、维修、更新，没有特殊的维护要求，减少运行费用。

二、泵的选型原则

①催化剂制备用泵输送的工艺物料种类很多，须根据介质的物化特性（密度、浓度、黏度、腐蚀性、毒性、饱和蒸气压等）、介质的特殊性能（是否含固体颗粒、固体颗粒的粒度、固体含量）、操作条件、操作方式（间断或连续）等选择基本泵型，确定泵的型号和过流部件的材料及密封。

②均一的液体一般可选用任何泵型；悬浮液宜选用泥浆泵、隔膜泵；夹带或溶解气体时应用容积式泵；黏度大的液体、胶体可用往复泵，最好选用齿轮泵、螺杆泵；输送腐蚀性介质，选用相应的抗腐蚀材料或衬里的耐腐蚀泵；输送昂贵液体、剧毒的液体，选用完全不泄漏、无轴封的屏蔽泵；流量小而扬程高的宜选往复泵；流量大而扬程不高时应选用离心泵。

三、风机的选型原则

①催化剂制备用风机既有鼓风机，也有通风机，一般为离心式风机。风机选型时，须根据送气或排气的特点、被输送气体性质（如清洁空气、高温烟气、含尘气体、有腐蚀性气体等），选取不同用途的风机。②根据柏努利方程式，计算输送系统所需的实际风压。考虑计算中的误差及漏风等因素，加上附加余量（-10%），并换算成操作条件下的风压。③根据所输送气体的性质与风压范围，确定风机类型。④将实际风量（以风机进口状态计）乘以安全系数，并换算成操作条件下的风量。⑤按操作条件下的风量和风压，从风机产品样本中的特性曲线或性能表选择合适的型号。⑥根据风机安装位置，确定风机旋转方向和风口角度。⑦若所输送气体的密度大于常温空气密度，则须核算风机轴功率。

四、 反应器的设计原则

对于反应器的设计，常用的方法有三种：经验设计法、经验放大法和模拟法。

经验设计法：以生产和中试经验为主，依照已投用正常的反应器，依葫芦画瓢地设计。如果要增加产量，通常采用"加法"，即增加生产线、增加设备台件数。这对于一些尚不能认识的复杂反应过程或一些新工艺，无更多经验可借鉴的前提下，设计是稳妥可靠的。

经验放大法：在中试或工业化生产的基础上，用经验的判断和一些经验放大的数学式相结合，如当量直径放大、气泡放大等，设计大型反应器，这种方法目前应用普遍，许多反应或反应器的放大已相当成熟。

模拟法：对于反应动力学资料详尽，而装置中的流动模式是理想的均相反应过程，就可以顺利地建立模型，高倍放大，其他的情况则要通过中试或模型试验建立预测性模型，再在中试中改进模型参数，获得设计模型。

（一）催化剂制备过程中应用了许多反应器

在成胶、中和、合成、晶化、交换等工序基本上为液—液相、液—固相反应，一般都应用釜式反应器。对于釜式反应器来说，往往依靠搅拌器来实现釜温均一、浓度均匀的要求，搅拌器的型式很多，在设计反应釜时，当作为一个重要的环节来对待，对于搅拌器的设计，由于影响因素繁多，至今尚无定型方法。

（二）液—液相搅拌器的设计原则

根据液体黏度等物料性质确定搅拌方式以及搅拌槽、叶轮和槽的内构件（如挡板、导流筒）的几何型式、相对尺寸与安装位置。

低黏度液体搅拌器的设计：低黏度液体多在湍流状态下搅拌。控制混合速度的主要因素是槽内液体循环流，以及适当的剪切作用。常用的叶轮有推进式和折叶涡轮式，一般适用于黏度低于400mPa·s液体的搅拌，而在100mPa·s以下较好，常在湍流区操作。

高黏度液体搅拌器的设计：容积较小（1m³以下）和黏度在100~1000mPa·s，搅拌器宜采用没有中间横梁的锚式叶轮（俗称马蹄式）；黏度在1000~10000mPa·s，搅拌器宜采用设有横、竖梁的框式叶轮。这两种叶轮的操作Re<1000，否则产生中央漩涡，对混合不利。黏度在20000mPa·s以上，最好采用螺旋式、螺杆式以及螺杆—螺带组合式叶轮。对于黏度高达50000mPa·s的液体，上述叶轮也有效。

（三）液—固相搅拌器的设计原则

在液—固系统中搅拌的主要目的是促使固体颗粒在液体中均匀悬浮或降低固体颗粒周围的扩散阻力。常用的搅拌器型式有涡轮式和推进式两种。在低黏度牛顿型液体中的固体悬浮或扩散要求搅拌器的容积循环好，而剪切作用只居次位，选型时首先考虑四叶折叶涡轮式搅拌器。如固体密度与液体的密度相差较小，固体又不易沉降，分率也小，且混合液黏度小于 400mPa·s（最好小于 100mPa·s）时，则可考虑用推进式搅拌器。

（四）过滤设备的选型设计原则

液—固相分离是炼油催化剂制备过程中最常见的相分离，可以采用的技术很多，包括沉降、筛分、过滤、压榨、干燥等。液—固相分离过程一般可根据液体与固体之间的密度差异而利用重力或离心力进行分离，也可根据颗粒粒径和形状而采用过滤进行分离。通过分析分离目标所需固体干燥度、洁净度等，依据料浆性质、固体浓度、进料速率、固体颗粒粒径来选择最合适的分离技术。以下重点介绍炼油催化剂制备过程中应用十分广泛的过滤设备的选型设计。

过滤设备总体分为真空和加压两类，真空类常用的有真空转鼓、真空圆盘、真空水平带式等，加压类常用的有压滤、压榨、动态过滤和旋转型等。真空过滤机利用真空过滤的原理实现固液分离，根据结构型式，可分为真空水平带式过滤、真空转鼓、真空圆盘、真空吸滤等多种形式。与压滤机过滤的原理不同，真空过滤主要用于比较容易过滤的场合，比如颗粒粒径比较大、物料不黏、容易形成滤饼。同时由于真空过滤形成的压差小，理论绝对压差只有 105Pa，因此滤饼固含量不太高。国内炼油催化剂生产厂曾先后使用过自动板框压滤机、真空转鼓过滤机以及水平带式真空过滤机等多种形式的过滤设备。板框压滤机结构简单、制作方便、占地面积小、操作压强高、过滤面积大、适于黏细物料，滤渣含湿量低，缺点是间歇操作、生产效率低、劳动强度高、滤布损失快。真空转鼓过滤机结构简单，洗涤效果好，洗涤液与滤液分开，对于脱水快的料浆，单台过滤机的处理量大，缺点是占地面积大、滤布磨损快且易堵塞。对于过滤、洗涤、交换用的专用催化剂过滤机须用样品做试验后才能定型。

在选择过滤设备时应考虑的主要因素如下：①料浆和所形成滤饼的种类。②进料中的固体浓度。③所需要的生产能力。④液体的本性和物理性质：黏度、可燃性、毒性、腐蚀性。⑤滤饼是否需要冲洗。⑥滤饼所需干燥度。⑦过滤助剂对固体的污染似乎是可以接受的。⑧有价值的产品是固体还是液体，还是两者都是。

无论是快速过滤或慢速过滤，料浆的过滤特性是影响过滤最重要的因素。

当今催化剂生产装置使用最广泛的是真空水平带式过滤机。真空水平带式过滤机和别的过滤方式相比，主要优势在于滤饼洗涤方面，特别是在洗涤水耗量很高的情况下。采用多级逆流洗涤的方式，即从卸饼端向进料端方向逆向多级洗涤。原理是由卸饼端向进料端，杂质浓度由低向高变化，对应的卸饼端的洗涤出水杂质浓度也比进料端低，所以卸饼端的洗涤出水可以回用到相应的前端进行洗涤。

真空水平带式过滤机是以真空负压为推动力实现固液分离的设备，在结构上，过滤区段沿水平方向布置，可以连续完成过滤、洗涤、吸干、滤布再生等作业。其特点如下：①采用环形橡胶排液带，抗拉强度大，使用寿命长。②真空箱和胶带间设有环形摩擦带，并以水进行密封和润滑，可维持稳定、较高的真空度，有利于稳定操作工艺条件。③设有真空平衡自动排液罐装置或气水分离器，可以实现零位差自动排液或高位差排液。④设有气囊式自动纠偏装置，可确保滤布稳定运行。

（五）干燥设备的选型设计原则

干燥器的选择及其计算与物料的性质及其含水形式有关，因此必须有实验所得的动力学关系做依据。催化剂制备过程中，由于湿物料种类很多，干燥后干物料的要求各不相同，干燥特性差别较大，因此需要设计和选用不同类型的干燥器。根据催化剂品种不同，干燥要求与干燥条件也有差异，一般采用多种干燥设备：间歇式箱式干燥器、连续式带式干燥器、卧式桨叶式干燥器、旋转闪蒸式干燥器、回转窑式干燥器、喷雾干燥器、气流干燥器等。

干燥器的选择是一个受诸多因素影响的过程，一般地，选择干燥器前应采用与工业设备相似的试验设备来做试验，以提供物料干燥特性的关键数据，并探索从物料中排除液体的真实机理。通过针对性的试验或经验，应了解以下情况：①工艺流程参数，如干燥物料量、排除的总液量和湿物料的来源；②原料是否做过预脱水。如过滤、离心分离、机械压缩等将物料供给干燥器的方法，在湿物料中颗粒尺寸的分布，湿物料和干物料的物理性质、易处理性和磨蚀性能；③原料的化学性质，如毒性、异味，物料可否用含有二氧化碳、二氧化硫、氮氧化物和含微量未完全燃烧的碳氢化合物的热燃气来干燥；起火或爆炸的危险性、温度极限与相变相关的温度以及腐蚀性；④干产品的规格和性质，如湿含量、颗粒尺寸的分布、堆积密度、杂质的最高百分率，所希望的颗粒化或结晶形式、流动性、干燥物料在储藏前必须冷却的温度；⑤由试验设备或实验室以及以往在大型设备中用较少物料得到的干燥性能试验所获得的干燥数据、产品损失以及场地条件作为附加条件。

干燥器的选择与物料形态密切相关。干燥器选择的最好方法是利用过去的经验，选择干燥器的最初方式是以原料的性质为基础的，在处理液态物料时所选择的干燥设备通常限于喷雾干燥器，在处理固态物料时所选择的干燥设备通常限于带式干燥器，在处理固态物料且对干燥产品的固含量要求较高须脱除结晶水时，所选择的干燥设备通常限于回转窑式干燥器，在处理滤饼物料时所选择的干燥设备通常限于卧式桨叶式干燥器、旋转闪蒸式干燥器和气流干燥器。

干燥器的最终选择通常将在设备价格、操作费用、产品质量、安全及便于安装等方面提出一个折中方案，在不肯定的情况下，应做一些初步的试验以查明设计和操作数据及对特殊操作的适应性。对某些干燥器，做大型试验是建立可靠设计和操作数据的唯一方法。

干燥装置可能因粉尘和废气的排放而造成环境污染。针对粉尘，应采用高效除尘设施或采用多级除尘，旋风分离器、袋式除尘器和静电除尘器通常用于颗粒收集和浆状物料干燥的气体净化。为了消除有害气体的污染，可采用适当的吸收、吸附或焚烧工艺进行处理。

（六）其他设备、机械选型设计原则

其他设备、机械选型设计程序同设备的工艺设计一样，首先要了解工艺条件，确定设计参数。其次，要选择一个适用的类型，然后，要根据工艺条件进行必要的计算，选择具体型号。

1. 起重机械

许多起重机械，都是间歇使用的，与流程的关系不大，催化剂生产中经常使用一些简单的手动或电动葫芦，装有大型笨重设备的厂房内可考虑设桥式吊车。根据起重的最大负荷和起重高度来选型。

2. 运输机械

催化剂生产中，有许多颗粒状、粉状、条状的中间产品或成品需要输送，一般设计一些自动的半自动化的输送机、提升机、运输机等，须根据物料的粒度、硬度、重量、温度、堆积密度、湿度、腐蚀性，输送的连续性、稳定性要求等工艺参数选择合适的材料和恰当的型号。

3. 加料和计量设备

催化剂生产中，常见的固相物料加料器有旋转式加料器（星型加料）、螺旋给料器和电磁控制的给料器。在加料装置选型时，要注意物料的特性，有时还应当用样品做试验，使加料设备能做到定量给料，运行稳定可靠，不破坏物料的形状和性能，结构简单小巧，密封性能好，计量精确，操作方便，能耗低等。

第四节　催化剂装置布置设计原则

装置布置设计包括两方面内容：一是全厂范围内各生产装置的布置；二是装置内部设备和厂房的布置。本节仅介绍装置内部设备和厂房的布置。

在催化剂工程的基础工程设计或施工图设计中，当装置总图、工艺流程图、物料衡算、热量衡算、设备选型及其主要尺寸确定后，就可以进行装置内部设备和建筑物等的布置设计工作。催化剂装置布置设计的主要任务与一般化工厂布置设计一样，即对厂房的平立面结构、内部要求、生产设备、电器仪表设施等按生产流程的要求，在空间上进行组合、布置，使布局既满足生产工艺要求，整齐美观，又经济实用、占地少。催化剂装置布置设计还必须考虑到催化剂生产工艺的特殊性。

一般地，装置布置设计应满足下列要求：①应满足安全要求，要符合国家的有关法规，妥善处理防火、防爆、防腐、防毒等问题，以确保生产安全。②应满足工艺设计的要求。③应满足操作、检修和施工的要求。④应满足全厂总体规划的要求。⑤应适应所在地区的自然条件（包括气候、风向、地形、地质等）。⑥应力求经济合理。⑦应满足用户要求。⑧应注意外观美。

由于大部分催化剂均属于间断式单批料生产，原料、半成品与成品的品种多，往返运输量大，装置转产频繁，因此进行催化剂装置布置设计时，还应考虑如下因素：①催化剂生产配方更新较快，设计要考虑催化剂生产工艺改变的可能性，尽量使一条生产线适应多品种的要求，还要考虑扩建余地。②催化剂装置一般为多品种多工序生产，须考虑各工序之间的联系，使得物料的流动尽量合理。

一、催化剂装置厂房布置原则

（一）催化剂装置厂房的平面布置

厂房的平面布置是根据生产工艺条件（工艺流程、特点、规模）以及建筑本身的可能性与合理性（包括建筑型式、结构方式、施工条件、经济条件）来考虑的。

厂房的平面布置应力求简单，这会给设备布置带来更多的可变性与灵活性，也有利于催化剂制备工艺的改进和革新。

催化剂装置厂房的型式主要有以下几种：长方形、T形、L形和Ⅱ形（多用于比较复杂装置的布置）。长方形便于总平面图的布置，节约用地，有利于设备排列、缩短管线，易于安排交通出入口，有较多可供自然采光和通风的墙面。一般地，厂房型式越简单，越有利于设计、施工，而且厂房造价越低，设备布置的弹性越大；反之，厂房型式越复杂，造价越高，而且不利于采光、散热和通风等。当然，厂房型式的特点并不是一成不变的，所以，在进行厂房布置设计时，工艺设计人员与建筑结构设计人员要密切配合，全面考虑，进行多方案比较，设计出合理的布局。

1. 长方形布置（也叫一字形布置）

长方形布置是催化剂厂房的常见型式，一般适用于中小型催化剂装置，外部管道由装置的一端进，一端出，或者两端进，两端出，如图 9-1 所示。其主要优点是：有利于厂房的定型化，设计、施工比较简单，造价低，设备布置弹性大，有利于以后的发展。

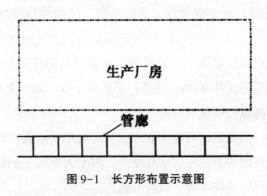

图 9-1　长方形布置示意图

2. T 形、L 形布置

T 形、L 形布置适合于比较复杂的装置，如图 9-2 所示

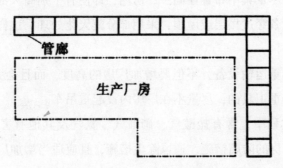

图 9-2　T 形、L 形布置示意图

3. 复杂厂房的平面布置

装置组成越复杂，其平面布置也越复杂，但基本原则不变，实际上就是长方形、T 形、L 形布置的组合。在布置时，可把装置的各个组成部分分解成若干小的部分进行布置，然后进行合并，从整体布置的角度进行修整、完善，使整体布置更合理。

4. 厂房的跨度和柱网设计

厂房的跨度主要根据工艺、设备、采光、通风、建筑造价、建筑结构及建筑规范等因素确定。一般地，单层厂房的跨度为6m、9m、12m、15m、18m，需要时，也可以采用更大的跨度；多层厂房的跨度为12m、15m，一般不超过24m。

生产厂房的柱网布置必须与工艺设备相协调，同时也要考虑到建筑结构的合理性、安全性与建筑造价等，一般厂房的柱网多采用6m×6m，如因生产工艺或设备布置的需要，一般不宜超过12m，否则会大大增加厂房的造价。厂房的柱距要尽可能符合建筑模数的要求，以充分利用建筑结构上的标准预制构件，节约设计和施工力量，加快基建速度。

（二）催化剂装置厂房的竖面布置

催化剂装置厂房的竖面布置与厂房的平面布置一样，力求做到设备排列整齐、紧凑、美观，充分利用厂房空间，既经济合理、节约投资，又操作检修方便，并能充分满足通风、采光等要求。

厂房各层高度的确定主要取决于工艺流程、设备及其附件的高低、安装与检修空间、安全等条件。一般生产厂房采用4~6m层高，不宜低于3.2m，净高不宜低于2.8m，根据需要，生产厂房的层高也可增至6~8m。

在设计多层厂房时，当楼板的荷重比较大，厂房的梁柱就会较粗，直接影响厂房的净空，因此通常将大型笨重设备布置在底层或室外。对于大型催化剂装置风机等震动设备应布置在底层或室外，与厂房基础隔离，以防共振。

在设计厂房高度时，应仔细研究所有的生产设备，尽量将高大的设备布置在室外，或者将比较高大的设备尽量集中布置在同一厂房内，即使有个别高大的设备单独布置，也尽量妥善处理，如将设备穿过楼层或屋顶，采用部分露天化处理，这样可降低厂房高度和层高，减少厂房投资。

在厂房内设置起重运输设备，不但要增加厂房的高度，而且会大大增加厂房的造价，因此凡是能用临时起重工具的，尽量不在厂房内设起重吊车。

在催化剂生产过程中，常有盐酸气、硝酸气、氨气及其他有害气体和粉尘放出，因此，设计必须考虑厂房的防腐措施、通风除尘措施，且应适当增加厂房的层高，以利于通风换气。

二、催化剂装置设备布置原则

设备布置设计就是确定各个设备在装置平竖面上的准确的、具体的位置，这是装置布置设计的核心，也是装置厂房布置的依据。设备布置必须满足生产工艺、设备安装、厂房建筑的要求。

（一）设备布置设计的一般原则

①设备布置一般按流程式布置，使由原料到产品的工艺路线最短，投资也最少。但必须以保证工艺物料流向顺利为原则，要保证水平方向和垂直方向的连续性，做到上下纵横相呼应，尽量形成流水线。②对于结构相似、操作相似或操作经常发生联系的设备一般集中布置或靠近布置，有些可通用的，要有相互调换使用的方案，以充分发挥设备的潜力。当遇到更换品种时，无须进行大规模的设备更换，这是由催化剂品种更新换代较快决定的，设计时必须考虑这一可能性。③设备布置尽量采用露天布置或半露天框架式布置，以减少占地面积和土建投资，比较安全而又间歇操作和操作频繁的设备一般布置在室内。④处理酸、碱等腐蚀性介质的设备尽量集中布置在建筑物的底层，不宜布置在楼上和地下室，而且设备周围要设防腐围堰。⑤有毒、有粉尘和有气体腐蚀的设备，应各自相对集中布置并加强通风设施和防腐、防毒措施。⑥设备与设备之间、设备与建筑物之间的安全距离，应满足有关规范要求。⑦布置设备时，要考虑到设备间的管线走向，要满足转送催化剂浆液和黏度大的物料管线尽量短、少拐弯。

（二）设备布置设计须注意的问题

①设备布置设计不但要满足工艺、操作、维修的需要，而且在设备周围要留出堆放一定数量的原料、中间产品、产品的空间和位置，必要时作为检修场地，如需要经常更换的设备，要有设备搬运所需的位置和空间。②在进行多层厂房的设备布置时，要特别考虑物料的输送要求，要优先布置靠重力流动的设备；输送干、湿固体物料的管道要垂直或近乎垂直向下布置，以防堵塞。③设备布置要充分利用高位差布置，以节省输送设备和动力消耗。通常将计量罐、高位罐布置在高层，主要设备如反应釜布置在中层，后处理设备如储罐等布置在底层，这样，既可利用位差进出物料，又可减少楼面的荷重，降低厂房造价。④设备布置时除保证垂直方向连续性外，应注意在多层厂房中要避免操作人员在生产过程中过多地往返于楼层间。⑤布置设备时，要避免建筑物的主梁、柱子和窗户，设备不应布置在建筑物的沉降缝和伸缩缝处。

（三）常见设备的典型布置设计

1. 反应釜的布置

中小型的间歇反应釜或操作频繁的反应釜常布置在室内，用罐耳悬挂在楼板上，呈单排或双排布置。

多台反应釜在布置时尽量排成一条线，对于带搅拌的反应釜，要考虑搅拌器检修要求，其上部应设安装和检修用的起吊装置或吊钩，反应釜顶端应留出足够的空间，以便抽出搅拌器。常见反应釜的典型布置型式如图9-3所示。

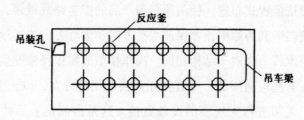

图 9-3 常见反应釜的典型布置图

2. 喷雾干燥设备的布置

喷雾干燥主要用于浆液的干燥，通常将喷雾干燥系统进行独立布置，图9-4、图9-5是某催化剂装置喷雾干燥系统的平、竖面布置示意图。

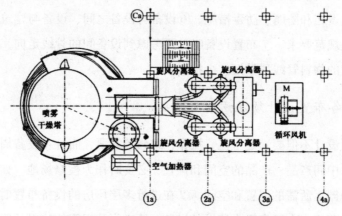

图 9-4 喷雾干燥设备平面布置示意图

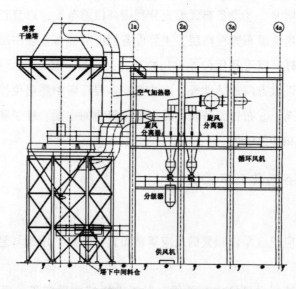

图 9-5 喷雾干燥设备竖面布置示意图

3. 典型催化剂装置布置设计

①设备按流程式布置，形成了连续化生产流水线。②设备按功能分层集中布置，美观实用。③设备布置尽量采用框架式布置，减少了占地面积和土建投资。④将结构相似、操作相似或操作联系较多的设备进行集中或靠近布置，能满足相互调换使用的方案，充分发挥了设备的潜力。⑤设备布置充分考虑了物料输送要求，充分利用了位差，以节省输送设备与动力消耗，确保了垂直方向与水平方向的生产连续性。⑥设备布置能满足可方便切换产品品种的生产要求，转产方便。

第五节　动控制设计

一、 自动控制水平

为保证催化剂装置安全、稳定、长周期、满负荷和高质量运行，满足工艺过程对自动控制系统的高水平要求，以及全厂控制系统水平的总体要求，并为装置的先进控制、优化控制和信息管理建立基础，集中处理过程数据，完成数据采集、信息处理、过程控制、安全报警等系统功能，催化剂装置一般采用具有控制集中、风险分散、集成度高、扩展性强和开放性等特点的集散型控制系统 DCS。

根据生产需求联合装置区操作室内设多个操作站，每个操作站应能管理相应单元全工艺过程的操作及管理，并可在权限范围内进行切换。为节省投资，可利用其中一个操作站兼做工程师站。

DCS 系统是工艺过程控制和操作的核心，是全装置控制和管理的基础。装置的全部检测、控制信号都进入 DCS，通过 DCS 进行信号检测、过程控制、过程报警、数据记录、信息处理等系统控制，在中心控制室进行生产操作。装置内部分机泵设备运行状态的监测和主要机泵设备的操作可在 DCS 上实现。其他独立的控制系统如焙烧系统、喷雾干燥系统、闪蒸干燥系统等与 DCS 都有通信联系。DCS 还设有与工厂管理系统的网络接口。

二、 安全系统

为防止装置在开、停工和生产操作过程中可能出现重大事故导致重大人身和经济损失，保证装置的安全生产，保护操作人员和装置的安全，根据工艺过程和设备，设置必要的安全系统。实现装置的联锁保护、紧急停车系统及关键设备联锁保护。安全系统一般不设置专门的控制器和操作站，其功能由 DCS 实现。

为分散风险、提高安全系统响应速度，对容易引起重大火灾爆炸事故的设备，主要是立式烟道气发生炉和卧式空气加热炉，一旦出现危险情况立即启动相应处理程序直至停车，确保这些设备生产全过程处于安全受控状态。另外将火焰状态信号引到 DCS，设备处于安全状态下可由 DCS 调节空气温度。

三、 可燃气体报警系统

为确保装置安全生产和人身安全，对装置内可能泄漏或聚集可燃性气体的地方，如烟道气发生炉和空气加热炉所在区域，设有可燃性气体传感变送器，可燃气体检测系统的现场检测信号送到 DCS 系统进行指示和报警。一旦泄漏发生，检测仪会将检测到的信号送到控制室，控制系统发出报警，控制室立即通知相应操作站的操作人员进行处理。

四、 主要控制方案

（一）反应投料定量控制

对于反应原料为液体、固体的成胶合成反应，成胶釜各物料进料配比采用称重定量顺序控制。成胶釜各物料通过开关式自控阀门控制，依次按顺序进料，到达称重设定值即停止进料（黏稠介质设有返回线），依次投料直至完成配比。对于反应原料均为液体的硅铝胶合成反应采用调节阀进行管路比例控制。

（二）闪蒸干燥器出口温度控制

闪蒸干燥器出口温度控制回路采取 PID+联动控制的方案，当温度在正常范围内变化时，由闪蒸干燥器的入口冷空气蝶阀来控制出口温度；当温度达到高报警值时，闪蒸干燥器出口的冷空气蝶阀快开以降低温度；如果温度继续上升，则闪蒸干燥器的入口高温蝶阀关闭，旁通放空蝶阀打开，同时电气停止闪蒸干燥器进料泵。

（三）蒸干燥尾气温度控制

闪蒸干燥尾气需要通过饱和塔进行急速冷却，饱和塔出口温度不能超高，因此设置温度超高联锁。在开工初期，是通过补化学水来进行急冷。正常开工后，通过喷淋循环回收水进行冷却，如果循环回收水的冷却效果无法满足工艺要求而导致饱和塔出口温度超高时，自动打开化学水线电磁阀补加化学水进行强制冷却。

（四）焙烧炉温度控制

燃气焙烧炉采用分段加热控制方案，根据炉体长度与温度区间进行分段，每段都设有火嘴控制相关温度，以保证焙烧炉的工艺性能，使产品达到设计质量，同时要保证设备安全，确保设备的预期寿命。通过检测焙烧炉转筒内气氛和物料温度以及炉膛内各部位的烟气温度，利用火嘴控制器自动调节燃烧情况。火嘴的运行由火嘴控制器监控，每个火嘴控制器带火焰监测器、点火器和燃气电磁阀等仪表设备，并输出信号给 DCS 以便实时监测火嘴运行状态。

在焙烧炉投用初期，整个自动控制过程离不开操作人员的监控，以便根据产品情况和设备操作情况及时微调自动控制设备的设定值。对于偏离设计值较大的调整，一定要在停车的情况下进行，以保护贵重的部件和节约开车成本。在设备正常使用期间，也应根据燃料、产品路线的变化情况，对自动控制系统做针对性的调整。

第十章　催化剂性能的评价、测试和表征

第一节　活性评价和动力学

一、活性的测定与表示方法

活性是催化剂最重要的性质。评价催化剂活性的方法很多。根据新催化剂的研制、现有催化剂的改进、催化剂生产控制和动力学数据的测定以及催化剂基础研究等目的的不同，可以采用不同的活性测定方法；也可因反应及所要求的条件的不同（强烈的放热和吸热反应、高温和低温、高压和低压），采用不同的活性测定方法。

催化剂活性的测定方法可分为两大类，即流动法和静态法。流动法的反应系统是开放的，供料连续或半连续；静态法的反应系统是封闭的，供料不连续。半连续法，如某些气—液—固三相反应所用的，原料气体连续进出，而原料液体和催化剂固体则相对封闭。流动法中，用于固定床催化剂测定的有一般流动法、流动循环法（无梯度法）、催化色谱法等。催化剂评价方法本质上是对工业催化反应的模拟。而由于工业生产中的催化反应多为连续流动系统，所以一般流动法应用最广。流动循环法、催化色谱法和静态法主要用于研究反应动力学和反应机理。催化剂的活性，是对催化剂加快化学反应速率程度的一种量度。

在工业生产中，催化剂的生产能力大多数是以催化剂单位体积为标准，并且催化剂的用量通常都比较大，所以这时反应速率应当以单位容积表示。

在某些情况下，用催化剂单位质量作为标准表示催化剂的活性比较方便。譬如说，一种聚乙烯催化剂的活性为"十万倍"，意思即为每克催化剂（或每克金属 Ti）可以生产1.0×10^5聚乙烯。

当比较固体物质的固有催化剂性质时，应当以催化剂单位面积上的反应速率作为标准。因为催化反应有时仅在固体的表面（当然包括内表面）上发生。

对于活性的表达方式，还有一种更直观的指标，即转化率。工业上常用这一参数来衡量催化剂性能。转化率的定义为：

$$X_A = \frac{\text{反应物 } A \text{ 已转化的物质的量}(mol)}{\text{反应物 } A \text{ 起始的物质的量}(mol)} \times 100\% \qquad (10-1)$$

采用这种参数时，必须注明反应物料与催化剂的接触时间，否则就无速率的概念了。为此工业实践中还引入下列相关参数。

（一）空速（space velocity）

在流动体系中，物料的流速（单位时间的体积或质量）除以催化剂的体积就是体积空速或质量空速，单位为 s^{-1}。空速的倒数为反应物料与催化剂接触的平均时间，以 τ 表示，单位为秒（s）。τ 有时也称空时（space time）

$$\tau = \frac{V}{F} \qquad (10-2)$$

式中，V 为催化剂体积；F 为物料流速。

（二）时空得率（space time yield）即常用指标 STY

时空得率为每小时、每升催化剂所得产物的量。该量虽然直观，但因与操作条件有关，因此不十分确切。上述一些量都与反应条件有关，所以必须同时加以注明。

（三）选择性

$$S = \frac{\text{所得目的产物的物质的量}}{\text{已转化的某一关键反应物的物质的量}} \times 100\% \qquad (10-3)$$

从某种意义上讲，选择性比活性更为重要。在活性和选择性之间权衡和取舍时，往往决定于原料的价格、产物分离的难易等。

（四）收率

$$R = \frac{\text{产物中某一类指定的物质总量}}{\text{原料中对应于该类物质的总量}} \times 100\% \qquad (10-4)$$

例如，甲苯歧化反应，计算芳烃收率就可估计出催化剂的选择性，因原料和产物均为芳烃，且无物质的量的变化。

（五）单程收率

$$Y = \frac{\text{生成目的产物的物质的量}}{\text{起始反应物的物质的量}} \times 100\% \qquad (10-5)$$

单程收率有时也称得率，它与转化率和选择性有如下关系：

$$Y = X S \qquad\qquad (10-6)$$

二、 动力学研究的意义和作用

催化在科学史上曾经是动力学的一个分支学科，然而现在催化作用的学科范畴已经远远超越了动力学。而今，催化动力学的研究，已经成为催化科学与催化剂工程的最重要的组成部分之一。

在催化剂工程的研究中，催化动力学的一个重要研究目标，就是为所研究的催化反应提供数学模型，并且帮助弄清催化反应的机理。

通过动力学研究，可以提供数学模型。模型已经可以在较大范围内更准确地反映出温度、空速、压力等参数对反应速率、合成率（转化率）和选择性的影响规律，为催化剂设计以及催化反应器的设计提供科学依据。

通过动力学研究，了解到在一种工业化催化剂上所发生的一些关键的主反应和副反应的动力学特征，对于现有催化剂的改进和发挥潜力是很必要的信息。有时反应条件选择不当，或者有时催化剂与反应器匹配不当，往往都会埋没一些筛选出的好催化剂；而一个性能不够完善的新催化剂，如果知道了作用物在其上反应的机理，就知道了它的薄弱环节，也就容易找到局部改进甚至换代开发的方向。

实际的多相催化反应是相当复杂的。在大多数工业多相催化剂上进行的，常常并不是简单的基元反应，而是复杂反应，有时还伴随有催化剂的失活变化。因此往往不能只用一个简单的动力学方程来反映其一切性能。有时甚至一个工业催化剂的关键性能，并不是由它的本征活性所决定的，而是决定于其传热和扩散的性能。因此，要正确地、如实地得出催化性能的定量表征，须对动力学的原理和概念有基本的了解，对动力学实验方法有正确的运用，同时对所研究的反应有贴切的了解和分析。

化学动力学是研究一个化学物种转化为另一个化学物种的速率和机理的分支学科。而机理则意味着，达成所论反应中各基元步骤发生的序列。机理甚至涉及其中每一步化学键的质变或量变的动力。对于多相催化反应，一个化学物种从与催化剂接近开始，须经历一系列物理和化学基元步骤。不妨把化学物种所经历的化学变化基元步骤序列称作"历程"；而把包括吸附、脱附、物理传输和化学变化步骤在内的序列关系称作"机理"。

三、 实验室反应器

一切催化反应都必须在一定的反应器中实施。同样，要在实验室研究催化剂的评价和动力学，也必须在各种实验室的反应器中进行。实验室反应器是大型工业催化反应器的模拟和微型化。由于实验室反应器的目的在于研究而不是生产，在观察和量度催化反应时，比工业反应器有更高、更严的要求，因而在设计、操作和控制上有更加周密的考虑。已经开发的多种实验室反应器，正是考虑到与工业反应器不同的种种特殊要求而特别设计的。

在普通的工业多相催化反应器中，所得的数据都程度不同地存在着化学反应和物理传输（传热、传质）的耦合。若从这种耦合的数据中比较评价催化剂性能的优劣，甚至探求提高催化剂性能的途径，显然会较为困难。这就需要通过适当的研究工具和条件，对化学反应和物理传递进行解耦，从而分别得出正确的催化反应本征的动力学参数和物理传递参数。

在这里，关键是把化学过程和物理过程相隔离，即解耦。

在各种设计的实验室反应器中，有的适于求取动力学数据，有的则否。这要根据下述三项要求而定：第一，由于温度对反应速率的影响是指数性的，因此动力学反应器的一个最主要的条件是恒温，对于复杂反应尤其如此；第二，停留时间的确切性或均一性；第三，产物取样和分析是否容易。这三点决定了反应器的质量，进而也决定了由它获得的动力学模型的精度。

实验室反应器是催化剂评价和动力学测定装置的核心。国内外现已开发出各种用途和特色的实验室反应器。

（一）积分反应器

积分反应器即一般实验室常见的微型管式固定床反应器。在其中装填足量（数十至数百毫升）的催化剂，以达到较高的转化率。由于在这类反应器中进口和出口物料在组成上有显著的差异，不可能用一个数字上的平均值代表整个反应器中物料的组成及其空间分布。这类实验室反应器，催化剂床层首尾两端的反应速率变化较大，沿催化剂床层有较大的温度梯度和浓度梯度。利用这种反应器获取的反应速率数据，只能代表转化率（或生成率）对时空的积分结果，因此定名为积分反应器。

积分反应器的优点：它与工业反应器的构造甚相接近，且常常是后者的按比例缩小；对某些反应可以较方便地得到催化剂评价数据的直观结果；而且由于床层一般较长，转化率较高，在分析上可以不要求特别高的精度。但正由于转化率高引起热效应较大，因而难以维持反应床层轴向和径向温度的均一和恒定，对于强放热反应更是如此。对于所评价催化剂的热导率相差太大时，床层内的温度梯度更难确切设定，因而，所得反应速率数据的可比性较差。

在动力学研究中，积分反应器又可分为恒温和绝热两种。

恒温积分反应器由于其简单价廉、对分析精度要求不高，故只要有可能，一般总是优先选择它。为克服其难于保持恒温的缺点，曾设计了很多办法，以期保证动力学数据在整个床层均一测得的温度下取得：一是减小管径，使径向温度尽可能均匀；二是用各种恒温导热介质；三是用惰性物质稀释催化剂。

管径减小对相间传热和粒间传热影响颇大，是较关键的调控措施。管径过小会加剧沟流所致的边壁效应，而使转化率偏低。但据许多研究者的实际经验估计，在管径为催化剂粒径 4~6 倍以上时，减小管径对恒温性的改善仍是主要倾向。

对于导热介质，可用熔融金属（如钼—铅—镉合金）、熔盐、整块铝-铜合金或高温的流沙浴。熔融金属和熔盐在导热性方面是很好的，但可能存在安全问题。通过整块金属或流沙浴间接供热，是目前多用的方法。

对于强的放热反应，有时须用惰性、大比热容的固体粒子（如刚玉、石英砂）稀释催化剂，以免出现热点，并保持各部分恒温。有人提出沿管长用非等比例稀释的方法，即在入口处加大稀释比，入口再往下，随转化加深，线性地递减稀释比。据说，这可使轴向温度梯度接近于零，而径向温度梯度亦近于可忽略。

作为评价装置，积分反应器有时也使用变温固定床，如烃类水蒸气转化催化剂，测定 500℃（入口）至 800℃（出口）的累积转化率，这是它对工业一段转化炉变温固定床的模拟。

绝热积分反应器为直径均一、催化剂装填均匀、绝热良好的圆管反应器。向此反应器通入预热至一定温度的反应物料，并在轴向测出与反应热量和动力学规律相应的温度分布。但这种反应器数据采集和数学解析均比较困难。

（二）微分反应器

微分反应器与积分反应器的结构形状相仿，只是催化剂床层往往更短更细，催化剂装填量更少，而且有较积分反应器低得多的转化率。

如通过催化剂床层的转化率很低，床层进口和出口物料的组成差别小得足以用其平均值来代表全床层的组成，然而又大到足够用某种分析方法确定进出口的浓度差时，即 $\Delta c/\Delta t$ 以近似为 dc/df，并等于反应速率 r，则可以用这种反应器求得 r 对分压、温度的微分数据。一般在这种单程流通的管式微分反应器中，转化率应在 5% 以下，个别允许达 10%，催化剂装量数十毫克至数百毫克。

微分反应器的优点：第一，因转化率低、热效应小，易达到恒温要求，反应器中组成的浓度沿催化床的变化很小，一般可以看作近似于恒定，故在整个催化剂床层内反应温度可以视为近似恒定，并且可以从实验上直接测到与确定温度相对应的反应速率；第二，反应器的构造也相对简单。

微分反应器也存在两个严重的问题。第一是所得数据常是初速，而又难以配出与该反应在高转化条件下生成物组成相同的物料作为微分反应器的进料。对此，有人在微分反应器前串联一个积分反应器，目的是专门供给高转化率的进料。第二是分析要求精度高。由于转化率低，须用准确而灵敏的方法分析，而若用较为粗陋的分析方法，就很难保证实验数据的重复性和准确性。这后一困难，常常限制人们对微分反应器的选用。新近，德国的研究者，成功使用了各种超微型的实验室微分反应器，其前提是有高精度的质联用分析仪与之配套。

总之，不管是积分反应器或微分反应器，其优点是装置比较简单，特别是积分反应器，可以得到较多的反应产物，便于分析，并可直接对比催化剂的活性，适合于测定大批工业催化剂试样的活性，尤其适用于快速便捷的现场控制分析。然而，积分和微分反应器均不能完全避免在催化剂床层中存在的气流速度、温度和浓度的梯度，致使所测数据的可靠性下降。因此，在测取较准确的活性评价数据，尤其是在研究催化反应动力学时，以采用下述较为先进的无梯度反应器更为适宜。

（三）微反应器

微反应器，也称为"微通道"反应器，是微反应器、微混合器、微换热器、微控制器等微通道化工设备的通称。相对于传统的批次反应工艺，微反应器具有高速混合、高效传热、窄的停留时间分布、重复性好、系统响应迅速、便于自动化控制、几乎无放大效应以及安全性高等优势。微反应器不仅是化工领域技术和设备的一次革新，使得单元操作的基础研究和应用更加丰富，而且为催化领域提供了非常高效的研究开发平台，其快速放大的特点对于工业应用更有现实意义。

（四）无梯度反应器

无梯度反应器从第一台问世到现在，已有多年。这期间，由于化学动力学研究和化学反应工程学发展的需要，出现了许多这类反应器，形式繁多，名称不一。但从其本质上看，都是为了达到反应器流动相内的等温和理想混合，以及消除相间的传质阻力。同时，在消除了温度、浓度梯度的前提下，无论从循环流动系统还是理想混合系统出发，导出的反应速率方程式都应是一样的。因此，可以把它们归成一类，冠以同一名称。

无梯度反应器的优点：可以直接而又准确地求出反应速率数据，这无论对于催化剂评价或对于其动力学研究，都是最有价值的。从某种意义上讲，无梯度反应器是集中了积分反应器和微分反应器的优点，而又摒弃其各自的缺点而发展起来的。此外，由于反应器内流动相接近理想混合，催化剂颗粒和反应器之间的直径比，就不必像管式反应器那样严格限制。因此，它可以装填工业用的原粒度催化剂（不必破碎筛分），甚至可以只装一粒（即单锭）工业催化剂，即可测定工业反应条件（即存在内扩散阻力）下的表观活性，研究宏观动力学，进而可以求出催化剂的表面利用系数。这就为工业催化剂的开发和工业反应器的数学模拟放大，提供了可靠的依据。这一点是其他任何实验室反应器所望尘莫及的。由此可见，它是一类比较理想的实验室反应器。也可以说，它是微型实验室反应器的发展方向。

各种无梯度反应器，按气体的流动方式，大体可以分为外循环式、连续搅拌釜式、内循环式三类。

1. 外循环式无梯度反应器

外循环式无梯度反应器亦称塞状反应器或流动循环装置。

其特点是反应后的气体绝大部分通过反应器体外回路进行循环。推动气流循环的动力，一种是采用循环泵（如金属风箱式泵或玻璃电磁泵）；另一种是在循环回路上造成温差，靠气流的密度差推动循环。后一种又称热虹吸式无梯度反应器，是比较简陋的一种，已近于淘汰。

在这种外循环反应器系统中，连续引入一小股新鲜物料 F_0，并同时从反应器出口放出一股流出物，使系统维持恒压。如循环量为 F_R、F_0 中反应组分 B 的摩尔分数为 y_0，进入催化床前（$F_0 + F_R$）中 B 的摩尔分数为 y_{in}，出口物中为 y_F，按物料衡算，可得：

$$x = y_F - y_{in} = \frac{y_F - y_0}{1 + (F_R/F_0)} \quad (10 - 7)$$

当 $F_R \gg F_0$ 时，$y_{in} \to y_F$，$y_F - y_{in} \to 0$。

设反应器中催化剂的量为 m，反应速率为 r，进料速度为 F，r 在进入催化反应区内反应速率有 dx 的变化，可推得 $r\mathrm{d}m = F\mathrm{d}x$。

$$r = \frac{\mathrm{d}x}{\mathrm{d}m(F_0 + F_R)} \approx \frac{y_F - y_0}{(1 + F_R/F_0)\, m/(F_0 + F_R)} = \frac{y_F - y_0}{m/F_0} \quad (10 - 8)$$

将 F_R/F_0 定义为循环比。一般循环比约 20~40，远大于1。这就相当于把 $y_F - y_{in}$ 这一微差值放大成较大的差值 $y_F - y_0$ 外，从而易于分析准确。

由于通过床层的转化率很低，床层温度变化很小。又由于通过催化床层的循环流体量相当大，线速大，外扩散影响可以消除。这就是外循环反应器可使其中温度和浓度达到无梯度的原因。

外循环反应器比之于单程流通的管式微分反应器，是个很大的进步。由于多次等温反应的循环叠加，解决了在温度不变条件下获得较高转化率的问题，克服了分析上的困难，这是一切循环反应器的关键设计思路。

但外循环反应器还有一些不足之处。这种装置免除了分析精度方面的麻烦，代之而来的却是循环泵制作方面的麻烦。它对泵的要求很高：不能污染反应混合物；滞留量要小；循环量要大（一般在 4L/min 以上）。要全面满足这三项要求，无论用热虹吸泵、磁铁驱动的金属或玻璃活塞泵、鼓膜泵等，都会存在一些制作上的困难，或者性能上的缺陷。例如，循环气须冷却到泵体所能忍受的温度后再返回，可是出泵后，在与新鲜进料混合进入催化床以前，却又须再预热到反应温度。冷却较易完成，而大量循环气预热往往给加热设备带来新问题。这又使得"自由体积/催化剂体积"的比值变得相当大，约为 10~100，即死空间太大。再者，若由一个操作条件变换到另一条件，需较长时间方能达到稳态，而这期间却可能又有利于副反应进行。

2. 连续搅拌釜式反应器

连续搅拌釜式反应器特点是通过搅拌作用，使气流在反应器内达到理想混合。按搅拌器结构的不同，这类反应器又可分为旋转催化剂筐篮、旋转挡板等多种结构。其中以旋转催化剂筐篮的反应器应用较广。

3. 内循环式无梯度反应器

内循环式无梯度反应器是继连续搅拌釜式反应器之后发展起来的最新的一类，目前国内外都应用较多。其特点是借助搅拌叶轮的转动，推动气流在反应器内部做高速循环流动，达到反应器内的理想混合以消除其中的温度梯度和浓度梯度。搅拌器一般都用磁驱动，把动密封变为静密封。而在进料大部循环这一点上，与前述两种无梯度反应器是一致的。

4. 其他实验室反应器

以下的各种实验室微型反应器，较前述各类，运用相对较少，或者尚有待发展。

（1）流化床反应器

流化床反应器一般不宜做动力学研究之用，因为其中气泡相与粒子相之间的传质问题相当复杂，至今难以解析。有人提出在流化床中加一搅拌桨，或施加脉动，以改善气-固相间传质，但还很少有所应用。目前的做法是用其他类型的反应器求取催化剂本征动力学；而传质情况，则借助于单独的冷模试验，另行模拟。这里又是一种工程上的"解耦"处理办法。

（2）色谱—微型反应器

把微型反应器与色谱仪联用，组成一个统一体，用于进行催化剂活性评价，这种方法称为"微型色谱技术"。近年来，这种微型色谱技术，又进一步发展到与热天平、差热、X 射线衍射、红外吸收光谱等联合使用以及与还原和脱附装置的联用等。

由于色谱法灵敏度高，可以采用极少用量的微分反应器，催化剂的用量可以从几毫克到几十毫克不等。极小的反应器，可以与色谱仪相串联或并联，甚至置于色谱仪的恒温样品预热池内。有时，观察催化剂评价结果，可以直接对比色谱图中生成气的峰面积或峰高。这种方法直观、快速，对于催化剂筛选有一定参考价值。

近年还使用非定温操作的色谱，如程序升温的色谱。用程序升温脱附和程序升温还原的方法研究催化剂特性，甚至研究动力学，已有越来越多的应用。如程序升温脱附技术是把预先吸附了某种气体分子的催化剂，在程序加热升温下，通入稳定流速的惰性气体，使被吸附分子脱附。温度升高脱附速度增大。用色谱技术检测出脱附气体浓度随温度的变化，得 TPD 曲线。TPD 曲线的形状、峰的大小及温度的峰值等，与催化剂表面性质和反应性能有关。通过对 TPD 曲线的分析及其数据处理，可以获得许多反映催化剂表面性质的信息，如表面吸附中心的性质、浓度、脱附反应级数、脱附活化能等。TPD 技术已成为表征催化剂特性的一种重要手段，典型的如用 NH_3 或吡啶在催化剂上的 TPD 处理，可以断定催化剂中的酸性中心的性质、强度以及它们的分布，并可与催化剂的活性相关联进行分析。

相似的有程序升温还原技术，使催化剂在还原性气氛中程序升温，同样相似地得出 TPR 曲线。分析这些曲线的特征，可以研究催化剂的还原特性和动力学，以及催化剂中活性组分间或活性组分与载体间的相互作用。例如催化剂中两种氧化物混合在一起，如果在 TPR 过程中，彼此不发生作用，则它们将各自保持自身还原温度不变，否则，原来的还原温度将发生变化，引起 TPR 曲线变形，于是可帮助推断两者间确已发生了某种相互作用。

四、 评价与动力学试验的流程和方法

（一）流程和方法

催化剂活性评价装置的心脏是内装固体催化剂的反应器，以反应器为中心组织起实验的流程。反应器前部有原料的分析计量、预热或（和）增压装置，以造成评价所需的外部条件；反应器后部有必要的分离、计量和分析手段，以测取计算活性和选择性所必需的反应混合气的流量和浓度数据。目前工业催化剂评价中使用最普遍的是管式反应器。

实验室里使用的管式反应器，通常随温度和压力条件的不同可采用硬质玻璃、石英或金属材料。将催化剂样品装入反应管中。催化剂层中的温度，用安装的热电偶测量。为了保持反应所需的温度，反应管装在各式各样的恒温装置中，如水浴、油浴、熔盐浴或电炉等。原料加入的方式根据原料性状和实验目的而有所不同，当原料为常用的气体，如氢气、空气、氧气、氮气时，可直接用钢瓶供气，通过减压阀送入反应系统。对于某些不常用的气体，需要增加气体发生装置，或取对应的工业装置原料气做气源。若反应组分中有

的在常温下为液体，可用鼓泡法、蒸发法或微量泵进料装置进料。鼓泡法使用气体原料或者对反应呈惰性的其他气体鼓泡，使液体原料气化而被排带。在水蒸气为原料之一的反应中，可用其他原料通过恒温饱和水蒸发器而携带水蒸气。烃类水蒸气转化反应中就常用这种方法。这时，变动干气进料量和蒸发器的温度，就可以调节原料的配比和总进料量。

根据分析产物的组成，可算出表征催化剂活性的转化率。在许多情况下，只需要分析反应后的混合物中一种未反应组分或一种产物的浓度。混合物的分析可采用各种化学或物理方法。

为了使测定的数据准确可靠，测量工具和仪器如流量计、热电偶和加料装置等都要严格校准，并且密切注意反应器前后的物料平衡。每次反应前，反应系统必须试密。

催化剂评价试验与动力学试验的目的虽然有所不同，但两者的试验设备、装置和流程一般是基本相同的，只是操作条件略有差异而已。催化剂评价，一般是在完全相同的操作条件（温度、压力、空速、原料配比等）下，比较不同催化剂的性能（活性、选择性等）的差异，或者是比较催化剂性能与其质量标准间的差异；而动力学试验中，是对确定的催化剂（一般是筛选出的最优催化剂）在不同的操作条件下，测定其操作条件变化时对同一催化剂性能影响的定量关系。简言之，做评价试验时，是改变催化剂而不改变条件；而做动力学研究，则是改变条件而不改变催化剂。

近年来，国外在各种催化剂评价装置方面又进行了不少工作，有多家公司的不同新设备推出，例如用于开发催化剂的反应器系统，包括管式或（和）釜式反应器、质量流量计、微处理机、程序定时器等多种配套装置。评价过程的操作用微机控制，全盘自动化，可以无人值守，直至数据打印结果为止。这些进展，体现出自控技术在化学化工领域的具体运用。

（二）预试验

用流动法测定催化剂的活性，或者研究催化反应的动力学，首先必须考虑到气体在反应器中的流动状况和扩散效应，才能得到活性和动力学数据的正确数值。换言之，只有在排除了内、外扩散因素影响的前提下，才能评价催化剂的本征活性和研究催化剂的本征动力学。否则，不同的评价数据便难于有较好的可比性。在这里，关键问题在于确定最适宜的催化剂粒径和最适宜的气体流速这两项基本数据。

现在已经拟出了应用流动法测定催化剂活性的原则和方法。利用这些原则和方法，可将宏观因素对测定活性和研究动力学的影响减小到最低限度。其中为了消除气流的管壁效应和床层的过热，反应管直径 d_r 和催化剂颗粒直径 d_g 之比应为当 $6 < \dfrac{d_r}{d_g} < 12$ 时，可以消

除管壁效应。但也有人指出，甚至当 $d_r/d_g > 30$ 时，流体靠近管壁的流速已经超过床层轴心方向流速的 10%~20%。这显然与反应热效应有关。

另一方面，对热效应的反应，当 $\dfrac{d_r}{d_g} > 12$ 时，给床层的散热带来困难。因为催化剂床层横截面中心与其径向之间的温度差由下式决定：

$$\Delta t_0 = \frac{\xi Q d_r^2}{16 \lambda^*} \tag{10-9}$$

式中，ξ 为催化剂的反应速率，mol/（cm³·h）；Q 为反应的热效应，kJ/mol；d_r 为反应管的直径，cm；λ^* 为催化剂床层的有效传热系数，kJ/（cm·h，℃）。

由上式可见，该温度差与反应速率、热效应和反应器直径的平方成正比，而与有效热导率成反比。由于有效传热系数；λ^* 随催化剂颗粒减小而下降，所以温度差随颗粒直径减小而增加。当为了消除内扩散对反应的影响而降低粒径时，则又增强了温差升高的因素。另一方面，温差随反应器直径的增加而迅速升高。因此，要权衡这几方面的利弊，以确定最适宜的催化剂粒径和反应管的直径。反应管直径、催化剂颗粒大小和层高应有适宜的比例。根据大量实践经验，一般要求沿反应管横截面能并排安放 6~12 粒催化剂微粒，催化剂层高度应超过直径 2.5~3 倍。例如，当反应管直径为 8mm 时，催化剂颗粒直径为 1mm，层高为 30mm。为了测量催化剂层的温度，一般应在反应管中心安装热电偶套管。

排除内扩散影响的最好办法是通过不太复杂的试验来确定。对于一个选定的反应器，改变待评价催化剂的颗粒大小，测定其反应速率。如果不存在内扩散控制，其反应速率将保持不变。

第二节　催化剂的宏观物理性质测定

工业催化剂或载体是具有发达孔系和一定内外表面的颗粒集合体。若干晶粒聚集为大小不一的微米级颗粒（particle）。实际成型催化剂的颗粒或二次粒子间，堆积形成的孔隙与晶粒内和晶粒间微孔，构成该粒团的孔系结构（见图 10-1）。若干颗粒又可堆积成球、条、锭片、微球粉体等不同几何外形的颗粒集合体，即粒团（Pellet）。晶粒和颗粒间连接方式、接触点键合力以及接触配位数等则决定了粒团的抗破碎和磨损性能。

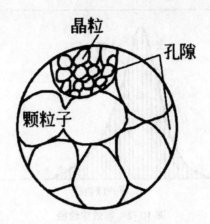

图 10-1　催化剂颗粒结合体示意

工业催化剂的性质包括化学性质及物理性质。在催化剂化学组成与结构确定的情况下，催化剂的性能与寿命决定于构成催化剂的颗粒—孔系的"宏观物理性质"，因此对其进行测定与表征，对开发催化剂的意义是不言而喻的。

一、颗粒直径及粒径分布

狭义的催化剂颗粒直径是指成型粒团的尺寸。单颗粒的催化剂粒度用粒径表示，又称颗粒直径。负载型催化剂所负载的金属或化合物粒子是晶粒或两次粒子，它们的尺寸符合颗粒度的正常定义。均匀球形颗粒的粒径就是球直径，非球形不规则颗粒粒径用各种测量技术测得的"等效球直径"表示，成型后粒团的非球不规则粒径用"当量直径"表示。

催化剂原料粉体、实际的微球状催化剂及其组成的二次粒子、流化床用微粉催化剂等，都是不同粒径的多分散颗粒体系，测量单颗粒粒径没有意义，而用统计的方法得到的粒径和粒径分布是表征这类颗粒体系的必要数据。

表示粒径分布的最简单方法是直方图，即测量颗粒体系最小至最大粒径范围，划分为若干逐渐增大的粒径分级（粒级），由它们与对应尺寸颗粒出现的频率作图而得（见图 10 -2），频率的内容可表示为颗粒数目、质量、面积或体积等。当测量的颗粒数足够多（如 500 粒或更多）时，可以用统计的数学方程表达粒径分布。

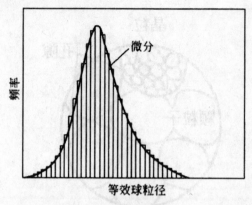

图 10-2 等效球粒径

为取得颗粒尺寸及粒径分布的数据，现已形成许多相关的分析技术和方法。因为这些数据不仅催化剂行业需要，如测定沸腾床聚乙烯催化剂及其聚合物成品、丙烯氨氧化制丙烯腈催化剂、粉状活性炭负载贵金属催化剂表征等，而且其他许多行业，如水泥、冶金、颜料、涂料、胶片以及纳米（nm）级无机粉体材料等行业，均需要获得这些基本数据。

测量粒径 1nm 以上的粒度分析技术，最简单、最原始的是用标准筛进行的筛分法。除筛分法外，还有光学显微镜法、重力沉降—扬析法、沉降光透法及光衍射法等。粒径 10nm 以下的颗粒，受测量下限的限制，往往误差偏大，故上述各种技术或方法不适用，应当采用电子显微镜和动态光散射技术等新方法。

现扼要介绍数种较新方法。

（一）沉降 X 射线光透法

该法的原理是利用 X 射线检测颗粒系统沉降过程中悬浮物透射率的变化。颗粒通过黏滞流，在重力场作用下的平衡沉降速度与颗粒尺寸有关，由下列 Stokes 定律描述

$$d = Ku^{1/2} \qquad\qquad (10-10)$$

$$K = \left[\frac{18\eta}{(\rho - \rho_0)\,g}\right]^{1/2} \qquad\qquad (10-11)$$

式中，d 为球形颗粒直径；K 为常数；u 为平衡沉降速度；g 为重力加速度；ρ 为球形颗粒的密度；ρ_0 为介质密度；η 为介质黏度。

对于非球形颗粒，仅当 d 与 u 满足 $du\eta_0/\eta < 0.3$（雷诺数值）时，其等效粒径的表达方可适用 Stokes 定律。

在此情况下，经 t 时间间隔，沉降距离为 h，则等效粒径与其沉降距离间的关系为：

$$d = k\,(h/t)^{1/2} \qquad\qquad (10-12)$$

在给定时间 t_i 后，颗粒系统中所有大于 d_i 的颗粒都从初始均匀悬浮颗粒表面沉降距离

h，如果该颗粒初始均匀质量浓度是 $\rho_s(\text{g/mL})$，t_i 后在距离 h 内的质量浓度是 $\rho_i(\text{g/ml})$，则小于 d_i 的颗粒的质量分数 w_i 为：

$$w_i = \rho_i/\rho_s \times 100\% \qquad (10-13)$$

于是根据不同时间后所得的 ρ_i 值和相应的 w_i 值，以及可算出的 d_i 值，对（w_i，d_i）数据对的集作图，即得等效粒径分布的积分图或累加图。

通过测量沉降颗粒悬浮物相对其初始均匀态的光透射率变化，可以监测颗粒系统沉降过程的浓度变化。为取得光透射数据，以往用可见光做 λ 射光源，由于波长较长和强度较弱，测量下限大于 5nm。本法选用低能 X 射线束做光源，可以克服上述缺点，提供理想的检测条件。

当定义通过样品悬浮物的透射与通过纯悬浮物介质溶液之比为透射率 T 时，可以推导并最终得到：

$$w_i = \frac{\ln T_i}{\ln T_s} \times 100\% \qquad (10-14)$$

式中，T_s 为悬浮物的初始透射率；T_i 为时间间隔 t_i 后悬浮物的透射率；w_i 为时间 t_i 后颗粒的质量分数。

（二）电镜—小型图像仪法

用光学显微镜、电子显微镜直接观察来测定粒径是早有的方法。这种方法比较直观，而且同时可得粒径分布形貌的信息，不仅可用于粉体微粒，而且也可用于非粉体微粒，如负载催化剂上的活性组分微粒。其原理是取代表样品，用显微镜摄取足够广阔视野之内的颗粒群体图像，而后进行图像的统计分析。

早期，对图像进行统计分析采用手工方法，例如用线形标尺，或者用印有一系列直径逐渐规则增大的圆圈滑动板，覆在显微镜照片上，找出与被统计粒子尺寸最相称的圆圈，就可以确定该种粒子的尺寸和数目。分级确定各段粒径的尺寸和数目，而后集总，统计粒径分布，或需要时求取平均粒径。

这种方法新近的进展，一个是增加电镜的暗场成像技术，这比过去惯用的明场成像技术进了一步，可分辨 5nm 及更小颗粒，适用于测定细晶粒；另一个是小型图像仪的应用。

小型图像仪包括图像采集与数据处理两个系统。采集系统由体视显微镜（电子显微镜和光学显微镜）、摄像机、显示器和采集卡组成。数据处理系统，为带专用软件的计算机系统。

应用小型图像仪，可以自动完成粒度统计和形状分析。

我国钢铁研究总院已研制出 CSR98 型小型图像仪。它具有灵巧和功能全等优点，适于纳米材料颗粒分析。

（三）颗粒图像处理仪

原理：颗粒图像处理仪是用显微镜放大颗粒，然后通过数字摄像机和计算机数字图像处理技术分析颗粒大小和形貌的仪器。

特点：给出不同等效原理（如等面积圆、等效短径等）的粒度分布。能观察颗粒形貌；能直接观察颗粒分散状况、分体样品的大致粒度范围、是否存在低含量的大颗粒或小颗粒情况等。是其它粒度测试方法的非常有用的辅助工具，是我国现行金刚石微粉粒度测量标准的推荐仪器。

（四）激光粒度仪

所谓激光粒度仪是专指通过颗粒的衍射或散射光的空间分布（散射谱）来分析颗粒大小的仪器。根据能谱稳定与否分为静态光散射粒度仪和动态光散射激光粒度仪。

激光粒度仪是根据颗粒能使激光产生散射这一物理现象测试粒度分布的。由于激光具有很好的单色性和极强的方向性，所以一束平行的激光在没有阻碍的无限空间中将会照射到无限远的地方，并且在传播过程中很少有发散的现象。当光束遇到颗粒阻挡时，一部分光将发生散射现象。散射光的传播方向将与主光束的传播方向形成一个夹角 θ。散射理论和实验结果都告诉我们，散射角 θ 的大小与颗粒的大小有关，颗粒越大，产生的散射光的 θ 角就越小；颗粒越小，产生的散射光的 θ 角就越大。进一步研究表明，散射光的强度代表该粒径颗粒的数量。这样，在不同的角度上测量散射光的强度，就可以得到样品的粒度分布了。

英国马尔文仪器有限公司是激光粒度分析仪的发明人，世界最著名的激光粒度仪专业生产厂家。该公司的 Mastersizer 3000 激光衍射粒度分析仪适用于干湿样品的测定，量程宽达 0.01~3500μm 而无须更换透镜。其前所未有的独特光学系统，将高超的性能融入极其小巧的体积中，并配备有同样精心设计的样品分散系统，其中全新革命化设计的 Aero 系统充分体现了干法分散技术的最高水平。强大而便捷的软件进一步简化了粒度测量分析的过程，并轻松获得可靠结果。

二、 机械强度测定

机械强度是任何工程材料的最基础性质。由于催化剂形状各异、使用条件不同，难于以一种通用指标表征催化剂普遍适用的机械性能，这是固体催化剂材料与金属或高分子材料等不同之处。

一种成功的工业催化剂，除具有足够的活性、选择性和耐热性外，还必须具有足够的与寿命有密切关系的强度，以便抵抗在使用过程中的各种应力而不致破碎甚至粉化。从工业实践经验看，用催化剂成品常态下的机械强度数据来评价强度是远远不够的，因为催化剂在工作状况下受到机械破坏的情况是复杂多样的。第一，催化剂要能经受住搬运时的磨损；第二，要能经受住向反应器里装填时自由落下的冲击，或在沸腾床中催化剂颗粒间的相互撞击；第三，催化剂必须具有足够的内聚力，不至于使用时由于反应介质的作用发生化学变化而破碎；第四，催化剂还必须承受气流在床层的压力降、催化剂床层的重量，以及因床层和反应管的热胀冷缩所引起的相对位移的作用等。

由于催化剂在固定床和沸腾床中受到的作用力不完全相同，所以测定强度的方法也不一样。此外，催化剂在介质和高温的作用下，其强度常常降低。

根据实践经验可认为，催化剂的工业应用，至少需要从抗压碎和抗磨损性能这两方面做出相对的评价。

（一）压碎强度测定

均匀施加压力到成型催化剂颗粒压裂为止所承受的最大负荷称催化剂压碎强度。大粒径催化剂或载体，如拉西环，直径大于 1cm 的锭片，可以使用单粒测试方法，以平均值表示。小粒径催化剂，最好使用堆积强度仪，测定堆积一定体积的催化剂样品在顶部受压下碎裂的比例及程度。因为对于细颗粒催化剂，若干单粒催化剂的平均抗压碎强度并不重要，因为有时可能百分之几的破碎就会造成催化剂床层压力降猛增而被迫停车。

1. 单粒抗压碎强度测定

材料标准试验学会 ASTM 已经颁布了一个催化剂单粒抗压碎强度测定标准试验方法，规定试验设备由两个工具钢平台及指示施压读数的压力表组成，施压方式可以是机械、液压或气动等系统，并保证在额定压力范围内均匀施压。国外通用试验机，按此原理要求由可垂直移动的平面顶板与液压机组合而成。

单粒抗压碎强度测定结果，一般要求以正（轴向）、侧（径向）压强度表示，即条状、锭片、拉西环等形状催化剂，应测量其轴向（即正压）抗压碎强度和径向（即侧压）抗压碎强度，分别以 ρ（轴）/（N·cm^2）和 ρ（径）/（N·cm^2）表示；球形催化剂以点抗压碎强度 ρ（点）/N 表示。

单粒抗压碎强度测量要求：①取样有代表性，测量数不少于 50 粒，一般为 80 粒，条状催化剂应切为长度 3~5mm，以保证平均值重现性>95%；②本标准已考虑到温度对强度的影响，样品须在 400℃下预处理 3h 以上，沸石催化剂则须经 450~500℃处理（特别样品另定），放入干燥器冷却至环境温度后立即测定；③匀速施压。

2. 堆积抗压碎强度测定

堆积抗压碎强度的评价可提供运转过程中催化剂床层的机械性质变化。测定方法可以通过活塞向堆积催化剂施压，也可以恒压载荷。

（二）磨损性能试验

流动床催化剂与固定床催化剂有别，其强度主要应考虑磨损强度（表面强度）。至于沸腾床用催化剂，则应同时考虑这两者。

催化剂磨损性能的测试，要求模拟其由摩擦造成的磨损。相关的方法也已发展多种，如用旋转磨损筒、用空气喷射粉体催化剂使颗粒间及器壁间摩擦产生细粉等方法。

近年我国在化肥催化剂方面，参照国外的方法，采用转筒式磨耗（磨损率）仪的较多。以后本法为其他类型的工业催化剂所借鉴。最初它所针对的并不是沸腾床催化剂，而是固定床催化剂，不过这些催化剂的表面强度也很重要，如氧化锌脱硫剂。转筒式磨耗仪是将一定量的待测催化剂放入圆筒形转动容器中，然后以筛出的粉末百分含量定为磨耗。这种磨耗仪的容器材质、尺寸、转速是规格化的，转速分几挡，转数自动计量和报停，而转筒的固定部分在其中部。

三、 催化剂的抗毒稳定性及其测定

有关催化剂应用性能的最重要的三大指标是活性、选择性和寿命。许多经验证明，工业催化剂寿命终结的最直接原因，除上述的机械强度之外，还有其抗毒性。

由于有害杂质（毒物）对催化剂的毒化作用，使活性、选择性或寿命降低的现象，称为催化剂中毒。一般而言毒物泛指：含硫化合物，如 H_2S、COS、CS_2、RSH、R_1SR_2、噻吩、RSO_3H、H_2SO_4 等。

含氧化合物，如 O_2、CO、CO_2、H_2O 等；含 P、As、卤素化合物，重金属化合物，金属有机化合物等。

催化剂中毒现象可粗略地解释为，表面活性中心吸附了毒物，或进一步转化为较稳定的表面化合物，因而活性位被钝化或被永久占据。

评价和比较催化剂抗毒稳定性的方法如下：

①在反应气中加入一定浓度的有关毒物，使催化剂中毒，而后换用纯净原料进行试验，视其活性和选择性能否恢复。若为可逆性中毒，可观察到一定程度的恢复。②在反应气中逐量加入有关毒物至活性和选择性维持在给定的水准上，视能加入毒物的最高浓度。③将中毒后的催化剂通过再生处理，视其活性和选择性恢复的程度。永久性（不可逆）中毒无法再生。

催化剂失活，除中毒外，往往还由于积炭和结焦而引起。

四、 比表面积测定与孔结构表征

固体催化剂的比表面积和孔结构，属于其最基本的宏观物理性质。孔和表面是多相催化反应发生的空间。对于大多数工业催化剂而言，由于其多孔结构而且具有一定的颗粒大小，在生产条件下，催化反应常常受到扩散的影响。这时，催化剂的活性、选择性和寿命等几乎所有的性能都与催化剂的这两大宏观性质相关。

关于比表面积的测定和孔结构的表征，一直是催化研究中一个久远而持续的大课题。特别是近来催化剂的表征，已深入到纳米级微粒、分子筛通道和孔笼中，其研究工作也进入了更新的发展阶段。

但对于普通工业催化剂，其比表面积和孔结构，主导的测定方法，至今一直是由蒸气的物理吸附和压汞法两大技术主宰，这就是下面将要略加说明的一些基本实验方法。

（一） 催化剂比表面积的测定

催化剂比表面积指单位质量多孔物质内外表面积的总和，单位为 m^2/g，有时也简称比表面。

对于多孔的催化剂或载体，通常需要测定比表面积的两种数值。一种是总的比表面积，另一种是活性比表面积。

常用的测定总比表面积的方法有 BET 法和色谱法，测定活性比表面积的方法有化学吸附法和色谱法等。

1. BET 法测单一比表面积

经典的 BET 法，基于理想吸附（或称朗格缪尔吸附）的物理模型，假定固体表面上各个吸附位置从能量角度而言都是等同的，吸附时放出的吸附热相同；并假定每个吸附位只能吸附一个质点，而已吸附质点之间的作用力则认为可以忽略。

把朗格缪尔吸附等温式的物理模型和推导方法应用于多分子层吸附，并假定自第二层开始至第 n 层（$n \to \infty$）的吸附热都等于吸附质的液化热，则可推导出以下两常数的 BET 公式。BET 公式表示当气体靠近其沸点并在固体上吸附达到平衡时，气体的吸附量 V 与平衡压力 P 间的关系

$$V = \frac{V_m p C}{(p_s - p)\,[1 - (p/p_s) + C(p/p_s)]} \tag{10-15}$$

式中，V 为平衡压力为 p 时吸附气体的总体积；V_m 为催化剂表面覆盖单分子层气体时所需气体的体积；p 为被吸附气体在吸附温度下平衡时的压力；p_s 为被吸附气体在吸附温度下

的饱和蒸气压；C 为与被吸附气体种类有关的常数。

为便于实验上的运算，可将上式改写成如下形式

$$\frac{p}{V(p_s - p)} = \frac{1}{V_m C} + \frac{C-1}{V_m C} \times \frac{p}{p_s}\tag{10 - 16}$$

可以看出，以 $p/[V(p_s - p)]$ 对 p/p_s 作图，可得一直线，直线在纵轴上的截距等于 $1/(V_m C)$，直线的斜率等于 $(C-1)/(V_m C)$。

若 $A = 1/(V_m C)$，$B = (C-1)/(V_m C)$，则

$$V_m = \frac{1}{A+B}\tag{10 - 17}$$

实验时，每给定一个 p 值，可测定一个对应的 V 值，这样可在一系列 p 值下测定 V 值，即可求得 V_m 值。

按上述方法测定实验数据后标绘 BET 图（如图 10-3 所示）。

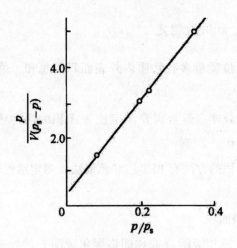

图 10-3   氧在硅胶上吸附的 BET 图

通过实验测得一系列对应的 p 和 V 值，然后将 $\dfrac{p}{V(p_s - p)}$ 对 p/p_s 作图，如图 10-3，可得一条直线，直线在纵轴上的截距是 $1/(V_m C)$，斜率为 $(C-1)/(V_m C)$，可以求得：

$$V_m = \frac{1}{\text{截距} + \text{斜率}}\tag{10 - 18}$$

有了 V_m 值后，换算为被吸附气体的分子数。将此分子数乘以 1 个分子所占的面积，即得被测样品的总表面积 S：

$$S = \frac{V_m}{V} N A_m\tag{10 - 19}$$

式中，V 为吸附气体的摩尔体积，在标准状况下等于 22 400mL；N 为阿伏伽德罗常数，

$6. 023×10^{23}$；A_m 为分子的横截面积，nm^2。

现在最常用的气体是 N_2，一个氮分子的横截面积一般采用 $0.162nm^2$。

为了计算方便，令 $K = \dfrac{NA_m}{V}$，则上式可以写成：

$$S = KV_m \tag{10 - 20}$$

式中，K 为常数。对于氮气（N_2），当采用 $A_m = 0.162nm^2$ 时，$K = 4.35$；对于氪气（Kr），当 $A_m = 0.185nm^2$ 时，$K = 4.98$。

常见测定气体吸附量的方法有三种，即容量法、重量法和色谱法。

（1）容量法

容量法测定比表面积是测量已知量的气体在吸附前后体积之差，由此即可算出被吸附的气体量。

在进行吸附操作前，要对催化剂样品进行脱气处理，然后进行吸附操作。

如果用氮为吸附质时（更精确的测定可用氪，它可测 $1m^2/g$ 以下比表面积），吸附操作在液氮的沸点温度$-195℃$下进行。为此将样品管放在装有液氮的冷阱（杜瓦瓶）内。气体量管要保持恒温。系统的压力用 U 形压力计测定。吸附时氮气的相对压力（p/ps）通常在 $0.05\sim0.35$ 之间。每给定一个 p/ps 和 V 值，即可按 BET 方程式给出一直线，从而求得氮的单分子层吸附量 V_m。

容量法具有很高的精确度，可以测定比表面积大于 $0.1m^2$ 的样品。

（2）重量法

重量法的原理是用特别设计的方法称取被催化剂样品吸附的气体重量。本法采用灵敏度高的石英弹簧秤，由样品吸附微量气体后的伸长体积直接测量出气体吸附量。石英弹簧秤要预先校正。除测定吸附量外，其他操作与容量法一致。

重量法能同时测量若干个样品（由样品管的套管数而定），所以具有较高的工作效率。但限于石英弹簧的灵敏度和强度，测量的准确度比容量法低得多，所以通常用于比表面积大于 $50m^2$ 样品的测定。

（3）气相色谱法

上述 BET 容量法和重量法，都需要高真空装置，而且在测量样品的吸附量之前，要进行长时间的脱气处理。不久前发展的气相色谱法测量催化剂的比表面积，不需要高真空装置，而且测定的速度快，灵敏度也较高，更适于工厂使用。

色谱法测比表面积时，固定相就是被测固体本身（即吸附剂就是被测催化剂），载气可选用 N_2、H_2 等，吸附质可选用易挥发并与被测固体间无化学反应的物质，如 CeHe 咏、CCl_4、CH_3OH 等。

2. 复杂催化剂不同比表面积的分别测定

工业催化剂大多数由两种以上的物质组成。每种物质在催化反应中的作用通常是不相同的。人们常常希望知道每种物质在催化剂中分别占有的表面积，以便改善催化剂的性能和工厂操作条件，以及降低催化剂的成本。

用上述基于物理吸附原理测定比表面积的方法，只能测定催化剂的总表面积，而不能测定不同组分（如活性金属）的比表面积。因此，常常利用有选择性的化学吸附，来测定不同组分所占的表面积。气体在催化剂表面上的化学吸附与物理吸附不同，它具有类似或接近于化学反应的性质，因而对催化剂的某种表面有选择的能力。没有一个适于测定各种不同催化剂成分表面积的通用方法，而是必须用实验来寻找在相同条件下只对某种组分发生化学吸附而对其他组分呈现惰性的气体，或者同一气体在这些组分上都能发生化学吸附，然而吸附的程度有所不同，也可以用于求得不同组分的表面积。

但是，由于化学吸附的复杂性，目前只有为数不多的几类催化剂，可以进行成功的测定。

（1）载在 Al_2O_3 或 SiO_2-Al_2O_3 上的 Pt 表面积的测定

在许多有载体的金属铂催化剂中，催化剂的表面通常并不是全部为 Pt 所覆盖。对于 Pt/Al_2O_3 和 Pt/SiO_2-Al_2O_3 催化剂，要想知道 Pt 在载体上暴露的表面积，可用 H_2、O_2 或 CO 气体在铂上的化学吸附法来测定。在化学吸附的温度下，这些气体实际上不与 Al_2O_3 或 SiO_2-Al_2O_3 载体发生化学作用。

在进行化学吸附之前，催化剂样品要经过升温脱气处理。处理的目的是获得清洁的铂表面。脱气处理在加热和抽真空的条件下进行。温度和真空度愈高，脱气愈完全。但温度不能过高，以免铂晶粒被烧结。

①氢的化学吸附

在适当条件下氢在催化剂 Pt/Al_2O_3 上化学吸附达到饱和时，表面上每个铂原子吸附一个氢原子，即 H/Pt 之比等于 1。因此，只要选择适宜的化学吸附条件，测定氢在一定量的已知比表面积催化剂中的饱和吸附量，就能算出暴露在表面上的铂原子数，铂原子数乘其原子截面积即得铂的表面积。

②氢氧滴定法

氢氧滴定法是将 Pt/Al_2O_3 催化剂在温室下先吸附氧，然后再吸附氢。氢和吸附的氧化合生成水，生成的水被吸收。由消耗的氢量，进而依 O/Pt=1 算出铂的表面积。有人认为此法得到结果的精度比 H_2 或 O_2 的化学吸附法都高。

（2）氧化铜和氧化亚铜表面积的测定

测定组成复杂的催化剂的不同表面，需要根据催化剂的性质选择特殊的方法。在用于氧化反应的铜催化剂中，氧化铜和氧化亚铜处于随外部条件而变化的动态平衡。测定 CuO-Cu_2O 体系的基础，是根据这两个组分对氧和一氧化碳具有的不同的化学吸附能力。即 CuO 与 CO、Cu_2O 与 O_2 发生化学吸附。

在测定铜催化剂样品之前，要预先分别测定在 CuO 和 Cu_2O 的 $1m^2$ 表面上的吸附量，作为对比标准。在 20℃ 和 0.533 ~ 0.80kPa 时，实验测得在 CuO 上化学吸附的氧量为 $0.030cm^3/m^2$，吸附的 CO 量为 $0.060cm^3/m^2$。

在测定铜催化剂中 CuO 和 Cu_2O 的表面时，需要分别进行 O_2 和 CO 的化学吸附实验，根据 O_2 和 CO 在同质量催化剂上的总吸附量，如以 S_1 和 S_2 分别表示 CuO 和 Cu_2O 的表面积，则可建立下列二元联立方程式：

$$V(O_2) = 0.030S_1 + 0.114S_2$$
$$V(CO) = 0.014S_1 + 0.060S_2 \qquad (10-21)$$

式中，V（O_2）、V（CO）分别是在同质量催化剂上吸附的 O_2 和 CO 的体积，cm^3/g。解方程式得

$$S_1 = \frac{1.190V(CO) - V(O_2)}{0.167}$$

$$S_2 = \frac{3.47V(O_2) - V(CO)}{0.331}$$

由此即可求得在复杂的铜催化剂中 CuO 和 Cu_2O 分别占有的表面积。

（3）镍表面积的测定

近年利用硫化氢的化学吸附，催化剂中镍表面积的测定获得较准确的结果，原理如下：

$$Ni + H_2S \rightleftharpoons Ni-S + H_2 \qquad (10-22)$$

此"硫容法"已成功用于测定某些烃类蒸气转化催化剂镍的比表面积。

（二）催化剂孔结构的测定

工业固体催化剂常为多孔性的。由于催化剂的孔结构是其化学组成、晶体组成的综合反映，而实际的孔结构又相当复杂，所以有关的计算十分困难。用以描述催化剂孔结构的特性指标有许多项目，其中最常用的有密度、比孔容积、孔隙率、平均孔半径和孔径分布等。

孔结构对催化剂性质的影响很大，例如流化床用催化裂化微球催化剂，其密度的大小对反应操作条件有直接影响。

1. 密度及其测定

一般而言，催化剂的孔容越大，则密度越小，催化剂组分中重金属含量越高，则密度越大。载体的晶相组成不同，密度也不相同。例如 $\gamma - Al_2O_3$、$\eta - Al_2O_3$、$\theta - Al_2O_3$ 和 $\alpha - Al_2O_3$ 的密度就各不相同。

单位体积内所含催化剂的质量就是催化剂的密度，但是，因为催化剂是多孔性物质，构成成型催化剂的颗粒体积中包含固体骨架部分的体积 V_{sk} 和催化剂内孔体积 V_{po}；此外，在一群堆积的催化剂颗粒之间，还存在空隙体积 V_{sp}，所以，堆积催化剂的体积 V_C 应当是

$$V_C = V_{sk} + V_{po} + V_{sp} \tag{10 - 23}$$

因此，在实际的密度测试中，由于所用或实测的体积不同，就会得到不同含义的密度。催化剂的密度通常分为三种，即堆密度、颗粒密度和真密度。

用量筒或类似容器测量催化剂的体积时所得的密度称堆密度。显然，这时的密度所对应的体积包括三部分：颗粒间的空隙、颗粒内孔的空间及催化剂骨架所占的体积。即：

$$V_C = V_{sp} + V_{po} + V_{sk} \tag{10 - 24}$$

若体积所对应的催化剂质量为 m，则有

$$\rho_C = \frac{m}{V_{sp} + V_{po} + V_{sk}} \tag{10 - 25}$$

测定堆密度 ρ_C 时，通常是将催化剂放入量筒中拍打震实后测定。在测量时，扣除催化剂颗粒与颗粒之间的体积 V_{sp} 求得的密度称颗粒密度，即

$$\rho_{sp} = \frac{m}{V_{po} + V_{sk}} \tag{10 - 26}$$

测定时，可以先从实验中测出 V_{sp}，再从 V_C 中扣去 V_{sp} 得 $V_{po} + V_{sk}$。测定 V_{sp} 用汞置换法，因为常压下汞只能充满颗粒之间的空隙和进入颗粒孔半径大于 500nm 的大孔中。

当所测的体积仅是催化剂骨架的体积时，即 V_C 中扣除（$V_{sp} + V_{po}$）之后，求得的密度称为真密度，即

$$\rho_{sk} = \frac{W}{V_{sk}} \tag{10 - 27}$$

测定时，用氦和苯来置换，可求得（$V_{sp} + V_{po}$），因为氦可以进入并充满颗粒之间的空隙，并且同时也可以进入并充满颗粒内部的孔。

显然，三种密度间有下列关系

$$\rho_C < \rho_{sp} < \rho_{sk}$$

2. 比孔容积、孔隙率及平均孔半径及其测定

1g 催化剂颗粒内所有孔的容积总和称为比孔容积（或称比孔容）。比孔容积 V_g。常常

由测得的颗粒密度与真密度按 $V_g = \dfrac{1}{\rho_{sp}} - \dfrac{1}{\rho_{sk}}$ 式计算。

催化剂的孔容积也常用四氯化碳法测定。该法的原理是在一定的四氯化碳蒸气压下，四氯化碳能将孔充满并在孔中凝聚，凝聚了的四氯化碳的体积就等于催化剂内孔的体积。

催化剂颗粒中孔的体积占催化剂颗粒体积（不包括颗粒之间的空隙）的分数称作孔隙率 θ，孔隙率由下式计算：

$$\theta = \frac{\left(\dfrac{1}{\rho_{sp}} - \dfrac{1}{\rho_{sk}} \right)}{\dfrac{1}{\rho_{sp}}} \tag{10-28}$$

上式又可以写成：

$$\theta = V_g \rho_{sp} \tag{10-29}$$

实际催化剂颗粒中孔的结构是复杂和无序的。孔具有各种不同的形状、半径和长度。为了计算方便，将其结构简化，以求平均孔半径。

设每个颗粒的外表面积为 S_x，每单位外表面积上的孔口数为 n_p，则每个颗粒外表面上总孔口数为 $n_p S_x$。又设孔径和孔长都一样，以 $\bar{r}$ 表示平均孔半径，$\bar{l}$ 表示平均孔长，则一个孔壁的面积为 $2\pi \bar{r} \bar{l}$。另一方面，从实验测量的比表面积 S_g、每个颗粒的体积 V_p 和颗粒密度 ρ_{sp}，可得一个颗粒的表面积为 $V_p \rho_{sp} S_g$。若不计颗粒的外表面积，则得：

$$n_p S_x 2\pi \bar{r} \bar{l} = V_p \rho_{sp} S_g \tag{10-30}$$

用相似方法，可得一个颗粒的孔体积的计算值与测量值的等式：

$$n_p S_x \pi r^2 l = V_p \rho_{sp} V_g \tag{10-31}$$

式中，V_g 为比孔容积。上两式相除得平均孔半径的计算公式：

$$\bar{r} = \frac{2V_g}{S_g} \tag{10-32}$$

实际工作中常用测得的比孔容积 V_g 和比表面积 S_g 值计算催化剂的平均孔半径 r。

前述的与孔有关的物性指标，一般是一个综合的或统计的概念。很多情况下仅了解这些性质是远不够精细和确切的，而测定催化剂的孔径分布（或空隙分布）便显得更加重要。

3. 孔径分布的测定

孔径分布是催化剂的孔容积随孔径的变化。孔径分布也和催化剂其他宏观物理性质一样，决定于组成催化剂物质的固有性质和催化剂的制备方法。当组成催化剂的物质种类和含量已经确定之后，制备方法及制备条件就是决定因素。

通常将催化剂颗粒中的孔按孔径大小分为三部分，孔半径小于 10nm 为细孔（或微孔），10~200nm 为粗孔，大于 200nm 为大孔。这样的分法，完全是人为的。也有人分为两部分，小于 10nm 为细孔，大于 10nm 为粗孔。

测定孔隙分布的方法很多，孔径范围不同，可以选用不同的测定方法。大孔可用光学显微镜直接观察和用压汞法测定；细孔可用气体吸附法。这里仅介绍气体吸附法和压汞法。

（1）气体吸附法

气体吸附法测定孔隙分布是基于毛细管凝聚现象。根据毛细管凝聚理论，气体可以在甚小于其饱和蒸气压的压力下于毛细管中凝聚。若以 p 表示气体在半径为 r 的圆柱形孔中发生凝聚的压力，p_s 表示气体在凝聚温度 T 时的饱和蒸气压力，则可推得描述毛细管凝聚现象的开尔文公式：

$$\ln \frac{p}{p_s} = -\frac{2\sigma \bar{V}}{RT}\cos\varphi \tag{10-33}$$

式中，σ 为用作吸附质的液体的表面张力；φ 为接触角；$\bar{V}$ 为在温度 T 下吸附质的摩尔体积；p_s 为在温度 T 下吸附质的正常的饱和蒸气压；p 为在温度 T 下吸附平衡时的蒸气压。

由上式可见，孔半径越小，气体发生凝聚所需的压力 P 也越低。当蒸气压力由小增大时，则由于凝聚被液体充填的孔径也由小增大，这样一直到蒸气压力达到在该温度下的饱和蒸气压力时，蒸气可以在孔外，即颗粒外表面上凝聚，这时颗粒中所有的孔已被吸附质充满。

为了得到孔隙分布，只须实验测定在不同相对压力（p/p_s）下的吸附量，即吸附等温线，即可算出孔隙分布。

（2）压汞法

汞不能使大多数固体物质湿润，因此如果要使汞进入固体的孔中，必须施加外压。孔径越小，所须施加的外压也越大。压汞法就是基于这个原理。

它是大孔分析的首选经典方法，根据测量外力作用下进入脱气处理后固体孔空间的进汞量，再换算为不同尺寸的孔体积。

以 σ 表示汞的表面张力，汞与固体的接触角为 φ，汞进入半径为 r 的孔需要的压力为 p，则孔截面上受到的压力为 $r^2\pi p$，而由表面张力产生的反方向张力为 $2\pi r\sigma\cos\varphi$，当平衡时，二力相等，则：

$$r^2\pi p = 2\pi r\cos\varphi$$
$$r = \frac{2\sigma\cos\varphi}{p}n \tag{10-34}$$

上式表示压力为 p 时，汞能进入孔内的最小半径。此式是压汞法原理的基础。

在常温下汞的表面张力 σ 为 0.48N/m。接触角 φ 随固体有变化，但变化不大，对各种氧化物来说约为 140°。若压力 p 的单位为 MPa，孔半径 r 的单位为 nm，则上式可改写成：

$$r = 764.5/p$$

由上式可以算得相对于 p 的孔径 r 的数值。

要测量半径 0.75nm 的孔隙，需要的压力为 1019.4MPa。现在已有定型的自动记录压汞仪，可测量半径大于 1nm 的孔隙。

用压汞仪，可实测随压力增加 dp 后而"浸润"进入催化剂的微分体积 dV，由 $\dfrac{dV}{dp}$ 可得汞压入量曲线，进而用图解积分法标绘出所测催化剂的孔径分布曲线。孔径分布曲线比较直观地反映出该催化剂不同大小的孔径的分配比例。研究工业催化剂在制备及运转过程中孔径分布曲线的规律性，并将这些规律性与催化剂的使用性能关联起来，经验证明这是一件十分有价值的工作。

第三节　催化剂微观性质的测定和表征

工业催化剂除与孔和表面积有关的宏观物理性质外，其微观（或本体）性质还很多，如其表面活性、金属粒子大小及其分布、晶体物相（晶相）、晶胞参数、结构缺陷等。此外，还有一些性质涉及催化剂表面的化合价态及电子状态、电学和磁学性质等。这些微观性质，对催化剂使用性能的影响常常比宏观性质更为直接和复杂，也需要更多的仪器和方法进行表征。往往一种性质还要借助多种工具测定表征。

一、 电子显微镜在催化剂研究中的应用

在研究催化剂的宏观物理结构时，可用光学显微镜和电子显微镜。普通光学显微镜的分辨本领低，一般只能观察 1μm 以上的微粒（1μm = 1000nm），而对性质活泼的金属催化剂，微晶大小通常在 1~10nm 之间，因此它是无能为力的。在电子显微镜里，则用高压下（通常 70~110kV）由电子枪射出的高速电子流作为光源，波长短，分辨本领高达 0.5nm。因此，原则上任何催化剂微晶的大小分布，都可以用电子显微镜观察。所以，近年来电子显微镜在催化剂研究中的应用日益广泛。

电子显微镜有多种，应用最广的是 TEM（透射电镜）和 SEM（扫描电镜）。TEM 样品要足够薄（100nm），才可得到十分清晰的照片。SEM 可从固体试样表面获得图像，甚

至直接以块状的试样测试，但放大倍数较 TEM 小。

用电子显微镜可观察催化剂外观形貌，进行颗粒度的测定（已如前述）和晶体结构分析，同时还可研究高聚物的结构、催化剂的组成与形态以及高聚物的生长过程、齐格勒—纳塔体系的催化剂晶粒大小、晶体缺陷等。

（一）催化剂微晶大小分布的测定和表征

有许多研究工作表明：细分散的金属微晶与金属体相的催化性质有重大差异。粒径越小，越倾向于无定型结构，这时它的催化性质变化越大。

下面以 2, 3-二甲基丁烷在 Pt/C 催化剂上的脱氢反应为例，说明铂微晶大小分布情况以及对活性和选择性的影响。

催化剂用浸渍法制备，将含量为 0.12%～0.933% 的铂载于无活性的炭上，以制备各种含铂量的催化剂。

铂的晶粒直径，以 n 个粒子体积对表面积的比 d_{vs} 来表示，粒子单位质量表面积以 S_w 来表示。

根据该催化剂电子显微镜照片，用此前粒径分析所用的相似方法，统计标绘出不同样品的粒径分布曲线和平均粒径，再经计算，列于表 10-1。

表 10-1　新鲜铂粒的平均直径和比表面积

催化剂	Pt 质量分数（%）	$\bar{d}_{vs}$（nm）	S_w（m^2/g 铂）
A_1	0.12	2	140
A_2	0.50	2	140
A_3	0.90	2.6	108
A_4	2.79	4.5	63
A_5	9.33	4.8	58

由表 10-1 可知，随铂浓度的降低，单位质量铂的比表面积增加，当达到极大值 $140m^2$/g 后就不再随铂浓度降低而增加了。此时，铂质量分数约为 0.5%。由此可以得出如下结论，即用浸渍法制备 Pt 催化剂时，当 Pt 质量分数大于 0.5% 时，随铂晶粒增大，单位质量 Pt 暴露的表面反而相对减小。值得注意的是工业铂重整催化剂的铂含量的较佳数值通常在 0.5% 左右。

为了验证热烧结对 Pt 晶粒大小的影响，用含 0.5%Pt 的 A_2 样品在 650℃ 不同热处理时间下煅烧。然后摄取电子显微镜照片，测量 Pt 粒径大小。

铂晶粒大小对最初反应速率的影响绘于图 10-4。铂晶粒大小对脱氢生成 2, 3-二甲基-1-丁烯的选择性绘于图 10-5，由这些图可见，初活性随铂晶粒的增加按指数下降，而生成 2，3-二甲基-1-丁烯的选择性则随粒径增加而增加。

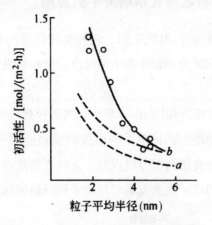

图 10-4　粒径大小对反应速率的影响

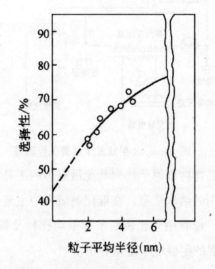

图 10-5　粒径大小对选择性的影响

（二）催化剂微粒形态的观察

用电子显微镜可观察微粒大小的形态，以及微粒对烧结过程的稳定性。例如用电子显微镜观察氧化锌在不同温度下加热的变化，在其电子显微镜照片上可以直观地看到，800℃加热后氧化锌形成块状结晶；多孔的银，经热处理前为花边状态的结构，而在 800℃加热处理后，转变为密实的粗结晶。

此外，还可以利用电子显微镜研究在催化剂上进行的反应过程。例如有人观察了在580~900℃范围内苯在铜镍合金上生成炭的过程。在实验条件下观察到有两种炭生成。A型是在高温下形成的薄膜，另一种 B 型为在较低温度形成的炭。A 型炭的生成速度相当快。合金中含有 40%~80%Ni，它比纯镍对生成 B 型炭具有更强的催化活性。

二、 X 射线结构分析在催化剂研究中的应用

X 射线波长介于紫外线和 γ-射线之间，它和光同属横向电磁辐射波。由于 X 射线波长短，所以它有较高的贯穿能力和较小的干涉尺度。这些特性使得它在物质结构研究中有特殊的应用。

X 射线发生装置的工作原理如图 10-6 所示。当阴极热电子在 10^4V 以上的高压下加速时，它可以得到相当高的动能。高速电子与阳极物质相碰时可以产生 X 射线。这种 X 射线一般是由连续光谱和特征光谱两部分组成的。连续光谱是由碰撞时电子减速产生的，而特征光谱则是由阳极材料的原子受激发后它的电子从较高能级跃迁到较低能级时产生的。

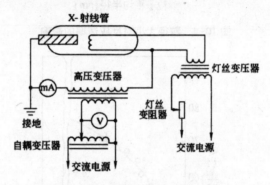

图 10-6　X 射线发生装置工作原理

射线结构分析是揭示晶体内部原子排列状况最有力的工具。应用 X 射线衍射方法研究催化剂，可以获得许多有用的结构信息。在催化剂研究中主要用于测定晶体物质的物相组成、晶胞常数和微晶大小，也有用于比表面积和平均孔径及粒子大小分布的辅助测定的。X 射线荧光分析还用于元素的定性或半定量分析。

由于 X 射线是波长很短的电磁波，其波长（约 0.1nm）与原子半径在同一个数量级上。当 X 射线射到晶态物质上时，即产生衍射。在空间某些方向出现衍射强度极大值。根据衍射线在空间的方向、强度和宽度，可进行催化剂的物相组成、晶胞常数和微晶大小的测定。

（一） 物相组成的测定

X 射线分析的基础是布拉格-马尔夫公式

$$n\lambda = 2d\sin\theta \tag{10-35}$$

式中，n 为任意整数；λ 为入射的 X 射线波长；θ 为衍射角；d 为平行晶面间的距离。

如果用波长一定的 X 射线射到结晶态的催化剂样品上，用照相机或其他记录装置测量衍射角的大小和衍射强度，根据上面的公式，就能鉴定出催化剂中的晶相结构。

　　原来每种晶态物质都有自己的衍射图谱，这和每个人的指纹都有自己个性化的特征一样。现在已积累了大量的结晶物质的特征数据，并整理为标准结构衍射数据（ASTM卡片）。因此，只要将被测物质的衍射特征数据与标准卡片相比对即可。如果结构数据一致，则卡片上所载物质的结构，即为被测物质的结构。

　　此外，物质的X射线衍射图谱还有一个重要的特征，即一种物质的衍射图谱与其他物质的同时存在无关，这也正像人的指纹叠印在一起仍可分别鉴定一样。

　　物相鉴定在催化剂结构测定方面最典型的例子之一是氧化铝的测定。晶体氧化铝广泛地被用作催化剂、吸附剂和催化剂的载体。它的晶相结构决定了它的催化性质，因而也决定了它的用途。

　　现在已知氧化铝有8种不同的结构。在实验室，各种不同的氧化铝是由其水合物制取的。

　　X射线结构分析用于催化剂的晶相鉴定。物相分析还可帮助了解催化剂选择性变化及失活的原因。稀土Y型分子筛催化剂运转中活性逐渐下降，原因之一是其晶体结构的逐渐破坏，故测定工业失活催化剂结晶破坏程度，就能从结晶稳定性的角度，分析该催化剂的运转潜力。

（二）晶胞常数的测定

　　晶体中对整个晶体具有代表性的最小的平行六面体称为晶胞。一种纯的晶态物质在正常条件下晶胞常数是一定的，即平行六面体的边长都是一定的。但是当有其他物质存在，并能生成固溶体，同晶取代或缺陷时，能改变催化剂的活性和选择性。

　　晶胞常数可用X射线衍射仪测得的衍射方向算出。目前测定晶胞常数的精确度可达到0.1%。

　　晶胞常数的改变能显著地影响催化剂的活性和选择性。例如对环己烷脱氢反应来说，晶胞缩小了的氧化铬，其活性降低，但晶胞常数缩小的镍，则活性升高。

（三）线宽法测平均晶粒大小

　　大多数固体催化剂是由微小晶粒组成的多孔固体。单位质量的活性物质提供的表面积与微晶大小有关。特别是对有载体的Pt、Pd等贵金属催化剂的制备和使用，测定微晶大小有重大的实际意义。

　　由于物质种类、制法、煅烧和使用中的操作条件不同，催化剂中微晶大小分布可以在很大的范围内变化。粒径从1nm到几十纳米，甚至到几百纳米。但一般说来，活泼的催化剂的微晶在1~10nm之间。

晶粒小于200nm以下，能够引起衍射峰的加宽。晶粒越细峰越宽，故此法也称线宽法。此法按下式计算：

$$D = \frac{0.89\lambda}{B\cos\theta} \tag{10-36}$$

式中，θ 为衍射角；λ 为波长，nm；B 为衍射峰极大值一半处的宽度，rad；D 为平均晶粒大小，nm。

金属负载型催化剂的金属分散度，是影响催化剂活性的重要因素之一。金属高度分散时，可以提供较多的活性表面，因此常常可以具有较高的催化活性。在催化剂使用中，金属的凝聚和烧结可导致活性下降。长期以来，如何得到高的分散度并防止金属粒子长大，一直是人们努力探讨的问题。平均晶粒大小能够反映活性金属分散的好坏，为这些研究提供了有用的信息。合成氨的铁催化剂，其衍射峰越宽（晶粒越细）催化活性越高。Ni/Al$_2$O$_3$催化剂的醇脱氢活性研究表明，Ni 晶粒的最适宜大小应为 6~8nm。

（四）广延 X 射线吸收精密结构（EXAFS）分析

X 射线穿过物质时产生吸收，吸收系数随 X 光子能量变化。当光子能量大到足以激发原子内层电子时，产生吸收突变。精密测定吸收边附近的吸收系数变化，可以计算吸收原子周围的配位情况。该方法可以测晶体，也可以测无定形物质。由于不同原子的吸收边相隔足够远，它们的 EXAFS 谱互不反叠，原则上可以通过一次实验测出样品中各原子的配位结构。EXAFS 方法要求高强度的 X 射线源，一般采用同步辐射产生的高强度、宽频率范围的连续谱 X 射线。如果要求不高，可以采用旋转靶 X 射线源。

用表面 EXAFS 方法可以取得催化剂表面结构的许多信息。从以下实例可看出，这里表征的结构信息，往往涉及分子、原子内部更精细尺度上的特征。

例如应用 EXAFS 方法研究过分散在氧化铝和氧化铝上的锇、铱、铂金属簇团，将这些还原后的簇团与相应的金属块两种 EXAFS 的结果相比较，得到以下结论：①原子到第一近邻的键长比金属块中的键长小 0.002nm；②金属簇原子第一近邻配位数是 7~10，而相应的金属块配位数是 12。这样低的配位数，证明催化剂上金属的高分散态的存在；③金属簇中的原子比金属块中原子的热骚动大 1~1.4 倍，反映出金属簇具有较多的表面原子。

还有人应用 EXAFS 方法研究钌—铜—氧化硅载体双金属催化剂的金属结构，分析各种金属的配位数，证明了这种双金属催化剂的结构特点是 Cu 覆盖 Ru（Os）簇团，这种结构特点与其化学吸附及催化性质有关联。

（五）多晶结构测定

应用精密的 X 射线衍射仪，由于它具有阶梯扫描装置和功率较高的 X 射线管，可以研究多晶结构，并提供催化剂其他一些信息。

应用这种高档的 X 射线衍射仪，记录粉末样品的 X 射线衍射图谱，计算衍射的积分强度，根据设计的结构模型，经过最小二乘法修正，可计算原子的坐标位置和占有率等结构参数，计算键长、键角。

在催化剂研究中，该方法主要用来测定分子筛骨架原子坐标、骨架外阳离子位置及占有率，计算分子筛孔道形状及大小。

多晶 X 射线衍射结构测定方法应用于催化剂研究，近年来最突出的成就是分子筛的结构研究。由于反应物分子是在分子筛晶体内部的孔道中发生催化反应的，因而晶体内部的原子排列、孔道形状、活性中心位置等是影响分子筛活性的决定性因素。在过去，几乎所有分子筛的结构都被测定和描绘出来，并且根据晶体几何学原理，预言了可能出现的新型的分子筛结构。学者们还细微地研究了不同制备工艺、处理条件对阳离子位置、孔道形状的影响，以及由此而产生的结构稳定性、活性、选择性的变化。例如国外有人测定了稀土 Y 型分子筛不同焙烧条件下阳离子位置的变化发现，稀土离子在交换时，主要交换到大笼中的位置，较难进入到小笼中去；然而焙烧后稀土离子能进入小笼中，并将小笼中的钠离子置换到大笼内。这就从理论上解释了两次交换一次焙烧工艺的必要性。

三、 热分析技术在催化剂研究中的应用

热分析是根据物质在受热或冷却过程中其性质和状态的变化，将此变化作为温度或时间的函数，来研究其规律的一种技术。由于它是一种以动态测量为主的方法，所以和静态法相比，有快速、简便和连续等优点，因而是研究物质性质和状态变化的有力工具，已广泛应用于各个学科领域。

由于可以跟踪催化剂制备过程和催化反应过程的热变化、质量变化及状态变化，所以热分析在催化剂研究中得到愈来愈多的应用，不仅在催化剂原料分析，而且在制备过程分析和使用过程分析上，皆能提供有价值的信息。

热分析有近 20 种不同的技术。目前催化研究中应用最多的主要有差热分析和热重分析，有时还用差示扫描量热法（DSC）。

（一） 差热（DTA）分析及其应用

差热分析的基本原理如图 10-7 所示。它是把试样和参比物置于相同的加热和冷却条件下，记录两者随温度变化所产生的温差（ΔT）。为便于参比，要求参比物的热性质为已知，而且要求参比物在加热和冷却过程中较为稳定。差示热电偶的两个工作端，分别插入试样和参比物中。在以一定程序加热或冷却过程中，当试样在特定温度有热变化时，则

它与参比物温度不等，便有温差信号输出，于是二者 $\Delta T \neq 0$。假若为放热反应，则 ΔT 为正，曲线偏离基线移动直到反应终了，再经历一个试样与参比物的热平衡过程而逐步恢复到 $\Delta T = 0$，从而形成一个放热峰。反之，若为吸热反应，则 ΔT 为负值，形成一个反向的吸热峰。连续记录温差 ΔT 随温度变化的曲线即为差热曲线（或 DTA 曲线），如图 10-8 所示。

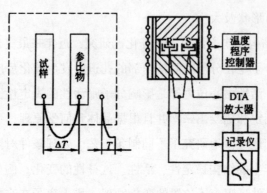

图 10-7　DTA 原理

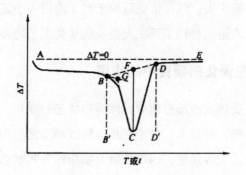

图 10-8　典型的差热曲线

选择催化剂的最佳制备条件，对获得一个性能理想的催化剂是很重要的。在制备过程中焙烧、活化等步骤是确定催化剂结构的关键。借助差热分析技术，可以直接由其曲线确定各步处理的具体条件。

例如，在制备 Ir/Al_2O_3 催化剂时，载体氧化铝浸渍氯铱酸，晾干后，在氮气下焙烧，以进一步脱水，同时使载体上的氯铱酸分解为氯化铱。图 10-9 是 H_2IrCl_6/Al_2O_3 于氮气中焙烧的 DTA 曲线，由其分解峰的起始和终结温度，可确定该催化剂的适宜焙烧温度。

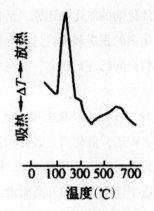

图 10-9　H_2IrCl_6/Al_2O_3 焙烧的 DTA 曲线

（二）热重（TC）分析及其应用

热重法即采用热天平进行热分析的方法。热天平与一般天平原理相同，所不同的是前者在受热情况下连续不断地精确称量。图 10-10 是一种微量热天平的工作原理。

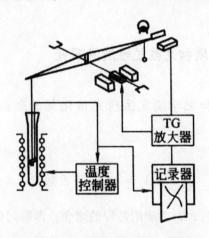

图 10-10　微量热天平工作原理

该热天平采用自动平衡法，用光电检测元件，有相当高的灵敏度。试样量为 1mg 时，其灵敏度为 0.01mg。在程序升温条件下，由试样质量增减引起天平倾斜，而同时光电系统反映出这种倾斜位移，即有电流信号输出。放大的电流，在磁场作用下产生反向平衡矩，而使天平矫正到处于新的平衡位置。由于输出电流与样品质量变化成正比关系，故将这电流的一部分引入记录器即可得到样品质量随温度变化的热重曲线，即 TG 曲线。

热重分析法，目前已发展成为国内催化研究中一种常用的技术手段。有些国外进口的差热分析仪，也能同步地记录下增重或失重的变化。随着研究工作的深入，方法本身也在不断改进。当把热天平和反应单元联在一起时，就组成所谓"气氛热重技术"，用于跟踪在反应过程中催化剂质量发生的动态变化。因此，可用它来研究那些随着反应的进行催化剂质量也发生变化的过程，如催化剂的氧化和还原、活化和钝化、积炭和烧炭、中毒和再生等过程。其中，尤以研究催化剂的积炭和烧炭过程为最多。近年来，国内已有不少单位应用这一技术，对催化剂的抗积炭问题进行研究，有些单位还一直把它作为一种评价催化剂抗积炭性能的常规手段。

以甲烷为原料气的主要成分。在烃类转化温度 500~800℃ 范围内，水碳比为 0.5~2.0 条件下，由于低于热力学最低水碳比，催化剂上必有积炭发生而增重。热天平上测定的对三种催化剂的积炭速率与温度的关系描绘于图 10-11。从图 10-11 可以看出，在相同水炭比条件下，三种催化剂的积炭速率皆随温度的升高而增大。但开始积炭温度却不同，进口英国催化剂 ICI 57-1 为 650℃，国产催化剂 CN-2 为 680℃，740064 为 710℃。同时还可以看出，在相同温度下它们三者的积炭速率也各不相同。ICI 57-1>CN-2>740064。显然，积炭趋势大的催化剂，开始积炭的温度低，积炭速率也快。由此可见，这三种催化剂抗积炭能力的顺序为：740064>CN-2>ICI 57-1。这三种催化剂对天然气的水蒸气转化活性大致相近。为了比较它们的活性和抗积炭能力，还在常压装置上进行了考察，得到的结果与热重装置一致。

四、 催化剂表面性质和活性位性质的研究

（一）化学吸附法和化学滴定法研究催化剂的表面性质

1. 吸附热的测定

$$\ln V_g = -\frac{\Delta H_a'}{RT} + 常数 \tag{10-37}$$

式中，V_g 为比保留体积；$\Delta H_a'$ 为吸附过程的焓变，即吸附热；R 为气体常数；T 为绝对温度。

从式（10-37）可知，以 $\ln V_g$ 对 $1/T$ 作图，从直线斜率可以算出吸附热。采用脉冲色谱法，测定吸附质在不同温度下载催化剂上的 V_g 值。色谱法求得的是等量吸附热。采用色谱法可在接近反应温度的条件下测定催化剂的吸附热，这是该方法的优势。为了满足上式成立的前提条件，应在吸附质分压极低（即脉冲进样量要极少）时进行测定。

2. 催化剂表面酸性的测定

表面酸性的含义包括酸量和酸强度。酸量又包括质子酸（简称 B 酸）和路易斯酸（简称 L 酸）的酸量，或其总酸量。至于酸强度，由于表面酸性的分布一般是不均匀的，所以存在酸强度分布的问题。下面介绍酸量和酸强度的测定方法。

（1）迎头色谱法测定总酸量、B 酸量和 L 酸量

将含有一定浓度吸附质的载气恒速并连续地通过吸附剂，这时柱后便记录到台阶式的浓度分布曲线，这种方法叫作迎头色谱法。

各种有机碱（如吡啶和 2，6-二甲基吡啶）能较强地吸附在固体酸表面，而且 2，6-二甲基吡啶只能吸附在 B 酸位上。利用这种性质，采用迎头色谱法测定 2，6-二甲基吡啶在酸性催化剂上的吸附量，由此可计算出 B 酸位的量。吡啶既能吸附在 B 酸上，也能吸附在 L 酸上，因此从吡啶吸附量可算出总酸量。两者之差即为 L 酸量。

（2）迎头脉冲色谱法测定酸强度分布

吡啶是一种强碱，它首先吸附在强酸部位上。苯可看作是弱碱，它不能吸附在已被吡啶中和了的强酸部位上，但却能吸附在未被吡啶中和的其他酸部位上。因此，可以用随着吡啶中和量的不同，苯在催化剂上的等量吸附热变化情况表示催化剂的酸强度。

根据色谱塔板理论和统计热力学，导出描述随着吡啶吸附量 q_B 的改变，苯的 V_g 值变化情况的公式：

$$\ln\left(\frac{-\,\mathrm{d}V_g(\Delta H_i)}{\dfrac{\mathrm{d}q_B(\Delta H_i)}{RT}}\right) = \ln\frac{f_s}{p_0(T)} + \frac{\Delta H_i}{RT} \qquad (10-38)$$

式中：

$V_g(\Delta H_i)$ ——为苯在酸强度为 ΔH_i 部位上的 V_g 值；

$q_B(\Delta H_i)$ ——为吸附在酸强度为 ΔH_i 部位上的吡啶量；

ΔH_i ——为用等量吸附热表示的酸强度；

$f/p_0(T)$ ——为某种分配函数，在温度区间不大时，与温度无关。

测定不同温度，不同吡啶吸附量 q_B 时苯的 V_g 值，便可得到不同温度时的 $V_g \sim q_B$ 图。从该图任取一个 q_B 值，便可得到在这一 q_B 值时的一组 $(\mathrm{d}V_g/\mathrm{d}q_B) \sim T$ 数据，根据上式以 $\lg[(-\,\mathrm{d}V_g/\mathrm{d}q_B)/RT]$ 对 $1/T$ 作图，便可得到在这个 q_B 值下的 ΔH_i 值。照此，各种 q_B 值的 ΔH_i 即可求出。ΔH_i 对 q_B 作图，即得到酸强度分布图。

3. 催化剂表面金属分散度的测定

应用化学吸附和表面反应相结合的方法，可以测定各种负载型过渡金属催化剂的金属分散度。分布在载体上的表面金属原子数和载体上总的金属原子数之比就是分散度，用 D 表示。

有些气体（如 H_2、O_2、CO 和 C_2H_4 等）在适当温度下能选择性地、瞬间地和不可逆地吸附在金属上，而不吸附在载体上。如果知道气体在金属上的吸附量，即可进一步计算出 D 值。对 Pt、Pd 和 Ni 这类金属催化剂，一般认为用氢吸附法或氢氧滴定（HOT）法测定金属的分散度，可得到满意的结果。CO 吸附法也是常用的方法。

下面介绍氢吸附法和 HOT 法。

一般认为氧、氢的吸附以及氧和氢在金属表面相互作用，是按以下机理进行：

$$Pt_s + \frac{1}{2}O_2 \rightarrow Pt_sO \tag{10-39}$$

$$Pt_s + \frac{1}{2}H_2 \rightarrow Pt_sH \tag{10-40}$$

$$Pt_sO + \frac{3}{2}H_2 \rightarrow Pt_sO + H_2O \tag{10-41}$$

如果用 V_a 表示氢的吸附量，ml（STP）；V_T 表示氢滴定表面氧所消耗的量，ml（STP），容易导出：

$$D = \frac{2V_a M_{Pt} \times 10^{-3}}{22.4 W_{Pt} w_{Pt}} \tag{10-42}$$

或

$$S_{Pt} = \frac{\frac{2}{3}V_T N_0 \sigma_{Pt}}{22.4 W_{Pt} w_{Pt}} = \frac{1.60V_T}{W_{Pt} w_{Pt}} \tag{10-43}$$

式中：

M_{Pt}——为 Pt 的原子量（=195）；

W_{Pt}——为催化剂中 Pt 的量，g；

w_{Pt}——为催化剂中 Pt 的含量，质量分数%。

如果用 Pt 的比表面 $S_{Pt}(m^2/g)$ 表示 Pt 的分散情况，也可导出：

$$S_{Pt} = \frac{2V_a N_0 \sigma_{Pt}}{22.4 W_{Pt} w_{Pt}} = \frac{4.79V_a}{W_{Pt} w_{Pt}} \tag{10-44}$$

或

$$S_{Pt} = \frac{\frac{2}{3}V_T N_0 \sigma_{Pt}}{22.4 W_{Pt} w_{Pt}} = \frac{1.60V_T}{W_{Pt} w_{Pt}} \tag{10-45}$$

σ_{Pt} 为 Pt 的原子截面积，$0.089nm^2/H$。

S_{Pt} 和 D 之间可按下式互相换算：

$$S_{Pt} = 275.0D$$

S_{Pt} 和晶粒直径 $d_{Pt}(10^{-10}m)$ 之间有以下关系：

$$d_{Pt} = \frac{5 \times 10^4}{\rho_{Pt} S_{Pt}} = \frac{233.1}{S_{Pt}}$$

ρ_{Pt} 为 Pt 的密度，等于 $21.45g/cm^3$。

（二）程序升温脱附法（TPD）研究催化剂的表面性质

将预先吸附了某种吸附质的催化剂，在等速升温并通入稳定流速的载气下，催化剂表面的吸附质到了一定温度范围便脱附出来，在吸附管后面色谱检测器（热导池或质谱）记录描述吸附质脱附速率随温度而变化的 TPD 曲线。例如，图 10-12 是典型的 HZSM-5 分子筛催化。

TPD 曲线的形状、大小及出现最高峰时的温度 T_m 值均与催化剂的表面性质有关。通过对 TPD 曲线的分析以及数据处理，可求出反映催化剂表面性质的各种参数，如脱附活化能 E_d 频率因子 v、脱附级数 n 等。吸附活化能小时，E_d 近似等于等量吸附热，它是表征表面键能大小的参数；v 正比于吸附熵变，是表面吸附分子可动性的参数，它可用以辨认分子在表面的吸附情况，即局部吸附还是可动吸附。而 n 反映的是吸附分子之间的相互作用程度。

TPD 法研究催化剂实例如下。

1. 分子筛催化剂的 TPD 研究

NH_3 预先吸附在 HZSM-5 分子筛上，其 TPD 图一般出现两个峰（见图 10-12），$T_{m1} = 373 \sim 473K$，$T_{m2} = 623 \sim 773K$。T_{m2} 相对应的中心为强酸中心，大部分与 B 酸中心有关；T_{m1} 相对应的中心为弱酸中心。

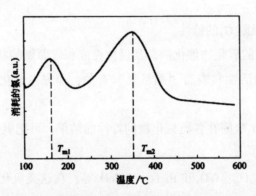

10-12　HZSM-5 分子筛催化剂程序升温脱附（TPD）曲线

2. 金属催化剂表面性质的研究

TPD 法能有效研究金属、合金和负载型金属催化剂的表面性质。

H_2 在铂黑上的 TPD 图出现三个峰（见图 10-13），即 $T_{m1} = 253K$、$T_{m2} = 363K$，$T_{m3} = 673K$，表明 Pt 表面是不均匀的。

TPD 法研究 CO 在 Pt-Sn 合金上的吸附性能时得到有趣的结果：第一，Sn 和 Pt 形成合金后，脱附峰向低温方向位移；第二，随着合金中 Sn 含量增加，高温峰消失；第三，Pt-Sn 合金的吸附中心密度比 Pt 小。因此，可以得出结论，Pt 和 Sn 之间既发生配位体效应（其标志是 T_m 发生位移），也发生集团效应（其标志是吸附中心密度发生变化）。

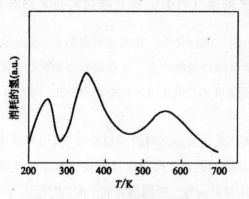

图 10-13　H_2 在铂黑上的 TPD 曲线

TPD 法可用于研究负载型金属催化剂中金属和载体之间的相互作用。例如，Pt/Al_2O_3 催化剂低温还原（还原温度低于 573K）时，催化剂只有低温吸附氢的中心；高温还原（还原温度高于 773K）时，既有低温吸附氢中心，也有高温吸附氢中心。随着还原温度的提高，低温吸附中心的密度减少，而高温吸附中心的密度增加。Pt/SiO_2 催化剂只有低温吸附氢中心，Pt 和 SiO_2 之间一般认为只有微弱的范德华作用力。可见低温吸附氢中心反映的是金属组分的特性，而高温吸附氢中心则是 Pt 和 Al_2O_3 之间相互作用所表现出来的特性。Pt/TiO_2 催化剂高温还原后，因为 Pt 和 TiO_2 之间发生强相互作用，Pt 的低温吸附氢的能力完全消失。

3. 氧化物催化剂吸附 O_2 的特性

用于烃类氧化反应的氧化物催化剂，其催化性能和表面氧的状态有关，许多研究者证明了选择氧化催化剂的活性和表面"晶格氧"有关，而完全氧化的活性和表面吸附的氧有关。

根据 TPD 法研究 O_2 吸附在各类氧化物的特性的结果，可把氧化物分成以下三类：

（1）A 类

WV_2O_5、MoO_3、Bi_2O_3、WO_3 和 $Bi_2O_3 \cdot 2MoO_3$ 等，在这类氧化物上没有记录到脱附氧的信号。

（2）B 类

有 Cr_2O_3、MnO_2、Fe_2O_3、Co_3O_4、NiO 和 CuO 等，在这类氧化物上记录到较多的脱附氧，而且观察到有几种不同的吸附氧中心。

（3）C 类

有 TiO_2、ZnO 和 SNO_2 等，在这些氧化物上只记录到很少量的脱附氧。

从反应性能看，A 类氧化物为选择氧化催化剂，TPD 研究证实了这类氧化物的活性中心不可能是表面吸附氧。B 类氧化物为完全氧化催化剂，可见其氧化性能和表面吸附氧有关。C 类氧化物的反应性能介于 A 和 B 类之间。

（三）程序升温还原法（TPR）研究金属催化剂的表面性质

一种纯的金属氧化物具有特定的还原温度，所以可用此温度表征该氧化物的特性。两种氧化物混合在一起，如果在 TPR 过程中彼此不发生作用，则每一种氧化物仍保持自身的还原温度不变；如果两种氧化物彼此发生固相反应，则原来的还原温度要发生变化。

金属催化剂多数是负载型的，就是说金属活性组分是负载在载体上的。制备这种催化剂常用金属的盐类浸渍于载体上，加热分解后形成负载氧化物，经在氢气流下加热还原，形成负载型金属催化剂。对双组分金属催化剂，加热分解时，如果两种氧化物相互发生作用（或部分发生作用），或氧化物和载体（此载体应是氧化物）之间发生作用（或部分发生作用），则活性组分氧化物的还原性质将发生变化，用 TPR 法可以观测到这种变化。所以 TPR 法是研究金属催化剂中金属之间或金属与载体之间相互作用的有效方法。该方法灵敏度高。

做 TPR 时常用的还原气为含 5%~15%（体积分数）H_2 的 N_2-H_2 或 Ar-H_2 混合气，升温速率为 1~20K/min，催化剂用量一般为 0.1g，载气流速为 50~100ml/min。

第十一章 几类新型催化剂

第一节   膜催化剂

膜催化（Membrane Catalysis）是膜科学和膜材料应用研究的前沿领域之一，近年来受到广泛的关注。国际上先后在短短的五年间就举行了三次与膜催化相关的专题性国际会议。

膜催化的主要特点是选择性高、活性强、能将多步过程变成单步过程的反应共轭效应等。利用膜作为化学活性基质进行选择性的化学转化是极新的概念，激发人们应用该技术于更多的化工过程。作为催化剂的膜结构，有致密型的，多种多孔、微孔、超微孔型的，材质上有金属膜、陶瓷膜、玻璃膜、炭膜、分子筛膜等。对于高温（>200℃）气相多相催化反应，操作温度已超过有机高聚物膜热稳定性区，故应用无机膜作为催化剂和载体材料是唯一的选择。无机膜催化剂具有热稳定性高、机械性能好、结构较稳定、抗化学腐蚀及微生物腐蚀、再生简易等优点，十分适宜于催化应用。

膜催化反应可以有多种不同的操作模式。根据操作模式的不同，膜可以具有不同的功能。一种操作模式是将膜催化反应与膜的渗透选择性耦合在一起，借助膜实施催化反应，同时又将产物（或产物之一）通过膜选择性地从反应区移去。膜本身既是催化活性的，具有催化剂的功能，又具有选择性分离壁垒的功能。这种操作模式对于受热力学平衡控制的反应，如脱氢反应特别有利。通过分离出产物促使化学平衡的移动，能完成较高的单程转化率，简化产物的回收提纯步骤，降低能耗，节省投资。膜催化的另一种操作模式：膜是催化惰性的，可以将催化活性组分浸渍负载或者埋藏于膜内，膜仅具有选择性分离壁垒的功能。对于多步连串反应，这种操作模式可能有利。因为这里往往是中间产物而不是最终产物为目的产物，若无膜控制，反应的选择性可能在热力学上乃至动力学上有利于副产物的生成，尽管反应物的转化率可能很高，但目的产物的收率仍很低，如若膜能选择性地将目的产物从反应区分离出去，就能提高其选择性与收率。膜催化的第三种操作模式也是利用膜的选择性透过功能，膜可以是惰性的，也可以是催化活性的。对于选择性氧化，这种操作是一种有效的方法。通过膜控制活性反应物的进料速率，以促进目的产物选择性地生成。膜催化的第四种操作模式是将两种相互匹配的反应，例如加氢与脱氢耦合协同进行。选用渗透氢的膜将反应体系分成两部分，膜的一侧进行催化脱氢，膜的另一侧进行催化加氢，脱氢部分由于氢的不断移去使化学平衡不断移动，提高产率；加氢部分由于催化剂表层下有大量氢活化物种使加氢反应快速进行。随着膜催化应用研究范围的不断扩大和深化，膜催化的操作模式还会有新的发展。

一、 膜催化剂的制备

无机膜按结构可以区分成致密的和多孔的两大类。典型的致密膜是由金属及其合金制成的，如 Pd 膜、Pd 合金膜、Ag 膜、Ag 合金膜等。也有由固体电解质制成的，如 ZrO_2 膜。它们是无孔的。气体的渗透是通过溶解扩散或者离子（原子）传递进行的，如 Pd 膜及 Pd 合金膜只能透过氢，ZrO_2 膜只能透过氧（O_2 传递）。

多孔膜根据孔结构可以进一步区分成对称的和非对称的，前者整块膜显均匀孔径，如玻璃膜、分子筛膜；后者孔结构随膜层变化，一般由多层结构构成，即顶层（微孔）、过渡层（中孔、多层）、底层或称基层膜（大孔），如陶瓷膜、Al_2O_3 膜、TiO_2 膜等。有时顶层为致密层，这种膜称为复合膜。

不同结构类型膜的制备方法是不同的。

（一） Pd 膜及 Pd 合金膜催化剂的制备

在实验室条件下有多种方法可制备这种类型的膜，包括传统的冷轧法、物理气相沉积法（PVD）、化学气相沉积法（CVD）、化学镀法等。采用哪种方法主要取决于厚度要求（一般小于十个微米），表面积大小，几何形状和纯度等。

化学镀（Electroless Plating）法工艺较简便，可以制得只透氢的致密钯及钯合金膜。其技术原理是基于介稳的钯盐络合物在基质材料（陶瓷膜管）表面受控自催化分解或还原。常用的钯盐络合物为 Pd（NH_3）$_4$（NO_3）$_2$、Pd（NH_3）$_4Br_2$，或者 Pd（NH_3）$_4Cl_2$。还原剂可以用联氨或次磷酸钠等。

钯的化学沉积按下列两个同步反应进行：

$$阳极反应：N_2H_4+40H^- —>N_2+4H_2O+4e^-$$

$$阴极反应：2PD_2^++4e^- —>2Pd^0$$

$$自催化反应：2PD_2^++N_2H_4+40H^- —>2Pd^0+N_2+4H_2O$$

这种反应组合的优点是沉积的钯可以催化联氨氧化，因而引起自催化过程。但一般的微孔陶瓷、多孔玻璃乃至不锈钢都不够活泼，不足以引发这种还原反应。为了缩短沉积起始诱导期，需要将钯预活化。

为使化学镀速度保持恒定，每间隔一定时间应交换一次镀液，最后用脱离子水和乙醇清洗已镀好的膜件，并在室温下置于真空中干燥。用这种化学镀法可以制得厚度为 13～15μm 的致密 Pd 膜，它具有非常高的渗氢选择性。采用此法同样可以制备 Pd 合金膜、Ag 膜等，只须调配相应的镀液。

该法实施时仍应注意：膜厚度不易控制，镀液在溶液池内分解导致钯的流失，要保证钯沉积的纯度等。

（二）多孔 Al_2O_3 膜载体（或催化剂）的制备

多孔无机膜（包括 Al_2O_3 膜）的制备方法主要有粉浆浇铸法、溶胶—凝胶法、相分离/浸溶法、阳极氧化法、径迹刻蚀法、热分解法。此处主要介绍溶胶—凝胶法。

溶胶—凝胶法根据起始原料和得到溶胶方法的不同，可以分为两种主要技术路径，即胶体凝胶法（金属盐或醇盐）和聚合凝胶法（醇盐）。在两种情况下都是先借前体（也称起始物）进行水解，同时发生凝聚或聚合反应。主要控制参数是水解速率和缩聚速率。在胶体凝胶法中，采用可以快速水解的前体并使之与过量的水反应以获得较高的速率。水解产物与加入的电解质（酸或碱）进行胶溶形成溶胶。其尺寸一般为 3～15nm，其中少数形成尺寸为 5～1000nm 的松弛结合的团聚物。通过技术处理，如超声波技术或控制溶胶颗粒的表面电势 Zeta 电位，悬浮溶胶转变成一种凝胶结构，它由胶粒或团聚物链接而成。凝胶化的聚集密度取决于微粒的表面电荷，这意味着介质的 pH 值和电解质的性质对胶凝点和胶凝量有着非常重要的影响。

在聚合凝胶法中，通过不断加入少量水调节水解速率，选用前体的水解速率相对较慢，以保持低的水解速率。水解进行过程中带 OH 基的金属醇化物相互缩合，形成有机—无机缩聚物溶胶，继续缩聚形成凝胶网络。反应所需水由以下几种方式提供：①自体系中慢慢加水或醇盐溶液；②加入有机酸利用酯化反应原位生成水；③加入水合盐。聚合溶胶法较难控制，应用少，多数研究采用胶体凝胶法制取溶胶。

图 11-1 是以金属醇盐（异丙醇铝）为原料，用溶胶—凝胶法制备 Al_2O_3 膜的工艺流程。将去离子水加热到所需温度（>80℃），恒温后再将异丙醇铝的醇溶液加入其中，回流状态下搅拌水解，形成一水氧化铝沉淀。然后再加入胶溶剂（硝酸或盐酸），继续搅拌回流，使一水氧化铝重新分散形成溶胶。接着蒸醇，须适当提高温度，待蒸醇脱除异丙醇完毕后再在 80℃下搅拌回流陈化，即可得到稳定的一水氧化铝溶胶。陈化时间足够充分是获得均匀、单一粒径分布溶胶的重要保证。

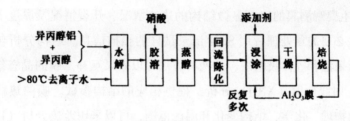

图 11-1 溶胶-凝胶法制备 Al$_2$O$_3$ 膜工艺流程图

采用的支撑体用一水氧化铝溶胶浸涂之前，最好先加入某些有机黏合剂，如 CMC、PVA，以调节胶液黏度，防止在干燥、焙烧时形成针孔和裂缝。浸涂时胶液在支撑微孔人口处浓集，当溶胶浓度增至一定程度时，溶胶即转变成凝胶。一次浸涂难于达到均匀无裂缝要求，经反复多次，再经干燥、焙烧处理，最终制得所需要的 Al$_2$O$_3$ 膜。

（三）分子筛膜的制备

近年来，分子筛膜的制备研究比较活跃，因为这种膜具有分子尺寸的孔径，有极高的渗透选择性，可以将同分异构体气相分离，例如正异构丁烷混合物的分离等。就合成的方法来说，主要分为原位合成法和非原位合成法。后者是先采用水热合成分子筛散晶，然后再将这些散晶沉积或者埋藏于支撑体上。例如，将分子筛晶粒填充到高分子聚合薄膜中去制成无机—有机分子筛填充膜等。这种非原位合成方法还有多种，共同存在的问题是难于得到只存在分子筛孔道而没有晶隙孔缺陷的膜。只有原位水热合成法得到较为普遍的采用。

（四）致密的钙钛矿型氧化物膜的制备

钙钛矿型氧化物（如 Sr-Fe-Co 氧化物）具有很强的导电能力，也有很强的氧离子传导能力，是一种混合导体。这种导体材料有良好的高温结构稳定性，在 700℃ 以上高温下对氧有 100% 的选择性和高的渗透性，可用于燃料电池、电催化、气体氧膜分离等方面，受到广泛关注。这种致密的导体膜用于甲烷部分氧化制合成气、甲烷氧化偶联（OCM）制 C$_2$ 烃有以下的优点：①用空气做氧化剂消除了产物中氮气的污染稀释；②产物的选择性极高；③避免了高温下 NO$_x$ 的生成，消除了环境污染；④由于氧采取扩散控制供给保证了操作安全。这种研究将会产生显著的工业应用价值。

二、膜催化剂的表征

膜催化剂的表征，主要表征膜的结构、形貌及其传递特征，至于其催化活性的表征与传统催化剂的表征相同。

膜的结构表征，包括形貌分析和结构分析两部分。形貌分析采用扫描电子显微镜

（SEM）测试，主要观测膜的表面显微结构的边缘情况、开裂情况及厚度等。测试时先要制备试样，经过必要的预处理后用 SEM 记录试样的扫描信息。结构分析包括孔径分布测定，可以采用压采法和气体吸附法，这两种方法可以效果互补。膜的晶态结构和相态信息可以采用粉末 X 射线衍射（XRD）分析，提供相应的结构参数。膜的热稳定性以及膜在热处理过程中的物理、化学、结构变化和温区范围，可以采用差热分析（DTA）和热重分析（TG）。一般用综合热分析仪测定膜的 DTA-TG 曲线。

（一）致密的金属 Pd 膜和 Pd 合金膜的结构表征

其可以是结构单一均匀的对称膜，也可以是 Pd 膜负载于氧化铝陶瓷多孔体的复合非对称膜。为了增强膜的机械强度，节省贵金属 Pd，常采用 $\alpha-Al_2O_3$ 为载体的 Pd 或 Pd-Ag 复合膜，用于催化脱氢反应，膜厚度 $5\sim6\mu m$，仍有极高的渗透率及选择性。

（二）钙钛矿型膜材料的结构表征

类钙钛矿型膜材料 $Sr（Co_{0.8}Fe_{0.8}）O_x$ 与金属重整催化剂相结合，可用于将甲烷膜催化转化制合成气。基于热重分析和 XRD 分析结果，跟踪反应过程，可以观察到膜材料的相变、某些不同寻常的晶格膨胀和断裂现象。原位 XRD 结晶构型分析，操作程序为在 SOOT 下按下述顺序将相应气流通过反应管：

$$空气 \to 10\%O_2 \to 5\%O_2 \to 1\%O_2 \to 氮气 \to 空气$$

最后再通入空气的目的是核对任何相变的可逆性。结果见图 11-2。从图中看出，在 800℃下通入空气于未反应的膜管和 $10\%O_2$ 通过的情况相同，膜的晶型结构为简单的立方物相。当采用 $5\%O_2$ 组成的混合气通过接触时，膜的平衡氧含量减少，发生了组成物相变化，图中显出两种物相的混合体。

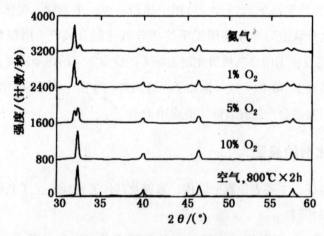

图 11-2 原位 X 射线衍射谱图

反应开始前，膜管进入高温前有均匀的氧分布，式中 x = 2.6。加热升温后膜管开始失氧，管内侧较外侧失氧量更多，故处于不同部位的膜组成可能有不同的物相。在 800℃ 下的膜管，可以设想外壳层为立方晶系物相，而内壳层为斜方晶系物相，在中间过渡层可能存在有两相共混区。整个情况如图 11-3 所示。合成气的生产是导致膜材料分裂的重要原因。因为 CO 和 H_2 都是具有高还原能力的气体，在高温快速流动下，它们趋于俘获膜管分解释放出的氧；若无足够的氧补充，通过渗透填充氧空穴，造成管壳的分裂。

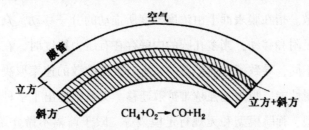

图 11-3　低流速下合成气生成时膜管的物相图示

（三）分子筛膜的结构表征

图 11-4 是在基质膜表面 MFI 分子筛膜合成的 XRD 表征结果。当合成 8h 后即有 MFI 分子筛的衍射峰出现，合成时间增加，衍射峰强度逐渐增加，基质膜 $\alpha\text{-}Al_2O_3$ 的衍射峰强度逐渐减弱，表明在基膜表面逐渐形成一层致密的分子筛膜层。合成时间增加到 40h 时 MFI 分子筛的衍射峰强度反而降低，表明分子筛晶粒变小、峰变宽。

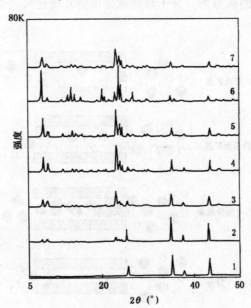

图 11-4　不同合成时间的膜片的 X 射线衍射谱图

1—基膜；2—8h；3—16h；4—20h；5—24h；6—32h；7—40h

（四）无机膜的传递特性表征

无机膜的传递特性，主要采用气体通过膜时的渗透系数和渗透通量表征。对于多孔的无机膜来说，气体在膜中的扩散过程和机理可区分成四种情况（见图11-5），即：①努森扩散。指气体分子在膜孔径比其平均自由程小的细孔内的扩散。气体分子要经过多次与器壁碰撞后才得以通过。此时气体分子的平均速率与其质量的平方根成反比。越轻的分子越易通过。②表面扩散。指在膜表面上由浓度梯度所推动的分子移动。众所周知，气体分子能够在固体表面上吸附和移动，当多孔膜的内壁存在有压力梯度时，在不同的表面点吸附气体的表面浓度也不同，导致了表面扩散的发生。表面扩散的速率取决于温度、压力和表面对气体分子的吸附性能。吸附越强越难扩散迁移。文献中提出了多种模型描述表面扩散过程，有水力学模型、弹跳模型和无规行走模型等。限于篇幅不做介绍。③毛细管凝聚。通过微孔内表面的气体分子，可以在膜表面发生单层吸附，也会多层吸附；随着扩散分子压力的增加，先是导致多层吸附，继续在气体的临界温度以下也能发生整个微孔充满液体，这种现象称为毛细管凝聚。通常，随气体相对压力的变化，这三种过程（单层吸附、多层吸附、毛细管凝聚）都有可能相继发生。当扩散气体发生毛细管凝聚时，其渗透通量达到极大值。可以利用这种特性使空气除湿。根据Kelvin方程可知，膜孔半径越小，发生毛细管凝聚的起始压力越低。④分子筛分。是基于气体分子的大小及形状尺寸加以筛分，小的分子可以通过，大的被截留。分子筛膜就是根据其窗孔尺寸对气体分子进行择形分离和催化。

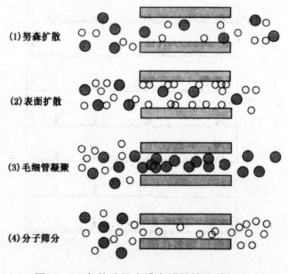

(1) 努森扩散

(2) 表面扩散

(3) 毛细管凝聚

(4) 分子筛分

图11-5　气体分子在膜中扩散的四种机理

下面再就表征气体在膜中传递的两个基本参量即渗透系数和渗透通量进行定量的分析。

设在膜两侧扩散气体的压力差为 $J(p_1 - p_2)$（Pa），在时间 $t(s)$ 内渗透过厚1m、面积为 $A(m^2)$ 的膜的通量为 $F(mol)$，则：

$$F = Q(p_1 - p_2)At/l \qquad (11-1)$$

式中 Q 为渗透系数，表示在单位压力差 $(p_1 - p_2 = 1Pa)$、单位时间（$t = 1s$）内，通过单位膜面积（$A = 1m^2$）、厚度为 $l = 1m$ 的膜的气体量（mol），它可用来评价膜材料的透气性能。

通常无机膜很薄，单独使用强度不够，采用负载于基质膜（支撑体）上，构成复合膜，以获得较高的渗透通量。据此采用渗透通量 J 可以表征复合膜的传递特性。

$$J = Q/l \qquad (11-2)$$

J 是个加和量，是多种不同传递贡献的总和。

致密膜的传递机理与多孔膜是不同的，是通过气体在膜中的溶解扩散机理进行的。例如氢分子之所以能够透过 Pd 膜和 Pd 合金膜，是由于 Pd 及其合金在常温下能溶解大量的氢，按体积计算相当于自身体积的 700 倍。氢在 Pd 膜内的传递过程如图 11-6 所示。氢分子到达 Pd 表面即被溶解吸附，接着解离成氢离子和电子，氢离子在 Pd 膜中扩散，逐步从原料气一侧迁移到另一侧；电子通过与金属格子结点的正离子结合进行传递，氢离子从格子结点处获得电子再变成氢原子，进而生成氢分子脱附膜表面离去。因此只有能被 Pd 膜溶解吸附并解离成氢离子的原料气，才能透过 Pd 膜，而原料气中的杂质分子，就被排斥通过。这就是为什么致密膜具有极高的选择性，分离纯度达 100% 的原因所在。

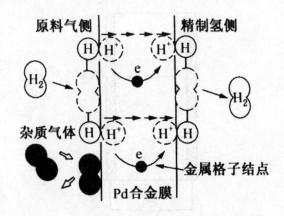

图 11-6 氢透过 Pd 膜的解离—溶解—扩散机理

根据溶解扩散机理和菲克第一扩散定律，氢透过 Pd 膜的渗透通量为：

$$J = Q(p_1^n - p_2^n)/l \qquad (11-3)$$

式中：Q 为渗透系数；l 为膜厚度；n 表示氢溶解度与压力的关系常数；p_1 与 p_2 分别为膜进料侧和渗透侧的氢分压。若气相中氢分子和溶解在 Pd 膜界面的氢原子处于平衡，则氢原子浓度正比于氢分压的平方根。设氢原子在 Pd 膜体相内的扩散是整个过程的控速步骤，则

$$J = DS(p_1^{0.5} - p_2^{0.5})/l \qquad (11-4)$$

式中：D 为氧扩散系数；S 为氢溶解系数。对比式（11-3）和式（11-4），故有 Q = DS，即氢的渗透系数是其扩散系数和溶解系数之积。

另一类致密膜是固体电解质和离子—电子混合导体固体氧化物，也就是前面说过的类钙钛矿混合导体。它们都是选择性透气膜，小型的膜装置可用作医用氧泵，大型的供氧膜装置可用于煤的气化、选择性氧化反应和废弃物湿空气氧化（WAO）等。氧在膜中的传递机理可分两种情况，如图 11-7 所示：

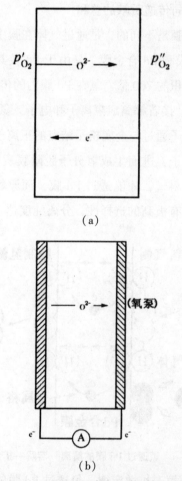

图 11-7　氧在不同固体膜的渗透机理

（a）混合导体氧化物；（b）固体电解质电池

渗透传递的推动力为原料侧和渗透侧的氧分压差或者电势差。在（a）中分子氧是不能直接通过的，但是 O^{2-} 可以高选择性地通过。在氧的高分压侧（原料侧），O_2 在膜表面吸附、解离、离子化，再扩散迁移到另一侧（渗透侧），在就近的表面电子态处获得电子再结合，形成分子氧释放移去。氧离子迁移流动造成的电荷差，由同时反方向的电子电荷载体流动补偿。由于 O^{2-} 和电子可以同时混合传导，所以这种混合导体膜不需要膜表面外加电极及外电流。（b）中是氧泵型的固体电解质膜，夹于两个可透气的导电电极间，这种导电机理是空穴导电。膜系由 Y_2O_3 稳定化的 ZrO_2 制成（YSZ 膜），膜组成中部分 Zr^{4+} 为 Y^{3+} 取代，产生一定数量的氧空穴，在外加电压的推动下，就会从 YSZ 膜的一侧迁移传递到另一侧，调节外电压，就可调控氧对膜的渗透速率。这种装置的优点是不需要氧压机就可以在高压下传递氧，但是氧的通量很低，阻碍它的实际应用。

三、 膜催化反应和膜反应器

膜催化剂或者催化剂与膜组合的催化体系进行的反应，主要有两大类：一类是脱氢反应，另一类是氧化反应。因为脱氢反应是受热力学平衡制约的反应，早期研究得较多，主要是希望通过膜（主要是渗透氢膜）的功能，促进平衡移动，提高目的产物的选择性和收率。就研究的反应体系来说，以乙苯脱氢制苯乙烯研究得较详细、成熟。先后采用了 Pd 膜、Pd-Ag 合金膜催化反应体系，$\gamma\text{-}Al_2O_3$ 微孔陶瓷膜加 Cr-K/Fe_2O_3 脱氢催化剂体系以及双陶瓷复合膜管催化体系等。苯乙烯选择性达到 90% 以上。建立了乙苯膜催化脱氢（制苯乙烯）反应的综合数学模型，有实现工业化的可能。其次研究较多的体系为低分子饱和烷烃的膜催化脱氢制烯烃，进行过尝试研究的有乙烷脱氢制乙烯、丙烷脱氢制丙烯、乙烷丙烷脱氢芳构化、正（异）丁烷脱氢制正（异）丁烯等。用于研究的膜催化剂或者催化剂结合膜反应器有 Pd 及其合金膜、微孔陶瓷膜、中孔玻璃膜和致密 ZrO_2 膜等。这种体系的探索有两方面的意义：一是石油化工的战略发展路线之一是从烯烃原料过渡到烷烃原料，因为后者便宜；二是脱氢反应要高温、耗能，采用膜催化有可能降低反应温度，节约能源。从综合研究的结果来看，要将膜催化过程推向工业化尚需要克服几个壁垒：首先是现行的 Pd 膜作为工业反应器成本太高，要有更便宜的高选择性的膜反应器；其次，反应中采用的流速较工业生产用的仍太小，需要有高通量的膜材料，陶瓷复合的 Pd 膜可以进一步发展；再次，对膜催化反应过程的收率、选择性和活性需要更精细的动力学模型研究，还需要耦合效应和传递特性的宏观动力学分析，还应进行相关的膜失活动力学模拟分析等。

氨和硫化氢的膜催化分解文献中常有研究报道。这两个反应虽然不是脱氢，但其分解释放出氢，也受反应的热力学平衡制约，与上述的脱氢反应有共性。燃煤发电能源工程中，煤的气化中含有微量氨和硫化氢等腐蚀性杂质，在将燃气带入透平机燃烧之前必须将这些杂质气体除去，既免除的生成，又防止设备腐蚀。然而动力系统中的高温远高出传统气体吸收、吸附等分离工艺所能承受的条件，且用传统的固定床催化反应器也不能将氨分解，因为反应平衡限制了。如果采用膜催化和高温的气体分离操作有可能解决问题，这就是这类膜分解反应研究的背景。

膜催化氧化反应是另一类与传统催化反应不同的领域。这里无机膜的使用是控制某一种反应物（包括氧）透过膜的速率和计量，以达到调控反应的进程、选择性和收率。膜催化特别适合于研究选择性氧化反应。就反应体系来说，研究较多的是甲烷（天然气）膜催化氧化制合成气、甲烷膜催化氧化制甲醇、甲烷膜催化氧化偶联制乙烯等。这些研究与天然气资源的开发利用、与清洁能源和环境友好等重大战略问题都密切相关。作为战略性的研究到工业化还有很长的路要走，有待继续努力。

膜催化往往是与膜反应器联系在一起，有时两者联成一体，不可区分；有时是将催化反应与膜分离耦合在一起，组成一个过程单元。

第二节　车用催化剂

汽车在给人们生活带来便利的同时，也造成汽车尾气对环境的污染。汽油机的排放污染物主要有一氧化碳（CO）、碳氢化合物（HC）、氮氧化合物（NO_x）、铅化物和硫化物，碳氢化合物包括有烷烃、烯烃、芳烃、含氧化物等100多种化合物。汽车尾气治理是一项迫切任务。而催化转化器是为了满足汽车排放标准而发展的一项降低排气污染的技术。

一、　车用催化剂的特性

车用催化剂是一种专门用于控制机动车尾气污染的催化剂，是催化转化器的核心部分。由于汽车运行工况复杂多变，排气温度、排气组成、流量等变化较快，因此车用催化剂有其一定的特点。

（一）车用催化剂性能

根据催化剂所起作用的不同，一般将车用催化剂分为氧化型催化剂（二元催化剂）和氧化还原型催化剂（三元催化剂）。

1. 二元催化剂

主要将汽车尾气排放污染物中的一氧化碳和 HC 氧化成二氧化碳和水。此类催化剂主要用于汽车排放法规对 NO_x 要求不太严格的情况。

2. 三元催化剂

同时将汽车尾气排放污染物中的一氧化碳、HC 和 NO_x 氧化还原成二氧化碳、水和 N_2。三元催化转化器必须在发动机的空燃比保持在一狭窄区域内进行工作，即当实际空燃比在理论空燃比［英杜林汽油的理论空燃比（A/F）一般为 14.6］附近时，才能有效地工作（见图 11-8）。当发动机排气含有过剩氧气（混合气偏稀）时可有效地发生氧化反应，在氧气缺乏（混合气偏浓）时可有效地发生还原反应，为了满足这个条件，要求发动机燃油供给系统为带有氧传感器的闭环多点喷射结构。

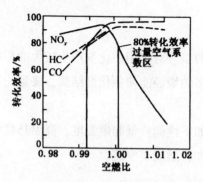

图 11-8　三元催化剂转化效率与空燃比的关系

车用催化剂使用条件为非稳态作业，发动机工况、汽车运行环境、车用燃油等影响其性能和使用寿命。主要表现为以下几点：

（1）排气温度的影响

汽车排气温度随工况、环境变化较大，温度变化幅度有时达 600~700℃，而催化剂转化效率仅在某一温度范围内才有最佳的作用，车用催化剂要求在较低温度（如 300℃）和较高温度（如 850℃）均有优良的净化效率，因此要有低的起燃温度和高的耐热温度。

（2）汽车尾气排放量和组成的影响

汽车尾气排放量和组成随工况的变化而变化。怠速时排放量小，一氧化碳、HC 含量高，NO_x 含量低；中速、高速时排放量大，一氧化碳、HC 含量低，NO_x 含量高；加速时 NO_x 增高；减速时一氧化碳、HC 增加，几乎无 NO_x 排放。汽车的这种排放特性对车用催化剂活性组分的组成要求优化匹配。该类型催化剂要承受大空速，空速在 1000001^{-1} 以上。

（3）汽车运行环境的影响

汽车在实际运行时由于路面和汽车自身结构的原因而产生各种振动。汽车的这种振动对于催化转化器来讲，主要集中在内界和外界两个方面。所谓内界振动指的是汽车排出的气体在排气管中形成气流运动激振催化转化器，并由于汽车排气自身的温度和催化氧化产生的反应热形成高温气流不断冲击车用催化剂。随着汽车车况的变化，气体的流量、温度等也随之产生很大变化，要求催化转化器能承受热冲击。所谓外界振动主要指汽车由于受到路面影响而产生机械振动。两种振动会导致活性组分与载体剥落，催化剂破损，使催化剂性能失效。

（4）发动机空燃比的影响

要使汽车催化剂对一氧化碳、HC、NO_x 同时有净化效率，要求发动机空燃比在特定范围内，而化油器形式、开环电喷及闭环电喷发动机将直接影响发动机空燃比，因此对汽车催化剂和汽车发动机提出要求：对催化剂要扩大操作窗口，能适应 A/F 的变化。对发动机采用闭环电喷使 A/F 控制在较窄范围内变化。此问题的解决对控制汽车尾气排放具有极大的实用意义。

（5）车用燃油的影响

汽车燃油性质及燃烧后的组分对车用催化剂产生较大的影响。汽油中的铅、硫使催化剂中毒而失效，汽油中有较多的烯烃能使催化剂结焦，要延长车用催化剂的寿命，应使用低烯烃、低硫、无铅汽油。

优良的车用催化剂要有如下性能：低起燃温度；高温热稳定性；高机械强度；抗中毒性能；对发动机排放适应性能；适应高空速。

（二）催化转化器与车用催化剂之间的关联和区别

催化转化器是为了满足汽车排放标准而发展的一项降低排气污染的技术，是机后净化装置重要形式，是排放系统的重要组成部分。

催化转化器主要由载体、催化剂、垫层和壳体等组成。催化剂是催化转化器的核心部分，它涉及对污染物的净化效率、使用寿命等重要因素。车催化剂载体由于受汽车实际工作的影响，它需要满足排气阻力小、升温快、耐高温、低热膨胀系数、高机械强度、质量轻、安装方便等要求，一般制成蜂窝状。垫层的作用是将壳体和陶瓷载体按一种特殊的方式连接在一起以保证载体使用的安全性、可靠的绝热性。目前，催化转化器用作垫层的有金属网和陶瓷密封垫两种形式，金属网制作方便、价格低廉、传热快；陶瓷密封垫在隔热性、抗冲击性、密封性和高低温下对载体的固定力比金属网优越，但价格较贵。壳体是催化转化器系统的支承体，催化转化器是汽车排气系统的一部分，会影响到汽车的动力性和经济性，壳体的形状和结构要考虑到空气动力学需求，以减少发动机排气的气流阻力并能帮助催化转化器系统催化净化效率的提高，同时须考虑强度、刚度、耐腐蚀等因素，以满足汽车排气系统的要求。

二、车用催化剂载体

从汽车尾气排放标准要求及催化转化器技术的发展来看，车用催化剂载体主要有颗粒状、蜂窝状陶瓷、蜂窝状金属载体三种。

颗粒状载体：系氧化铝小球，早期车用催化剂用此类载体。其优点：比表面积大、制造方便等。缺点：排气阻力大，影响汽车动力性和经济性。由于汽车行驶过程中小颗粒摩擦，相互冲击，活性组分容易剥落，颗粒变小，到一定程度时会冲出催化转化器，现在国外已被淘汰。

蜂窝状陶瓷载体：热膨胀系数小、抗热振动、排气阻力小、起燃快、设计灵活、安装方便等。这种载体目前被广泛采用。

蜂窝状金属载体：由波纹形金属薄片卷成，耐振荡，起燃快，主要应用于摩托车用载体。

这里主要讨论蜂窝状陶瓷载体。

（一）蜂窝状陶瓷载体

1. 蜂窝状陶瓷载体的主要原料

主要组分是董青石（$Mg_2Al_4Si_5O_{18}$），次要组分是氧化铝、尖晶石（$MgAl_2O_4$）、多铝红柱石（$Al_6Si_2Ol_3$）。

2. 载体的几何参数

（1）构型

蜂窝状载体由许多平行通道组成，通道可为正方形、圆形、三角形、六角形、波纹形等。制作过程中可以控制通道的内边长（l）和壁厚（t），同时控制孔穴的几何形状。这些因素决定载体的孔密度、容重、孔隙率、总表面积、动力学直径等。不同几何构型对 l 和 t 的依赖程度不同，性能差别与构型有关。

（2）单位面积蜂窝小孔孔数 n

指载体横截面上每单位面积蜂窝小孔数量（一般仍沿用每平方英寸小孔数量，如 400 孔指每平方英寸截面上有 400 孔）。

正方形小孔 $n = 1/(l+t)^2$。

等边三角形 $n = 2.3/(l+t)^2$。

六角形 $n = 0.38/(l+t)^2$。

菱形 $n = 1.15/(l+t)^2$。

（3）开孔面积 S_0

指载体横截面上气体可通过的面积与单位孔面积之比。对于正方形小孔 $S_o = n(1-t)^2$。

（4）几何表面积 S_g

指单位体积载体的蜂窝孔的几何表面积，$S_g = 4n(1-t)$。

（5）动力学直径

指蜂窝孔最大内接圆的直径（此参数对流动阻力和压力降有较大影响）。

3. 蜂窝状催化剂和粒状催化剂对比

（1）体相传质

在汽车尾气催化净化器的实验研究中，证实了催化床外形与极限传质转化率无关，瘦长反应器和短粗反应器流速相同时，行为相同。蜂窝状催化剂能在水平形式的反应器中使用，粒状催化剂比较困难。

（2）颗粒内扩散

汽车尾气的催化反应是快速反应，转化速率与外表面积或几何表面积成正比。300 孔/平方英寸、400 孔/平方英寸蜂窝状载体几何表面积比颗粒直径 3~5mm 的大 3 倍左右。因此反应速率大为加快。

（3）压力降

汽车尾气催化转化器中压力降是一个重要指标，涉及汽车动力性、经济性、油耗等重要参数。在床层长度和气体流速相同时，蜂窝状整体催化剂的压力降比对应的粒状体系的值低 2~3 个数量级，甚至在高气体流速下，也能达到较低的压力降，并且不损失传质转化效率。

（4）传热

蜂窝状整体催化剂没有气体的径向分散，因此没有气流产生的径向传热。陶瓷孔壁的径向热传导很低，反应器可接近"等温"态，应用蜂窝状陶瓷催化剂的反应器接近绝热性质。汽车尾气催化反应是强放热反应，开始起燃后，反应温度迅速升高，有利于加快反应。存在的负面效应是，太高的温度影响催化剂的使用寿命。

（二）蜂窝状陶瓷载体的应用

1. 汽车尾气治理

外形尺寸根据汽车底盘和排气系统尺寸而定，常见的有圆形、椭圆形、跑道形等。

蜂窝孔形状有正方形、三角形、圆形、菱形、波纹形，常见的是正方形。

开孔数有 100、200、300、400、600（孔/平方英寸）。汽车催化剂常用 400 孔/平方英寸，摩托车催化剂常用 100 孔/平方英寸。

小孔壁厚为 0.10~0.30mm，根据开孔数和载体生产技术而定。

2. 柴油车尾气治理

柴油车主要污染物为炭粒（PM）、一氧化碳、HC、NO_x。使用催化剂应同时净化炭粒、一氧化碳、HC、NO_x并以除去炭粒为主。

蜂窝状陶瓷载体为壁流式，先过滤颗粒，然后氧化或燃烧去掉颗粒，这样过滤器可再生，重复使用。再生的主要方法有电加热法、柴油燃烧法、发动机节气流法、油料添加剂法或综合上述几种方法。蜂窝状陶瓷载体的过滤器在耐高温冲击方面存在局限性，最近采用缠线的陶瓷纤维过滤芯，不但可以过滤掉大量的颗粒，还可以俘获极其微小颗粒（最小$0.02\mu m$），净化效率超过90%，因有降低噪声作用，可取代消声器，降低成本。

3. 其他

蜂窝状陶瓷载体还可用作热交换器、煤气燃烧节能片、浇铸用的滤芯片、催化燃烧用的载体等。

（三）蜂窝状陶瓷载体的制备方法和主要设备

1. 制备方法

主要原料：高岭土（$Al_2O_3 \cdot 2SiO_2 \cdot 2H_2O$）、滑土（$3MgO \cdot 4SiO_2 \cdot H_2O$）氧化铝及黏结剂、润滑剂、扩孔剂、增塑剂等。黏结剂较好的是甲基纤维素、聚乙烯醇或硅树脂，常用的是甲基纤维素。

把高岭土、滑土、氧化铝磨成一定粒度细粉，加入增塑剂、润滑剂、黏结剂等形成塑性混合物。这种塑性混合物经过脱空气后，在特别的压模中挤条生成整体结构，根据要求切割成一定高度，烘干，焙烧驱赶掉有机物和液体。高温烧成使氧化铝、氧化镁、二氧化硅发生固相反应生成堇青石。

2. 主要设备

挤出机：有立式、卧式、可倾式（可任意调整挤出角度）三种型号。

模具：见图11-9。蜂窝模具由优质合金制造，壁厚、孔形、孔密度等根据要求而设计制造。

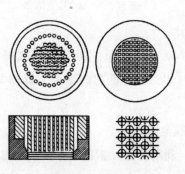

图 11-9　模具

三、车用催化剂

车用催化剂研究、生产、应用经历了四个阶段。目前已开发出第四代车用催化剂。第一代属于氧化型催化剂，主要对一氧化碳、HC 进行氧化。第二代三元催化剂，同时使一氧化碳、HC 氧化和 NO_x 还原。第三代低温起燃和耐高温的三元催化剂。第四代用钯部分或全部代替铂或铑。

（一）催化剂活性组分

1. 贵金属催化剂

主要组分有：Pt-Pd，Pt-Rh，Pd-Rh，Pt-Pd-Rh。常用含量：1.413～2.119g/L。常用比例：Pt/Rh＝5～10。

铂对一氧化碳、HC 有高的氧化活性，较好的抗中毒能力，对 NO_x 的还原性能差，热稳定性差。钯对一氧化碳、HC 有高的氧化活性，热稳定性好，对 NO_x 有较高的还原性能，抗中毒能力差。铑对 NO_x 有高的还原活性，对一氧化碳、HC 的氧化性能差。

贵金属催化剂有较低的起燃温度（见图 11-10）、高净化效率、较长的使用寿命，是目前国际上通用的汽车催化剂，但贵金属价格昂贵、资源稀少。因此如何降低贵金属含量，扩大操作窗口，是汽车催化剂研究的重要方向之一。

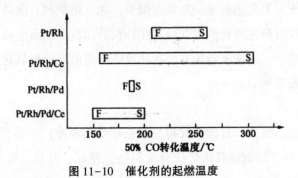

图 11-10 催化剂的起燃温度

F—新鲜；S—900℃烧结 2h

2. 贱金属为主的活性组分

主要是 Cu、V、Ni、Co、K、Mn、Mg、Zr 等的氧化物。此类催化剂本身活性较低、起燃温度高，但经改变制备方法，可降低起燃温度，提高氧化还原活性，但热稳定性较差，影响催化剂使用寿命。

3. 稀土—微量贵金属—贱金属

我国有丰富的稀土资源，利用稀土元素的特有性能及添加微量贵金属和适量贱金属，可使催化剂性能达到或超过贵金属催化剂（有许多催化剂的性能优于常用的 Pt-Rh 催化剂）。例如钯有优良的热稳定性，但钯对 HC 吸附性强，在氧气不足的情况下，易发生不完全氧化反应，生成一氧化碳，可用镧、钡、镍、钴提高钯的氧化活性；二氧化硫与三效催化剂中活性组分反应生成硫酸盐，以氧化镍储存的硫在还原气氛中会还原为硫化氢，硫化氢恶臭难闻，其毒性比一氧化碳、二氧化硫大，贵金属催化剂中加入氧化镜能吸收硫化氢并在氧化气氛下以二氧化硫的形式排出，改善贵金属催化剂对硫的中毒性能。

Pt-Rh 催化剂在高温下，其铂粒子烧结，粒子长大，Rh 氧化成 Rh^{3+}，并渗入氧化铝涂层空位中，从而使铑有效活性区丧失。而将铑置于钙钛矿体中，则会防止贵金属离子烧结，并同时提高钙钛矿催化剂活性。

4. 不同活性组分所制备的催化剂性能比较

（1）起燃温度：见图 11-11。

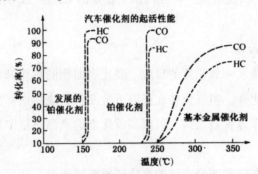

图 11-11　不同成分催化剂的起活性能

（2）耐热性：见图 11-12。

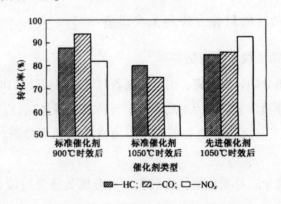

图 11-12　不同成分催化剂的耐热性

5. 柴油机尾气催化剂

柴油机由于高空燃比，过量氧使燃油燃烧充分，节省了燃料，增大了功率，降低了一氧化碳、HC 的排放，但有大量的 NO_x 排放，同时大量颗粒物也随之排放。对于柴油机尾气，NO_x 和颗粒物成为主要治理对象。柴油机尾气比汽油机尾气治理更复杂，其中气、液、固三相都存在，气相中主要有一氧化碳、HC、NO_x、二氧化硫等，液相、固相则会在一起形成颗粒物或颗粒物总量（TPM）。

颗粒物过滤器为壁流式蜂窝状陶瓷，其构型为有许多独立的孔通道，其一端开口、一端封闭，废气进入后从侧壁过滤出。催化剂使用一定时间后用催化燃烧法再生。

氧化还原催化剂以铂、钯、铑、钒为活性组分，二氧化硅、二氧化钛做活性涂层。

（二）稀土在车用催化剂中的作用

1. 提高催化剂的热稳定性

汽车催化剂的热稳定性主要决定于以 Al_2O_3 为基质的涂层热稳定性，La、Ce、Y 能稳定 γ-Al_2O_3，La_2O_3 与 Al_2O_3 能形成一种在高温下稳定的 La-β-Al_2O_3 层状结构，Al_2O_3-CeO_2 涂层使 CeO_2 分散均匀。

2. 促进水煤气变换反应

重整反应和一氧化碳、一氧化氮的反应。高比表面积的氧化铈能降低汽车催化剂的起燃温度，提高催化剂转化率。但氧化铈在高温下会使颗粒烧结而降低催化活性，在氧化铈中掺入锆稳定氧化铈的立方萤石结构，可提高催化剂的高温热稳定性。

3. 提高储氧能力

氧化铈由于其三价态铈和四价态铈的氧化还原转换能力，能提高三效催化剂对一氧化碳、HC 的氧化和对一氧化氮的还原作用。

4. 氧化铈能提高贵金属的分散性而使催化剂活性和耐热性提高

（三）车用催化剂的制备方法和主要设备

1. 催化剂涂层（第二载体）的制备

以堇青石为主要组分的蜂窝陶瓷，由于在制备时经高温烧结其比表面积小（$<1m^2/g$），在制备催化剂之前须涂覆以氧化铝为基质的涂层（称第二载体），以提高催化剂性能。蜂窝陶瓷涂层的上涂量、上涂后的比表面积、添加剂类别都直接影响催化剂活性和使用寿命。

根据 FTP-75 测试方法对催化剂比表面积、贵金属负载量与催化活性的关系进行研究，得出如下结论：

$$E = (a + be^{-d}) + [E_0 - (a + be^{-d})] e^{-\alpha x} \qquad (11-5)$$

式中：E 为有害气体的排放量；x 为催化剂比表面积；d 为贵金属负载量；a、b、c、E_0 为常数。

当贵金属含量固定时（a、b、c 为常数），有害物质排放量与比表面积的关系：

$$E = A + Be^{-\alpha x} \tag{11-6}$$

当贵金属负载量一定时，载体涂层的上涂量高，比表面积大，提高了活性组分的分散度，减少了相邻活性组分之间的相互作用，阻止了聚焦烧结，同时涂层能充当某些使催化剂中毒物质的吸附剂，从而提高了催化剂活性和使用寿命。

在涂层中添加碱土金属氧化物（MgO、CaO、SrO、BaO）、稀土金属氧化物（La_2O_3、CeO_2）和过渡金属氧化物（ZrO_2、TiO_2）等，能提高 Al_2O_3 的热稳定性，CeO_2 的加入还可提高催化剂的储氧能力。

高表面积涂层的制备方法主要有三种：

（1）溶胶法

将蜂窝状载体浸在含有高比表面积氧化物的胶体溶液中，经热处理后得到涂层。

（2）浸渍法

将蜂窝状载体浸在含有所需离子的盐溶液中，然后加热分解，得到一种氧化物。这种浸渍可重复进行，以得到理想厚度的涂层。

（3）浸渍、沉淀法

蜂窝状载体先用一种金属盐处理，然后用沉淀剂沉淀，加热得到一种氧化物。

目前常用的是溶胶法。涂层常用氧化物是氧化铝。氧化铝胶体的制备：水合氧化铝、酸添加剂、表面活性剂等经研磨搅拌而得。影响涂层量和热稳定性的主要因素有：蜂窝陶瓷性能、溶胶原料性能、溶胶 pH、溶胶流动性、溶胶粒度、添加剂种类和加入方法等。一般的上胶量（质量分数）为 10%~15%。

2. 催化剂制备

整体式催化剂制备有四种方法：

（1）在制备整体式载体过程中并入催化剂

该方法使不少催化材料被埋在基体中，结果不表现催化活性。因此，催化活性材料要相当便宜，以贵金属为主要活性组分的车用催化剂不能采用。

（2）活性材料直接沉积在整体式载体上

此方法的缺点：由于整体式载体比表面积相当低（$<1m^2/g$），活性金属分散度太差，不能充分发挥其作用。

（3）在整体式载体上涂覆高比表面积涂层，然后浸渍活性金属

这是通用的方法。

（4）同时沉积高比表面积涂层和催化活性材料

此方法包括催化活性材料与 Al_2O_3 胶合并，然后涂覆在整体式载体上。该方法可降低中毒的敏感性，但活性组分利用率不高。

3. 浸渍法催化剂制备

将活性组分铂、钯、铑的盐类溶解，分别浸渍载体，经干燥、焙烧形成催化剂（如图 11-13 所示）。此制备方法可减少中毒和提高热稳定性。

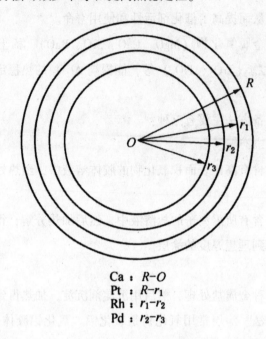

Ca：$R-O$
Pt：$R-r_1$
Rh：r_1-r_2
Pd：r_2-r_3

图 11-13　浸渍法催化剂

4. 主要设备

（1）催化剂干燥网带窑

采用红外干燥与热风干燥相结合方式，分区控制，在每区的窑顶设置热风循环机，在窑内形成几个断面热风循环，以加强传热及传质过程。

（2）催化剂焙烧窑

其窑型有推板窑、台车式隧道窑、辊道窑及网带窑。以上窑型不同之处在于传输工具的不同。一般采用网带窑，因网带运行平稳，无需垫板之类窑具，催化剂直接放置在网带上，可采用微机管理，全自动运行。

（四）车用催化剂评价车用催化剂从实验室研究、试验：

①载体和催化剂小样实验室试验。性能试验。载体：机械强度、振动、热冲击试验等。催化剂：空燃比特性和起燃特性。耐久性试验：采用老化试验方法进行耐久性试验，对比催化剂小样试验前后的性能。②发动机台架上性能和耐久性试验：催化转化器在不同空速下的空燃比特性和起燃特性试验，装备催化转化器前后发动机特性和负荷特性试验。耐久性试验，包括老化试验方法及耐久性试验前后催化转化器的性能试验对比结果。③整

车匹配优化试验。④整车考核试验。

第三节　超细颗粒催化剂

一、　超细颗粒的特性

超细颗粒的尺度介于原子、分子与微粉、块状物体之间，它属于微观粒子与宏观物体交界的过渡区域。普遍的观点认为其粒径大小在 1~100nm 间，也有将亚微米级的颗粒归入超细颗粒之列，这样超细颗粒的尺度就拓宽为 1~1 000nm 量级。

超细颗粒也称为超微颗粒、超细粉末、超微粒子、纳米颗粒和纳米粉末等。

物质从宏观尺寸向微观尺度过渡时，在一定条件下，颗粒尺寸的量变会引起其物理、化学性能的质变。超细颗粒性能的特异性可以归因于以下四种效应。

（一）小尺寸效应

当物质的体积减少时，将会出现两种情形：一种是物质本身的性质不发生变化，而只有那些与体积（尺寸）密切相关的性质发生变化，如半导体电子自由程变小、磁体的磁区变小等；另一种是物质本身的性质也发生了变化。宏观物体的物性是无数个原子或分子组成的集体的属性，而超细颗粒中的物性由有限个原子或分子结合的集体的属性所确定。例如超细金属颗粒的电子结构与大块金属迥然相异。在大块金属中，无数金属原子的价电子集中起来构成了连续的能带结构；而在金属超细颗粒中，电子数量有限，一般在 10^3~10^5 个，形成分立的能级。一般粒径小于 10nm 的金属超细颗粒，在低温下应能观察到这种能级分立现象。

当超细颗粒的尺寸与光波的波长、传导电子的德布罗意波波长以及超导态的相干长度或透射深度等特征尺寸相当或更小时，周期性的边界条件将被破坏，声、光、电磁、热力学等特征均会呈现小尺寸效应。如金属超细化后熔点将大幅度降低，2nm 的金颗粒熔点为 327℃，而块状金的熔点为 1064℃。超细银粉的熔点可降低到 100℃。

（二）量子尺寸效应

块状金属的电子能谱为准连续能带，而当颗粒中所含的原子数随尺寸减小而降低时，费米能级附近的电子能级将由准连续转变为分立能级。能级的平均间距与颗粒中自由电子的总数成反比例。当分立能级的间距与热能、磁能、静电能、光子能量或超导态的凝聚能相匹配时，就必须考虑量子效应。例如，颗粒的催化性质、磁化率和比热容等与其所含电子的奇、偶数有关，光谱线频移现象的产生等都可用量子尺寸效应来解释。

（三）宏观量子隧道效应

微观粒子具有贯穿势垒的能力，称为隧道效应。近年来，人们发现一些宏观量如超细颗粒的磁化强度和量子相干器件中的磁通量具有隧道效应，称为宏观量子隧道效应，利用它可以解释超细镍颗粒在低温下连续保持超顺磁性的现象。

（四）表面效应（界面效应）

随着颗粒尺寸的变小，比表面积将反比例于颗粒直径而显著增大，表面原子数占总原子数的比例迅速增高。当超细颗粒的粒径为 10nm 时，表面原子的比例约占到 50%。固体表面原子与内部所处的环境不同，庞大的比表面积使表面键态严重失配，表面台阶和粗糙度增加，出现了许多表面活性中心，使得超细颗粒具有很强的化学活性。随着颗粒的超细化，颗粒的表面张力增加，表面能增大，从而对颗粒粉末的烧结和扩散过程产生很大的影响。

二、超细颗粒的化学性质

超细颗粒特殊的表面效应和体积效应决定了其具有特殊的化学性质。

（一）吸附性质

超细颗粒表面原子的比例很高，表面原子的键合不饱和度很大，因而具有很强的化学吸附能力。

（二）化学反应性

超细颗粒的表面能很高，化学不饱和度很高，表现出很强的化学反应性。如新制备的金属超细颗粒接触空气时，会发生剧烈的氧化反应或燃烧。

（三）催化性质

超细化使比表面积增大，使表面活动中心增多，表面活性增强。超细颗粒由晶粒或非晶态物质组成，由于其小尺寸和表面效应，其界面也是无规则分布，超细颗粒中的界面原子排列既不同于长程有序的晶体，也不同于长程无序、短程有序的非晶态（玻璃态）固体结构，而具有类气态的结构特征。因此一些研究人员把纳米材料称为晶态和非晶态之外的

"第三态固体材料"。超细颗粒界面类气体性质，使得气体通过超细材料的扩散速率比通过相应的块体材料高约三个数量级，因此超细颗粒催化剂具有高活性和高选择性。半导体超细颗粒作为光催化剂具有很高的光催化效率，近年来也备受关注。

三、 超细颗粒的制备

制备超细颗粒的方法大致可以分为两大类：一类是以原子、离子或分子等微观粒子为起点，经由成核和生长等过程聚集成超细颗粒；另一类是将宏观物质借助于机械力等使其超细化而制成超细颗粒。按照制备超细颗粒时原料的状态可以分为固相法、液相法和气相法。按制备超细颗粒过程中发生的作用可分为物理法、化学法和物理化学法等。

根据超细颗粒产品的应用目的不同，对超细颗粒的性能有不同的要求，除一般的对材料的组成、纯度、晶型结构等性能有要求外，对粒径及其分布、粒子的形貌、比表面积以及在介质中的分散性和流动性等还有特别的要求。

（一） 机械粉碎法

超微机械粉碎是在传统的机械粉碎技术的基础上发展起来的。固体物料的粉碎过程，实际上是在机械力的作用下不断使固体块料或颗粒发生变形进而破裂的过程。一般包括压碎、剪碎、冲击粉碎和磨碎等过程，实际上一个机械粉碎过程是上述过程的一个组合。如球磨机和振动磨是磨碎和冲击粉碎的组合，气流磨是冲击、磨碎与剪碎的组合。

理论上，固体的机械粉碎所能达到的最小粒径为 $10 \sim 50nm$，然而目前的机械粉碎设备与工艺却很难达到这一理论值。例如采用回转磨粉碎，可制备粒度为 $0.2\mu m$ 的 Al_2O_3 超细颗粒。

常用的机械粉碎设备有球磨机、振动球磨机、振动磨、搅拌磨、胶体磨、行星磨、行星振动磨、超细气流粉碎机等。这些粉碎设备的设计都是围绕作用于物料的力的频度、强度以及能量集中度等方面进行的。机械粉碎法目前一般只能达到 $0.5\mu m$ 的细度要求，严格地讲这还不属于超细颗粒的范畴（$1 \sim 100nm$），并且由于器壁和介质的磨损易污染产品，影响产品的纯度。但机械粉碎法在设备和工艺上较为成熟，是生产超细颗粒中应用较为普遍的方法，因为很多用其他方法生产的超细颗粒前驱物一般还须经机械粉碎以达到宏观上的细微化和团聚体的解聚。

（二） 物理方法

把蒸发—冷凝、冷冻干燥、喷雾干燥以及超临界流体法等一般只涉及物理过程的制备超细颗粒的方法归入物理方法。

1. 蒸发—冷凝法

通过适当的热源使可凝性物质在高温下蒸发，然后在一定的气氛中或在冷的基材上（衬底上）骤冷从而形成超细颗粒，这是最早发展起来的金属超细颗粒的制备技术。获得高温状态的加热源从最初的炉源加热发展到了电弧加热、电子束加热、等离子体加热和激光束加热等。由于颗粒的形成是在很高的温度梯度下完成的，因此得到的颗粒尺寸很小（可小于 10nm），而且颗粒的团聚、凝聚等形态特征可以得到良好的控制。在这些新的高效的高温加热源应用后，成功地制备了 MgO、Al_2O_3、ZnO 和 Y_2O_3 等高熔点超细颗粒。如果在合成装置中引入一些反应性气体，使其在高温下与蒸发的金属蒸气发生化学反应可以合成金属—氮及金属—硼、金属—磷类超细颗粒。

金属蒸发-冷凝法合成技术也可用于制备高分散的负载型零价金属催化剂，被负载的金属粒径一般在几纳米左右，显示出优良的催化活性和选择性。利用此方法已制备了 Ni/Al_2O_3、Ni/SiO_2、Pd/Al_2O_3、Ag/Al_2O_3、Ni/MgO、Fe/Al_2O_3 和 Co/Al_2O_3 等多种负载型金属催化剂。

2. 冷冻干燥法

就是先使欲干燥的溶液以雾化的微小液滴喷雾冷冻固化，然后在低温低压下真空干燥，将溶剂升华除去，得到超细颗粒。一般情况下，还须进行进一步的热处理最终制成氧化物、复合氧化物和金属超细粉末。

冷冻干燥法的关键是选择合适的溶剂、适当温度的冷源和收集升华出来的溶剂的方法，以保证升华连续进行。冷冻温度和升华干燥速度必然会影响产物的形貌、粒度大小及粒度分布。

冷冻干燥法适宜于制备要求各组分分布均匀的多组分超细颗粒和前驱体溶液黏度较高、表面张力较大的体系，如溶胶—凝胶法制得的凝胶的干燥、高分子超细颗粒的制备等。

3. 喷雾热分解法

在冷冻干燥法的基础上将喷雾干燥和热分解结合在一起的超细颗粒制备方法。通过选择和配置适当的前驱体溶液和喷雾干燥条件可制得薄壳空心状、实心球状等各种确定组成和形状的超细颗粒。

用上述冷冻干燥法和喷雾热分解法制备了诸如 $LaMnO$、$CuO \cdot Cr_2O_3$、$CoO \cdot Fe_2O_3$、$MnO \cdot Fe_2O_3$ 和 $BaTiO_3$ 等多种复合氧化物超细颗粒催化剂。

4. 超临界流体法

利用超临界流体独特的溶解能力和传质特性可以制备粒度分布窄的超细颗粒。超临界流体法又有超临界抽提法和超临界流体溶液快速膨胀法（RESS）。

超临界抽提法制备超细颗粒是把溶剂在其超临界温度以上除去，在超临界温度以上，溶液变成了流体，不存在气—液界面，所以在溶剂的除去过程中表面张力或毛细管作用力已被消除，这样可制得多孔的、高比表面积的金属氧化物或混合金属氧化物。一般的制备步骤有：第一，利用醇盐可溶解在醇或苯中的性质先制成溶液，然后计量加水水解制得溶胶或凝胶；第二，把制好的胶移入高压釜中，密封、升温，使其溶剂醇或苯达到超临界条件，在此温度放出溶剂与抽提出来的水；第三，用惰性气体吹净表面残留的溶剂。

超临界流体溶液快速膨胀法利用超临界流体独特的溶解能力，将固体溶解在超临界条件下的溶剂中，通过细而短的喷嘴把流体喷入低温低压的场合，由于超临界流体的迅速膨胀，溶解能力迅速降低，使溶质沉析生成一般为无定形的粒径均匀的超细颗粒。用超临界流体法制备的 SiO_2 的比表面积可达 $1\,000m^2/g$，Al_2O_3 的比表面积可达 $700m^2/g$。

（三）化学方法

超细颗粒的化学合成方法又可根据化学反应进行时所处的相态不同主要分为气相法和液相法。如气相法有气相分解法、气相合成法、气固相反应法和化学气相沉积（CVD）法等。液相法有沉淀法、共沉淀法、均匀沉淀法、水解沉淀法、水热合成法、溶胶—凝胶法和微乳液法等。以上罗列的超细颗粒的化学合成方法与常规的催化剂合成方法原理上基本相同，只是在如何控制颗粒大小方面在合成工艺上有一些特殊性。下面仅就 CVD 法和微乳液法做进一步的介绍。

1. 化学气相沉积法

这是利用气体原料（或可气化的液体原料和可升华的固体原料）在气相中通过化学反应，经过成核、生长两个阶段合成薄膜或颗粒粉体等超细材料的工艺过程。它具有过程连续、产品粒径和形貌可控以及产品纯度高等优点。最初的 CVD 反应器是由炉加热，由于反应器温度梯度小，合成的粒子不但粒度大，而且易团聚和烧结。等离子体 CVD 和激光 CVD 等技术主要是在反应器内对物料实现快速均匀加热，在反应器内形成巨大的温度梯度，这样粒子能在高温区快速生成并在低温区骤冷，从而制得高纯的纳米颗粒，特别适合于制备多组分、高熔点的化合物。但这些方法成本高、放大困难，较难进行工业化大规模生产。

内燃烧式 CVD 反应器使反应物在燃料燃烧的高温火焰中进行反应合成超细颗粒。

在 CVD 过程中，生成超细颗粒与成膜是两个同时进行的竞争过程。一般在工业生产过程中通过采用机械刮刀不断清除在反应器壁上的膜层，用惰性气体在器壁上形成一层气膜，将粒子与器壁隔离以及用高速的砂或耐磨的 ZrO_2 粒子等（如须进行液相表面改性的粉体合成时可用食盐颗粒）不断冲刷器壁，阻止在反应器壁上的成膜。如果不采取适当的防止在反应器壁上成膜的方法，工业反应器会在很短的时间内因器壁结疤而不能正常生产。

2. 微乳液法

通过选择适当的油相、表面活性剂和助表面活性剂制成油包水的微乳液体系。乳液中每个油包水的乳化单元就相当于一个微反应器。当在一定条件下将两份微乳液混合，微反应器中的不同种物质借助传质动力可以穿过表面活性剂和助表面活性剂组成的界面进入到另一个微反应器中进行反应。由于反应局域在微乳所形成的微反应器单元中进行，因此可以通过微乳液的乳化状态调节微反应器的尺寸，从而制备出粒径均匀可控的超细颗粒。如利用氢氧化钠与十二烷基苯磺酸钠/甲苯/水乳液中的三氯化铁反应制备了粒径为 15nm 左右的超细 Fe_2O_3 颗粒。

利用将制备超细颗粒的反应场合（微反应器）限域化来控制粒子生长的原理，新近发展了在具有介孔结构和层面结构等的材料中组装纳米颗粒的技术，这种技术一方面能合成粒度均一可控的超细颗粒，同时也解决了超细颗粒在使用过程中易团聚（聚集）长大的问题。

（四）超细颗粒制备中的共性问题

通常谈到的超细颗粒的粒径是指一次粒子的大小，即原生粒子的粒径。由于超细颗粒的表面能很大，是热力学的不稳定状态，超细颗粒易凝聚或聚结在一起，形成大小不等的团聚体。根据超细粒子间团聚力的大小将团聚体分为软团聚体和硬团聚体。软团聚体是指团聚力较弱能经一般的粉碎或分散技术解聚的超细颗粒。不易解聚的团聚体为硬团聚体。

由大部分方法（尤其是液相法）合成的超细颗粒经热处理后都呈块状，因此一般均须经过机械粉碎等方法解聚。

与传统的粉末材料合成方法相比，液相法合成超细颗粒时，由于颗粒非常微细，将超细颗粒从母液中分离非常困难。除了强化各种传统的过滤、离心分离等液—固分离技术外，目前还没有很好的解决办法。一个解决问题的途径是在合成超细颗粒时，主观地让颗粒形成软团聚的团聚体，使颗粒的洗涤、液—固分离过程易于进行，然后再用机械粉碎的办法解聚。

由液相法合成的超细颗粒前驱体（如沉淀物）一般还须经过烘干和焙烧使其转变成所需的化学组成和晶体结构状态。超细颗粒在热处理时极易形成硬团聚体甚至发生烧结。除了在焙烧方法和工艺方面加以改进外，一般是在合成超细颗粒母体时对其表面进行改性，降低其表面能，从而阻止热处理过程中的粒子长大和烧结。超细颗粒的表面改性也是改善其在不同介质中的分散性和流变性等性能的关键步骤。

在用机械法和气相法合成超细颗粒时，基本上都要涉及超细颗粒的捕集和分级过程。

实验中通常采用的捕集方法有重力沉积、液相捕集、场（电磁或磁场）捕集、热沉积以及膜式捕集等。

重力沉积依靠颗粒自身的重力进行沉积，对超细颗粒而言，在收集室内漂浮不定，很难在短时间内完成有效的沉积而捕集。液相捕集是将分散有超细颗粒的气体吹入到液体中，再经液—固分离，收集超细颗粒。场捕集是利用静电场或稳恒磁场来实现超细颗粒捕集的一种有效方法，由于超细颗粒表面原子数占总原子数比例很大，表面悬挂键增多，相应的电荷数量及载荷能力也增大，为场捕集提供了可能。热沉积捕集是利用超细颗粒在存有温度梯度的空间中通常是向低温方向移动并在"最冷"处析出的特点。膜式捕集是利用超滤薄膜实现对超细颗粒的捕集，通常说的滤袋收集就是膜式捕集。为避免过滤膜很快被堵塞，可采用定期反吹技术和振动膜式捕集技术。

在超细颗粒制备中所涉及的分级技术，一般是针对颗粒粒径而进行的分级，通俗地讲，就是将粉末按粒径大小分成不同的收集区域。按分级原理可分为重力分级、惯性分级和离心力分级等，常用的旋风分离分级技术实际上是上述几种分级作用的组合。

四、 超细颗粒催化剂

多相催化的有效场所是固体催化剂的表面。超细颗粒中表面原子占总原子数的比例很高，表面化学键合高度不饱和，加上表面丰富的阶梯和台阶缺陷，提供了数目巨大的催化活性中心。当由超细颗粒成型为块体材料时，超细颗粒间形成类气态的界面，物质（如反应底物）在该界面间（内孔）的传质速率很快。超细颗粒所有这些性质自然激起了催化工作者的极大兴趣。

（一） 金属超细颗粒催化剂

金属催化剂的性能在很大程度上取决于活性组分的分散性，金属粒子的超细化过程与其高分散化过程是并行的，因此金属超细颗粒催化剂研究得最早和最为活跃。

利用气相沉积法，制得粒径 20nm、比表面积 $37m^2/g$ 的 α-Fe 超细颗粒，用作一氧化碳液相加氢催化剂。与沉淀铁（比表面积为 $12m^2/g$）催化剂比较，超细铁的催化活性约为普通沉淀铁催化剂的 2.8 倍。

对于环辛二烯加氢合成环辛烯的反应，关键在于抑制深度加氢反应生成环辛烷。当使用粒径为 30nm 的超细 Ni 作为催化剂时，选择性为 210，而普通 Ni 催化剂的选择性为 24。

（二） 氧化物超细颗粒催化剂

对于反应 $CO + H_2 \rightarrow CH_3OH$，采用粒径为 25nm 的超细 Cu-Zn-O 作为催化剂和液相

悬浮反应条件，由于抑制了 C_2、C_3 和 C_4 等产物的生成，使选择性比普通催化剂提高了约 8.6 倍。

常规的 NiO/Al_2O_3 与非负载型的 NiO 都是烯烃完全氧化的催化剂。而超细 NiO/Al_2O_3 催化剂则对烯烃部分氧化具有 100% 的选择性。例如超细 NiO/Al_2O_3 催化剂可将异丁烯 100% 地氧化为丙酮和甲基丙烯醛。

在利用 NiO 把烯烃、烷基芳烃和烷烃转变为胺的反应中，当在氨和氧气存在下（氨氧化过程），含有 Sb、Sn 或 Mo、Bi 氧化物的常规催化剂，对于烷烃与芳烃是惰性的。但如果使用超细颗粒 NiO/Al_2O_3 或 $NiO/Al_2O_3-SiO_2$ 催化剂，对烷烃和芳烃可达 80% 的生成胺的选择性。

Fe_2O_3 是 F-T 合成催化剂。当 Fe_2O_3 负载在超细 Al_2O_3 或 SiO_2 上做催化剂时，其 F-T 合成的活性比常规催化剂高 2~3 个数量级，而且不易失活。这是由于 Fe_2O_3 与载体表面相互作用形成 $\gamma-Fe_3O_4$，使其具有很好的稳定性，导致还原性铁失活的主要原因是形成石墨碳与碳化铁的现象被抑制了。例如，具有比表面积 $800m^2/g$ 的超细 Fe_2O_3/Al_2O_3，产率为每克催化剂每小时 1kg 烷烃，而常规的还原性铁（其比表面积为 $10m^2/g$）在相同条件下，产率为每克催化剂每小时 1g 烷烃。

丙醛的加氢反应按下列两种途径进行：① $CH_3CH_2CHO + H_2 \rightarrow CH_3CH_2CH_2OH$ 和② $CH_3CH_2CHO \rightarrow C_2H_6 + CO$，催化剂以 SiO_2、TiO_2 和/咕为载体，镍、铑为活性组分。当使用超细 SiO_2（粒径 2~3nm）为载体，与常规载体比较，醇/一氧化碳比提高了 5 倍以上。

超细的 Fe、Ni 与 $\gamma-Fe_2O_3$ 混合轻烧结体可以代替贵金属作为汽车尾气净化催化剂。

（三）光催化剂

半导体氧化物或硫化物是目前研究得最多的光催化剂。当能量大于半导体禁带宽度的光辐照在光催化剂上时，光催化剂的价带电子吸收光子的能量跃迁到导带，从而在半导体的价带和导带分别产生了光生空穴和电子。这些光生载流子如果能在复合前迁移到光催化剂的表面并被捕获生成反应活性物种如羟基自由基·OH、O_2^-、H_2O_2 和 H 等，则可引发各种氧化还原反应。

由于纳米级超细颗粒光催化剂对光的吸收效率非常高、生成的载流子迁移至表面的路径较短不易复合以及量子尺寸效应等优势，高效的光催化剂都是纳米级超细颗粒。

由四氯化钛蒸气在氢氧燃烧焰中水解反应合成的平均粒径为 40nm 的 P25 TiO_2 光催化剂，对甲苯气相氧化为二氧化碳和水的活性比粒径为 300nm 相同组成的 TiO_2 催化剂高 280 倍。

超细颗粒催化剂的研究方兴未艾。近来，对金属的氮化物、硼化物和磷化物超细颗粒催化剂有较多的研究报道。由于超细颗粒的高化学活性和表面能，使得其在反应体系中的稳定性有待提高。超细颗粒催化剂的高成本和低稳定性，限制了它的大规模工业应用，超细颗粒催化剂的高活性和高选择性又展现了诱人的应用前景，超细颗粒催化剂将首先在高附加值的精细化工产品的合成中获得工业应用。

第四节 均相络合催化剂

尽管至今化学工业上采用的主要是多相催化剂，但均相络合催化剂所占比例正越来越大，特别是在石油化工和精细化工产品的制造上，均相催化过程占有十分重要的地位。

均相催化的优点在于：①反应条件缓和，有利于节约能源，减少设备投资。②催化剂活性高、选择性好，有利于降低原料消耗，减少环境污染。特别有利于发展从源头治理污染的清洁生产过程的绿色化学技术，实现原子经济性反应。③由于均相络合催化剂的分子结构确定，制备重复性好，反应机理比较容易认识清楚，因此新过程的开发周期较短。

均相催化的缺点是：反应物和产物与催化剂处于同一相，而且均相络合催化剂价格较贵，反应后催化剂必须分离回收和循环使用，增加了分离回收的工艺步骤。

对于一个化学产品的生产过程而言，是采用多相催化或均相催化工艺，一方面取决于原料的反应活性，另一方面取决于催化剂的性能，从原料和能量消耗、设备投资、环境保护等因素决定取舍。本节主要介绍工业化的重要均相络合催化反应所用催化剂。

一、 甲醇羰基化合成乙酸

Monsanto 公司成功开发的甲醇低压羰基化法是生产乙酸的最主要方法。甲醇羰基化法以甲醇和一氧化碳合成乙酸的反应为最典型的原子经济反应，其原子经济性达 100%。

甲醇羰基化的热力学计算和实验测定表明，$\Delta H^{\ominus} = -137.9kJ/mol$，$\Delta G^{\ominus} = -88.9kJ/mol$，这意味着羰化反应是放热反应，在标准状态下反应平衡是趋向于生成乙酸，但平衡常数随温度升高而减小，因此降低反应温度和增大反应压力有利于转化率提高。然而由于此反应活化能较高，必须在催化剂参与下才能达到工业生产上可接受的反应速率，因此高活性催化剂的研究成为此项技术的关键。

近年来甲醇羰基化合成乙酸工艺取得重大改进，已成功应用于工业生产的是 BP 化学公司推出的 Cativa 工艺过程。此过程用较廉价的铱取代铑，同时加入钌做助催化剂，使原来采用铑催化剂的工厂的生产能力提高了很多。

二、 烯烃氢甲酰化反应

通过烯烃氢甲酰化反应合成醛，再进一步加氢生产醇或氧化生产羧酸，已成为均相催化在工业生产中应用的最大领域之一。这是一个原子经济性达 100% 的化学反应，其化学反应式如下：

$$RCH = CH_2 + CO + H_2 \rightarrow RCH_2 CH_2CHO + RCH(CH_3) CHO \qquad (11-7)$$
$$（式中 R = H 或烷基、芳基）$$

（一） 羰基钴催化剂

不管是以 $Co_2 (CO)_8$ 还是以钴盐（乙酸钴、碳酸钴、环烷酸钴）或金属钴加入，它们在高压氢气和一氧化碳存在的氢甲酰化条件下，首先转化为 $HCo (CO)_4$，然后再脱去一个 CO 配体，进一步转化为催化活性物种 $HCo (CO)_3$。因为 $Co_2 (CO)_8$ 和 $HCo (CO)_4$ 都是 18 电子的稳定络合物，当它转化为不饱和的 16 电子的 $HCo (CO)_3$ 后才是活泼的催化剂。由于羰基钴催化活性物种要在很高的一氧化碳压力下才较稳定，否则容易分解，因此反应过程要求的压力很高，合成气总压达 20~35MPa，这使设备投资和操作费用较高。对羰基钴催化剂体系，影响产物醛的正/异构比的最重要反应参数是一氧化碳分压。当以丙烯为原料时，一氧化碳分压从 0.25MPa 升至 9.0MPa，100% 时，醛正/异构比从 1.6 升至 4.4，增加了近三倍。羰基钴催化剂对醛的加氢活性不是很高，在 180℃，大约有 10% 的醛转化为醇。对烯烃加氢的活性也较小，仅为 1% 左右。但是生成其他沸点较高的产物较多，约占 9%。

（二） 叔膦改性的羰基钴催化剂

叔膦改性的羰基钴配合物具有高得多的稳定性，因而可以在较低的一氧化碳压力下使用，而且它在催化烯烃氢甲酰化反应中显示出较高的加氢活性，生成的产物以醇为主，对生成正构醇的选择性可达 90% 以上，因此这种催化剂可以在比羰基钴缓和的反应条件下使用。此催化剂的不足之处是它的活性较未改性的羰基钴催化剂低。Shell 公司专利中最早报道的是用三丁基膦（PBu_3）做改性配体，而后来在高碳醇生产中实际是用一种多元的高碳数烷基膦（牌号为 RM-17）作改性配体。此催化剂可以写为 $HCo (CO)_3L$，式中 L 代表叔膦配体，其通式为 $PR_1R_2R_3$。其中 R_1、R_2、R_3 可以相同，也可以不同，但大多数情况下三者都是相同的，R 可以是烷基、烷氧基、环烷基，也可以是芳香基。

在反应机理方面，和前面描述的用 $HCo (CO)_4$ 做催化剂时十分相似。催化循环仍是按照 166~186 规则的系列基元反应进行。催化活性物种 $HCo (CO)_2L$（L 为叔膦）是由

HCo（CO）$_3$L 解离一个羰基而成：

$$HCo（CO）_3L \rightleftharpoons HCo（CO）_2L + CO \qquad (11-8)$$

配合物 HCo（CO）$_3$L 的制备可以从钴盐、叔膦在 4~6MPa 合成气（H$_2$/CO = 2）压力下进行，也可以从 Co$_2$（CO）$_8$ 出发，用叔膦取代两个羰基再经加氢制得：

$$CoCl_2 + L \xrightarrow{H_2/CO} HCo（CO）_3L + 2\ Cl^- \qquad (11-9)$$

或

$$Co_2（CO）_8 \rightarrow Co_2（CO）_6L_2 \qquad (11-10)$$

$$Co_2（CO）_6L_2 + H_2 \rightarrow 2HCo（CO）_3L \qquad (11-11)$$

叔膦改性的羰基钴催化剂中叔膦圆锥角的空间效应是使烯烃氢甲酰化产物醛的正/异比提高的重要原因，但不是唯一的原因。这类催化剂除了氢甲酰化反应活性较低外，由于它们的加氢活性高，致使部分烯烃在反应中被加氢为价值低的烷烃。现在叔膦改性的钴催化剂在丙烯氢甲酰化反应中应用很少，但在长链烯烃氢甲酰化合成高碳醇中仍是主要使用的催化剂。

（三）油溶性铑膦络合催化剂

铑基催化剂比钴基催化剂在烯烃氢甲酰化反应中具有高得多的催化活性，可以在更温和的反应温度和压力下操作。未修饰的羰基铑催化剂 HRh（CO）$_3$ 的反应活性比相应的钴催化剂 HCo（CO）$_3$ 高出 10^2~10^4 倍，用叔膦或叔胂取代的羰基铑络合物对烯烃氢甲酰化反应具有特别优良的催化性能。与此同时 RhCl$_3$（PPh$_3$）$_3$ 在苯溶液和 H$_2$/CO 气氛下，可在常温常压下催化 1-戊烯和 1-己烯氢甲酰化反应，生成己醛和庚醛。此后，许多叔膦取代的铑络合物，例如 Rh（CO）L$_2$（L=PBu$_3$，Pi-Bu$_3$，PPh$_3$ 等）、HRh（CO）（PPh$_3$）$_3$ 等，被开发用作催化剂前体。实际上，在烯烃氢甲酰化反应条件下，这些催化剂前体都可转化为相同的催化活性物种氢化二羰基膦铑络合物 HRh（CO）$_2$L，这是催化循环中的关键中间体。

铑膦络合物催化烯烃氢甲酰化反应机理，已提出两个催化循环过程来解释。其一为解离催化循环，首先有一膦配体，从络合物上解离出来，它类似于钴络合催化剂；其二为缔合催化循环，首先有一烯烃缔合于五配位的催化活性物种上的过程。如图 11-14。

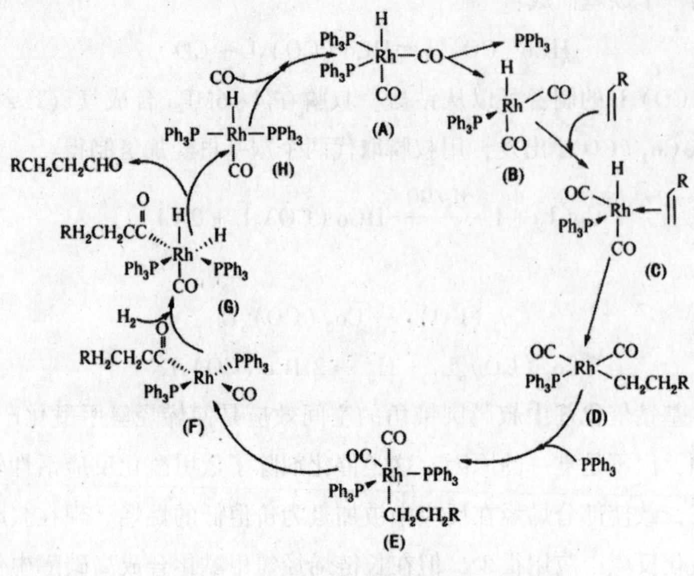

图 11-14　铑膦催化剂上解离催化循环

在解离催化循环中，首先络合物（A）解离出一个三苯基膦配体（B），接着烯烃配位（C）和氢转移形成烷基配位的中间物（D），再经 PPh_3 配位（E）和 CO 插入反应生成酰基化合物中间体（F），随后经氢配位（G）和还原消去反应（H）生成产物醛，同时催化剂中间物在合成气气氛下再转化为起始的（A），完成催化循环。

在缔合催化循环中烯烃首先配位到络合物（A）上生成（E），这一过程可能涉及先解离一个 CO 配体，再经氢转移生成（E），然后经历类似解离机理的催化循环过程。缔合与解离机理的主要差别是在缔合催化循环中铑上从未有少于两个叔膦配体配位的状态，因此铑周围空间位阻较大，有利于直链产物生成。这已被实验结果支持。因为在催化反应中增加膦对铑的比例，可以提高生成直链醛的选择性。例如以 HRh（CO）（PPh_3）$_3$ 作为催化剂前体，在100℃、3.5MPa、$H_2/CO=1$ 条件下反应时，丙烯氢甲酰化产物中正/异构醛之比稍高于 1（即正丁醛含量稍大于50%）。如果加 10 倍过量的三苯基膦，则生成正丁醛为70%；而当以三苯基膦为反应的溶剂时，相当于约 600 倍过量的膦配体，在125℃、1.25MPa条件下，生成产物中正丁醛含量可达约94%。

降低合成气中一氧化碳分压，也可增加反应直链产物的选择性，因为高的膦配体浓度和低的一氧化碳分压均倾向于以一个以上的膦配位活性物种生成占优势：

$$HRh(CO)(PPh_3)_3 \xrightarrow[-PPh_3]{+CO} HRh(CO)_2(PPh_3)_2 \xrightarrow[-PPh_3]{+CO} \qquad (11-12)$$

$$HRh(CO)_3(PPh_3) \xrightarrow[-PPh_3]{+CO} HRh(CO)_4 \qquad (11-13)$$

虽然增加 PPh_3 的比例可以增加反应直链产物的选择性，但却降低了氢甲酰化反应速率。例如，丙烯氢甲酰化反应在 100℃、3.5MPa、PPh$_3$/Rh = 5 时，丁醛的生成速率为 13g/min；而当 PPh$_3$/Rh = 50 时，丁醛生成速率降低为 2.5g/min。因此实际使用中，通过调节 PPh$_3$/Rh 比和一氧化碳分压等在反应速率和选择性之间做合理选择是重要的。

（四）水溶性铑膦络合催化剂

利用三苯基膦磺化，合成具有水溶性的膦配体 PH$_2$P（m-C$_6$H$_4$SO$_3$Na）（简称 TPPMS），但其水溶性较差（20℃时为 80g/L），通过改进合成方法，合成了水溶性很好的 P（m-C$_6$H$_4$SO$_3$Na）$_3$（简称 TPPTS，20℃ 时，在水中溶解度为 1100g/L），TPPTS 与 [Rh（COD）Cl]$_2$（COD 为环辛二烯）形成的水溶液，呈低价铑—膦配合物所具有的黄色，对丙烯的氢甲酰化反应具有良好的催化活性和选择性。由于反应体系中存在互不相溶的有机相（反应物及产物）和水相（催化剂溶液），因而称为两相催化体系。

与均相催化相比，两相催化工艺的优点是：①水为溶剂，既安全又便宜。②有机层与水层自动分层，可简便地将产物与催化剂分离，并节约了能源。③由于避免了催化剂分离过程中催化剂因加热而发生的降解失活，因此铑的损失减少。④由于选择性的提高，原料丙烯和合成气消耗量减少。

两相催化体系与钴催化剂体系的产物分布大不相同，前者生成的正丁醛高得多，而醇和烷烃很少。与 UCC 法使用的油溶性铑—膦催化剂相比，生成的丙烷很少，其他副产物也少些。

图 11-15 对比了采用钴基催化剂、UCC 法铑催化剂和水溶性铑催化剂的两相催化体系三种氢甲酰化生产过程中丙烯的节约情况。大量丙烯和合成气的节约，加上较低的操作费用，使采用两相催化工艺生产正丁醛的成本下降，在经济上具有更强的竞争力。

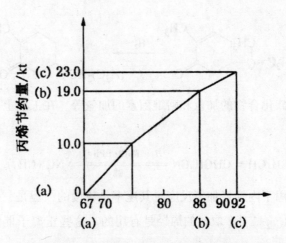

图 11-15 三种催化剂节约丙烯的对比

(a) 钴催化剂；(b) UCC 催化剂；(c) 水溶性铑催化剂

两相催化体系中丙烯氢甲酰化反应机理研究表明，在反应条件下，溶解在水溶液中的一氧化碳、氢气和丙烯与铑配合物配位，完成催化循环生成丁醛后，丁醛脱离水相进入有机相。水和有机相在静置分离器中分为两层，上层有机相分出去进行蒸馏产品，下层含催化剂的水相循环回反应器。因此很方便地实现了产物与催化剂的分离。

三、 不饱和烃加氢反应

（一） 简单烯烃的加氢反应

在空间上容易接近的 C＝C 键的加氢反应通常是在缓和条件下进行的。例如在 $25\sim100\,℃$、$0.1\sim0.3\,MPa$ 条件下，将氢、烯烃和催化剂混合在有机溶剂中所进行的反应，几乎都是清洁生产过程，很少生成副产物，产品用蒸馏或水洗技术从催化剂里分离出来。

有许多可溶性过渡金属络合物可使烯烃催化加氢，但实际上使用的加氢催化剂主要有四类：①威尔金森催化剂 $RhCl(PPh_3)_3$ 和与之密切相关的 $[Rh(二烯)(PR_3)_2]^+$ 络合物。②氯化钴和氯化锡的混合物。③负离子氰基钴催化剂。④从过渡金属盐和烷基铝化合物制备的齐格勒催化剂。

威尔金森催化剂是研究最充分的烯烃加氢的可溶性催化剂。这是一种在工业上可得到的中度稳定的化合物，它使许多烯烃在温和条件下催化加氢。端烯（如1-乙烯）可以在室温和大气压下迅速地加氢。用这种催化剂对丙烯催化加氢的反应进行得缓慢，但常常可以得到很好的结果。这种催化剂在其他容易还原的功能团（如硝基和醛基）存在的情况下选择还原 C＝C 键，它可把 H_2 或 D_2 顺式加到 C＝C 键上。它在合成上的应用可用香芹酮加氢来说明：

(11-14)

它还可应用于留族化合物的加氢和阿维菌素的加氢等。在工业上可能应用于二氰基丁烯加氢成为己二腈：

$$NCCH_2CH=CHCH_2CN \xrightleftharpoons[碱]{H_2,\ RhCl(PPh_3)_3} NC(CH_2)_4CN \qquad (11-15)$$

威尔金森催化剂用于内烯烃加氢反应时其速率是较慢的，但是，与之密切相关的催化剂 $[Rh(二烯)(PR_3)_2]^+$ 对多取代的烯烃是有用的。这些正离子催化剂用于不对称烯烃的加氢反应中。

另一种在 C＝O 存在下的 C＝C 键加氢催化剂是铂和锡的氯化物混合物。工业上可用

H_2PtCl_6 和 $SnCl_2-2H_2O$ 在甲醇中反应生成深红色的含有 $[Pt\ (SnCl_3)_5]^{3-}$ 物种的溶液。这些溶液可使简单的直链烯烃催化加氢，并已广泛地用来研究植物油加氢以除去过量的不饱和烃。这类催化剂在使用中常常加入其他配位体如膦，以改进催化活性。

对于在水中用廉价的催化剂进行的加氢反应，使用含有钴盐和过量的氰化物离子的溶液对反应是有益的。这类溶液中含有络合负离子，如 $[Co\ (CN)_5]^{3-}$ 和 $[HCo\ (CN)_5]^{3-}$。这些催化剂对彼此共轭或与 $C=O$、$C\equiv N$ 或苯基共轭的 $C=C$ 键加氢有选择性。与其他二烯烃加氢催化剂的情况相反，氰化钴对其他非共轭二烯烃，如 1，5-环辛二烯的催化加氢是较为不活泼的。

齐格勒型催化剂体系可用于不饱和聚合物加氢反应。这些催化剂体系是通过把烃类和第一列过渡金属的可溶性络合物与烷基铝化合物的烷烃溶液混合起来制备的。典型的有乙酰基丙酮钴或 2-乙基己酸钴与三乙基铝或三异丁基铝配合使用。烷基锂试剂常常成功地代替了自燃的烷基铝化合物。这些混合物是一些含有某些胶态金属的对空气敏感的深色溶液。由于这些催化剂具有高活性的烷基—金属键，所以它们可以和 OH、CO 和 $C\equiv C-H$ 这样的功能团起反应。

除这些主要类型的催化剂外，$CO_2\ (CO)_8$ 和 $[Co\ (CO)_3\ (PBu_3)]_2$ 也是有用的加氢催化剂。后一种催化剂是特别有用的，因为它比较稳定并在多烯烃加氢成单烯烃的反应中显示出良好的选择性。其他的羰基物如 $Cr\ (CO)_6$ 和 $Fe\ (CO)_5$ 也是有用的，它们不大活泼，但是当通过加热或照射活化消除羰基并产生空的配位位置时会变成有效的催化剂。键联于聚合物上的金属络合物对大规模的加氢反应可能是有用的，因为它们容易把催化剂从产物中分离出来，但是金属络合物从聚合物上脱落，造成活性组分的流失仍是有待解决的问题。

（二）　多烯烃的选择加氢反应

二烯烃和三烯烃加氢成单烯烃，当需要高选择性时，选用均相催化剂要比多相催化剂为好。一个实例是 1，5，9-环十二碳三烯加氢成环十二碳烯。这种选择加氢可把容易得到的丁二烯三聚物转化成十二碳双酸的前体和甘油内酰胺，它们是工业上生产聚酰胺的中间体。虽然多相催化剂如负载在氧化铝上的钯可以用于这种加氢反应，但是，用可溶性的催化剂可以得到较高的选择性。从非贵金属制备的两个可溶性催化剂 $[Co\ (CO)_3\ (PBu_3)]$ 和 $NiI_2\ (PPh_3)_2$ 特别值得注意，因为这些金属价廉，而且需要的环十二碳烯的收率很高。在 1，5-环辛二烯用某些相同催化剂加氢成环辛烯的反应中得到了相似的结果。

在单烯烃存在下二烯烃加氢的选择性是由于 π-烯丙基络合物的特殊稳定性而产生

的。如果不考虑 H_2 的分裂机理，则 M—H 加成到共轭二烯上可认为生成了 π - 烯丙基中间体。在含有二烯烃、单烯烃和铂—锡氯化物催化剂的加氢混合物中，可能有下列竞争反应：

$$\tag{11-16}$$

特别是当烯烃或二烯烃必须与过量的配位体，如 R_3P、CO 或 $SnCl_3^-$ 争夺配位位置时，含有 π - 烯丙基中间体的反应历程是有利的。

$Cr\,(CO)_6$ 和 $Cr\,(CO)_3$（芳烃）催化剂是对共扼二烯烃 1，4-加成的良好加氢催化剂。二烯烃以类顺式（Cisoid）构型配位，并按下列顺序发生加氢反应：

$$\tag{11-17}$$

对 1，4-加成的高选择性和加氢生成的烯烃产物为顺式构型与上述看法是一致的。有人提出以 $Cr\,(CO)_3$（芳烃）为催化剂时，芳烃配位体首先解离以空出按上述机理反应时所需要的三个配位位置。加氢反应速率随 CO 压力的增加而减小，但当 CO 配位体受到光化学消除时却增加，这些实验结果都支持这一机理。

（三）芳烃加氢反应

芳烃加氢反应的可溶性催化剂主要是以钴和钌为基础的。有一种可溶性的钴催化剂对选择合成氘化环己烷可能是有用的，因为它产生全顺式环己烷-d_6 衍生物。

1. 羰基钴体系

在烯烃氢甲酰化反应的早期研究中，人们发现在芳香族化合物存在下，芳环的加氢往往是主要的副反应。苯本身是不易加氢的，而稠环体系容易进行加氢还原。在 200℃、20.2MPa 条件下，以 $Co_2\,(CO)_8$ 作催化剂，萘由 H_2/CO 混合物还原成四氢化萘。

对于多核芳香族化合物的这种选择性，从把煤转化成液体燃料的角度来看是特别值得注意的。煤结构中的多核部分的加氢会产生可溶性的衍生物。羰基钴催化剂对此是有吸引力的，因为它不属于贵金属，而且还可以用便宜的合成气（H_2/CO）作为还原剂。

在羰基钴体系中，活性催化剂是 $HCo\,(CO)_4$ 和 $HCo\,(CO)_3$。在这种"氢化物"的反应中，包括有自由基机理。例如，蒽加氢成 9，10-二氢基衍生物的反应中，关键步骤是氢原子加成到中心环上生成共振稳定化的芳族自由基。氢从第二个 $HCo(CO)_4$ 分子上转移产生顺式和反式-9，10-二氢基蒽。所得到的接近等分子的顺式和反式混合产物与此看法是一致的。

2. 齐格勒体系

由齐格勒及其同事发现的过渡金属盐类与烷基铝化合物结合，除可用于烯烃聚合反应外，还可催化许多其他反应。从三乙基铝和钴或镍盐制备的络合物可使苯及其衍生物催化加氢。例如，在 150~190℃、约 7.6MPa 条件下，用 $Al(C_2H_5)_3$ 和二（2-乙基己酸）镍做催化剂可迅速把苯还原成环己烷。同样，二（2-乙基己酸）钴和过量的烷基铝化合物可把二甲苯还原成二甲基环己烷。顺式二甲基环己烷比反式的占优势，大约为 2:1，这与氢的顺式加成占优势是一致的。

这些催化剂对于芳烃底物混合物显示有一定的选择性。钴催化剂使苯加氢比二甲苯加氢为快。通过选择合适的反应条件，它还可以用于萘加氢生成四氢化萘或十氢化萘。

齐格勒型催化剂的性质还不太明确。$Al(C_2H_5)_3$ 与钴或镍盐反应产生深棕色或黑色溶液。在使用镍时，混合物既不是自燃的也不是顺磁的，在超离心分离时也不产生固体。好像溶液中含有通过配位到铝上而稳定的金属氢化物物种。钴络合物可能是按下列反应生成的：

$$CoX_2 \xrightarrow{Et_3Al} CoEt_2 \longrightarrow CoH_2 + C_2H_4$$

$$CoH_2 + Et_3Al \longrightarrow \underset{H}{\overset{H}{Co \cdots AlEt_3}} \tag{11-18}$$

与此类似的反应是三乙基铝与 Cp_2TaH_3 的相互作用，对此文献中已有充分说明。

在三丁基膦存在下，三乙基铝与乙酰丙酮钴（Ⅱ）反应得到相当稳定的催化剂。这种催化剂体系可使烯烃和芳烃在温和条件下共加氢。在 30℃、0.15MPa 条件下，苯乙烯和苯加氢主要生成乙基苯和环己烷。烯烃加氢要比芳烃快。虽然在反应混合物中顺磁的钴（0）可通过电子自旋共振法检测得到，但这些催化剂的功能很像下面将要讨论的烯丙基钴催化剂。

3. 烯丙基钴催化剂

在芳烃加氢反应中发现一些可以在温和条件下起作用的可溶性催化剂。例如，π 烯丙基钴络合物 $Co(C_3H_5)[P(OMe)_3]_3$ 在室温和大气压下使苯加氢成环己烷。加氢反应速率较慢，但是有很高的立体选择性。当 O_2 做还原剂时，生成全反式环己烷-d_6，收率超过95%。同样，萘和蒽给出高收率的顺式全氢化衍生物。与 $HCo(CO)_4$ 和齐格勒体系相反，

　　苯用烯丙基金属络合催化剂加氢要比蒽更加迅速。用烷基苯，反应速率按下列顺序降低：苯>甲苯>1，3，5-三甲基苯>1，2，4，5-四甲基苯。

　　这种催化剂的主要缺点是加氢反应速率低和催化剂的寿命有限。用 Co（C_3H_5）［P（OR）$_3$］$_3$络合物可以得到较高的反应速率（其中 R 是乙基或异丙基）。显然，体积较大的高级烷基亚磷酸酯加速配位体解离，为环烯或烯烃络合提供配位位置。不幸的是配体的不稳定性会加速催化剂的分解。在氢存在下，异丙基亚磷酸酯络合物的寿命很短。分解可能包括烯丙基—钴键断裂产生具有很低催化活性的氢化物：

$$Co(C_3H_5)L_3 + H_2 \rightarrow H_2C = CHCH_3 + HCoL_3 \qquad (11-19)$$

　　在这个反应中，烯丙基配体对催化活性影响较大。它的独特性质是它可占据金属上一个或两个配位位置：

$$(11-20)$$

　　在双配位基形式的络合物中，配体占满钴的配位位置并使络合物稳定。在单配位基形式的络合物中，它为芳烃或氢的配位空出一个轨道。

　　4. 钌络合物

　　金属钌作为苯加氢的催化剂已经引起很大注意。这种催化剂的特征是除生成环己烷外，还倾向生成环己烯。当在氢氧化钠存在下使用时，钌负载在氧化镁上的催化剂把大约50%的苯转化成环己烯。这个结果是特别有意义的，因为人们可以把环己烯干净地氧化成尼龙的前体己二酸。

　　研究发现可溶性的钌络合物在温和条件下使苯催化加氢。双六甲苯基钌（0）络合物在90℃、0.2~0.3MPa 条件下迅速地使苯加氢。这个反应类似于用金属钌的催化，在此反应中生成了相当量的环己烯（从二甲苯生成40%~55%的二甲基环己烯）。第二种催化剂，Ru（C_6Me_6）（H）（Cl）（PPh$_3$）也含有六甲基苯配位体，它使苯在50℃、5.0MPa 条件下催化加氢只生成环己烷。

　　双六甲苯基钌催化剂与前面讨论过的烯丙基钴催化剂有所不同，但可能由相似机理控制。它的不同之处在于以环己烯作为主要产物和当 D_2 是还原剂时，产生大量的 H/D 交换。当二甲苯用 O_2 处理时，氘出现在未还原的二甲苯的甲基上。

　　有趣的是在双六甲苯基钌（0）络合物中，一个配位体是对称络合的（η^6），而另外一个配位体仅仅是通过两个 C=C 键（η^4）配位的。如图 11-16 中的结构（A）所示，后者是折叠的，致使未配位的芳烃碳弯曲离开金属原子。未配位的碳生成 C=C 键，具有正常的键长 0.133nm。有人认为，在溶液中这种结构与 π - 苄基氢化络合物（B）处于平衡，该络合物催化芳烃加氢机理与烯丙基钴络合物催化芳烃加氢机理类似。

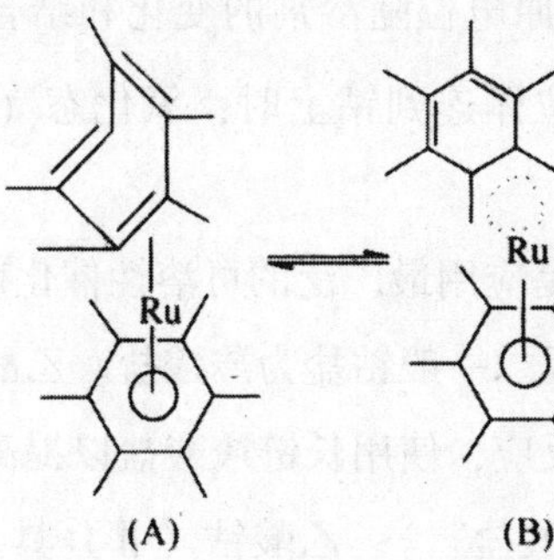

图 11-16　η^4 芳烃络合物和 η^3 苄基氢化物之间的平衡

四、 烃类氧化反应

均相催化最大规模的应用是用分子氧氧化烃类。金属络合物在许多氧化过程中的主要作用是催化分解氢过氧化物。金属以这种方式增加所需产物并促进自由基物种的产生以引发烃和氧之间的自由基链反应。这两种效应基本上控制了整个氧化过程的收率和速率。

下面将以环己烷的氧化来说明氧与金属络合物以及氧与烃类的一般反应规律，以及这两种化学反应之间的联系。

（一）氧与金属络合物的反应

与许多其他简单的双原子分子（如 N_2 和 F_2）相反，双氧（O_2）是顺磁性的。它在基态有两个未成对的电子。最高填充的分子轨道是能量相等的一对 η^* 轨道，所以这两个能量最高的电子没有可能成对自旋。因此，双氧可以当作二价基。

把 O_2 表述为二价基在理解氧的化学中是非常有用的。它的大多数反应按单电子步骤进行：

$$O_2 + e^- \rightleftharpoons O_2^- \xrightarrow{e^-} O_2^{2-} \qquad (11-21)$$

事实上，几乎所有本节讨论的反应都是通过单电子转移过程进行的。最有效的起催化作用的金属离子具有两种与电子转移相关的稳定氧化态。最重要的金属离子有钴、锰和铜，它们容易进行下列氧化还原反应：

$$Co^{3+} + e^- \rightleftharpoons Co^{2+} \quad E_0 = 1.8 \qquad (11-22)$$

$$Mn^{3+} + e^- \rightleftharpoons Mn^{2+} \quad E_0 = 1.5 \qquad (11-23)$$

$$Cu^{2+} + e^- \rightleftharpoons Cu^+ \quad E_0 = 0.17 \qquad (11-24)$$

这三种金属的氧化还原性质是非常不同的。正如用氧化还原电位所表示的那样，铜

（I）离子在水溶液中容易被 O_2（$E_0 \approx 1.2$）氧化，而钴（Ⅱ）盐和锰（Ⅱ）盐在同样的条件下不被 O_2 氧化。但是，氧化还原电位随溶剂的变化和结合到金属离子上的配位体的变化而变化。当 6 个 NH_3 或 CN^- 配位体连到钴上时，氧化态（3+）的钴要比氧化态（2+）的钴变得更稳定。

钴（Ⅱ）盐在烃氧化反应中是应用最广泛的可溶性催化剂。但是，它们常常与锰、铜或铬盐一起用于一些工业生产过程。一般钴盐为羧酸盐。乙酸钴（Ⅱ）常在乙酸溶液中用作催化剂。为了在烃溶剂中发生反应，使用长链羧酸盐以提高溶解度。常见的两种盐类是环烷酸盐和 2-乙基己酸盐（"八酸盐"）。乙酸钴（Ⅱ）具有 4 到 6 个氧原子排布在金属原子周围的复杂结构。

当某些含氮的螯合配位体存在时，钴（Ⅱ）盐与 O_2 反应生成不稳定的 O_2 络合物。通常所说的钴 "Salen"（图 11-17）在固态下可形成相当稳定的 O_2 络合物，但是 O_2 络合物加热时可逆转。在这种络合物中，配位体排布在钴周围基本上呈正方平面结构。当 O_2 配位时，它在八面体结构中占据轴向位置。O_2 的络合，就像在正铁血红素络合物中那样是由胺配位到其轴向位置上来协助完成的。

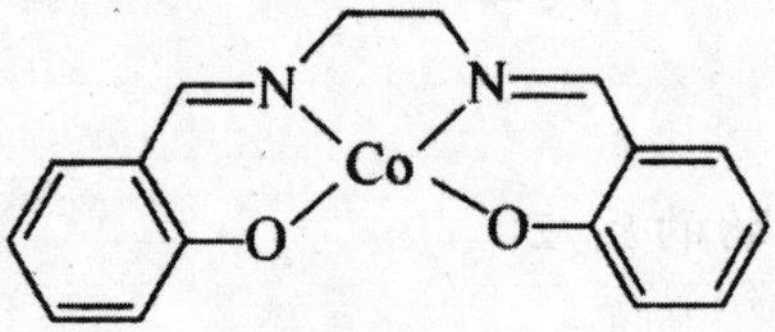

（A）

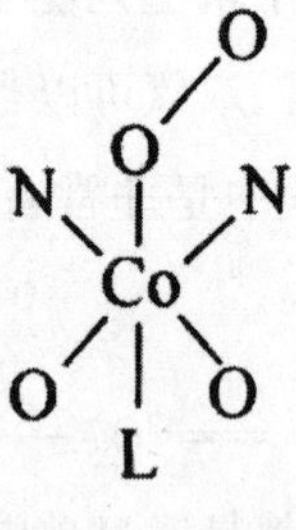

（B）

图 11-17　钴 Salen 的螯合物结构（A）和（B）O_2 络合物中配体在金属周围的排布

O_2 络合物的生成通常包括部分电子从金属转移到 O_2 配位体上。换句话说，钴被部分氧化：

$$Co^{2+} + O_2 \rightleftharpoons Co^{3+} + O_2^- \tag{11-25}$$

这种部分氧化由氮作为电子供体配位来补偿被 O_2 拉走的电子使之变得更容易。用作烃类氧化催化剂的羧酸钴络合物与水中的双氧察觉不到有反应，而在伯胺溶液中却容易生

成 O_2 络合物。有利于 $\cdot O-O \cdot$ 分子相互作用的电子因素也有利于烃氧化时形成 $R-O-O \cdot$ 基的反应。

烷基氢过氧化物与钴离子的两种催化反应特别重要。一种反应是钴（Ⅱ）通过形成络合物而氧化，在这个络合物中，氢过氧化物成为钴离子上的配位体：

$$Co^{II} + ROOH \rightarrow [Co(HOOR)] \rightarrow Co^{III}OH + RO \cdot \qquad (11-26)$$

络合以后，电子从钴转移到氧上。削弱 $O-O$ 键便于打开络合物并生成活泼的烷氧基。另一种反应是还原钴（Ⅲ），随之形成比较稳定的烷基过氧自由基：

$$Co^{3+} + ROOH \rightarrow Co^{2+} + ROO \cdot + H^- \qquad (11-27)$$

这些反应的氧化电位好像是相等的，因此这两个过程在溶液中同时发生。6 钴在两种氧化态之间快速往复使 ROOH 催化断裂成引发烃氧化的自由基，这些自由基又给出氧化的产物。

当 $ROO \cdot$ 和 ROOH 配位到钴（Ⅱ）上时，其中的 $O-O$ 键减弱，这与用分子氧所看到的效应类似。电子加到 O_2 分子上增加反键（π^*）轨道并削弱 $O-O$ 键。这种效应反映在 $O-O$ 键长及其解离能变化两方面都是明显的：

$$O_2 \xrightarrow{e^-} O_2^- \xrightarrow{e^-} O_2^{2-} \qquad (11-28)$$

键能（kJ/mol）

$$494、368、193$$

键长（nm）

$$0.121、0.126、0.149$$

可以预料 $ROO \cdot$ 的键长和键能都相当于 O_2^-。氧与钴（Ⅱ）络合，随着电子从钴转移到 $O-O$ 区域的反键分子轨道上，削弱了 $O-O$ 键强度。$ROO \cdot$ 配位到钴上可能类似示于图 11-17 中 O_2 的"端基"配位。在这方面，它类似 O_2 配位到正铁血红素衍生物中的铁上。

（二）氧与烃类的反应

大多数脂肪烃与氧反应是特别慢的，除非存在着自由基引发剂。烷烃氧化的主要产物是氢过氧化物 ROOH，它可能是通过 $O-O$ 分裂产生自由基的一个来源。因此，用 O_2 来氧化烷烃是自动催化的，但是诱导期特别长。为加速氧化反应，可以加入引发剂，如过氧化苯甲酰。此外，金属离子如钴（Ⅱ）可以用来催化分解 ROOH 并加速正常的自动氧化过程。后一种方法在实际上更为适用，它是许多工业过程的基础。

攻击脂肪烃 $C-H$ 键的自由基在氧化过程中与氧反应。攻击的试剂 $X \cdot$ 取得氢生成新自由基：

$$R-H+X\cdot \rightleftharpoons R\cdot +HX \qquad (11-29)$$

这种提取氢的过程对于像 $Cl_3C\cdot$ 和 $ROO\cdot$ 这样的自由基试剂是相当有选择性的，这些试剂在溶液中是中度稳定并有较长寿命。用这些低能自由基，首先是叔 C–H 键受到攻击，其次是仲 C–H 键，最后才是伯 C–H 键受到攻击。烯丙基和苄基的 C–H 键是特别容易受到攻击的。活泼的自由基，如 $RO\cdot$ 在从碳上提取氢的反应中，特别是在高温下几乎是无选择性的。

烷基自由基一旦生成，容易与氧结合产生烷基过氧自由基：

$$R\cdot +O-O\rightarrow R-O-O \qquad (11-30)$$

这个过程产生一种能够取得脂肪烃的氢的物种，从而可引发烃的循环氧化。这种循环效应在图 11-18 中通过环己烷的氧化来说明。环己烷是一个适宜的例子，因为它的所有 C–H 键都是等价的。在直链烷烃氧化反应中，在伯和仲 C–H 键之中的选择变得重要了。

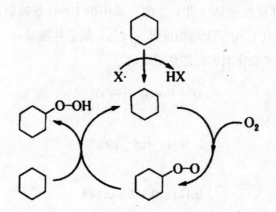

图 11-18　环己烷氧化成环己基氢过氧化物的循环

自由基 $X\cdot$ 对环己烷的攻击通过提取一个氢原子来引发氧化过程，以这种方式生成的环己基自由基与 O_2 结合生成环己基过氧自由基。当后者遇到环己烷分子时，它从环己烷的 C–H 键里提取氢。H 从 C 转移到 O 上生成的主要产物是环己基氢过氧化物，并且再生成一个环己基自由基来引发另一个反应循环。

这种氧化的主要产物，环己基氢过氧化物仅有中度稳定性。这类溶液在低温下可以长期贮存，当在 100℃ 以上加热时，很快分解。氢过氧化物的浓缩溶液是有潜在危险的爆炸物，因此，很少将这种氢过氧化物分离出来。通常氧化大都在金属离子存在下进行，过氧化物形成就被金属离子催化分解。这种操作方法可以消除不受控制的过氧化物分解产生的隐患，并提供了自由基的来源以继续反应循环。

烷基氢过氧化物的分解可以沿着许多不同的包括 O–O、O–H、C–C 和 C–H 键断裂的方式来进行。有些是用金属离子催化的，有些是简单的自由基链过程，还有一些是由金属离子引发的自由基链传递。这些反应的相对速率是由存在的金属离子的性质来决定的。由于 ROOH 的反应各种各样，因此氧化产物往往是比较复杂的。由于环己烷氧化比较简单并已深入研究过，因此首先对环己烷氧化成己二酸的两个阶段进行讨论。

（三）环己烷的氧化反应

一般工业上可以用空气与可溶性钴（Ⅱ）盐的环己烷溶液在 140～165℃，1. 01 MPa 条件下连续氧化，产物在反应器中的滞留时间控制在大约有 10% 的环己烷转化，以保证其选择性。

$$(11-31)$$

液相反应混合物连续不断地放出并干燥，环己烷被再循环回到氧化反应器中。为了把环己醇和环己酮转化成己二酸或己内酰胺，还需要在另一套氧化装置中进一步氧化，如式（11-31）中第二步反应。若把环己烷的转化率限制在 6%～9%，醇和酮的总收率为 60%～70%。若加入硼酸以稳定生成的环己醇，则在 10%～20% 转化率下，可以得到较高的收率。但是，为了分离出硼酸循环使用，需要外加投资并增加操作成本。

氧化过程的催化剂是可溶性羧酸钴（Ⅱ）（如环烷酸钴或 2-乙基己酸钴）。除钴外，其他的金属离子如锰（Ⅱ）或铬（Ⅲ）的络合物常常被用来控制产品分布。这些金属离子在环己烷转化成环己基氢过氧化物反应中一般都没有直接的作用，因为这种氧化是简单的自由基链过程，但是，这些离子在氢过氧化物转化成环己醇和环己酮的反应中具有控制作用。另外，因为金属催化的氢过氧化物反应可以提供必要的自由基以引发并保持图 11-18 的循环，所以金属离子的浓度对总的反应速率有一定的控制作用。但是当金属离子的浓度高时，它们会变成自由基链过程的抑制剂。

（四）环己醇和环己酮的氧化反应

虽然从环己烷氧化得到的环己醇和环己酮混合物通过钴催化的空气氧化可以转化成己二酸，可是目前工业上一般用硝酸做氧化剂。但即使使用硝酸，空气仍是主要的氧化剂，因为反应的副产物氧化氮可再循环使用：

$$(11-32)$$

把环己醇和环己酮的混合物在 70~80℃下不断地输送到硝酸铜和钒酸铵的 45%~50% 硝酸溶液中，在几分钟内氧化反应即可完成，然后把气体产物（主要是氧化氮）再循环到硝酸合成装置中。含有有机产物的热酸性溶液冷却后结晶出所要的己二酸，其收率一般超过 90%。

硝酸氧化的化学过程是非常复杂的。在用痕量硝酸引发的非催化反应中，几乎所有的环己醇被氧化成环己酮。环己酮通过两种主要途径生成己二酸（图 11-19）。这两种途径都是环己酮首先转化成它的 2-亚硝基衍生物 1。亚硝基酮 1 通过非催化途径或钒催化过程生成己二酸。1 与硝酸反应得到硝基衍生物 2，它水解成"硝肟酸" 3 并生成己二酸。在催化过程中，1 互变得到一种肟 4，它水解成 1，2-环己二酮 5。这个二酮用 2 个 VO_2^+ 离子按化学式计量氧化生成己二酸。钒（Ⅳ）的副产物容易被硝酸再氧化。因此，这是个用钒催化的途径。

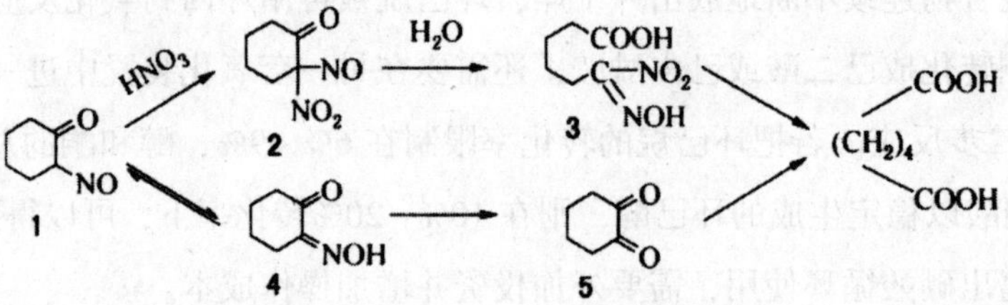

图 11-19 环己酮在硝酸中氧化成己二酸

（五）芳烃侧链氧化反应

甲苯类的氧化在某些方面类似烷烃类和环烷烃类的氧化，而且一般更加容易。苄基的 C—H 键对自由基的攻击要比烷基的 C—H 键更敏感，甚至中度活泼的自由基，如溴原子就能够直接攻击苄基的 C—H 键，然后通过引发复杂的反应系列把甲基转化成羧基功能团：

$$ArCH_3 \rightarrow ArCH_2OOH \rightarrow ArCH_2OH + ArCHO \rightarrow ArC(O)OOH \rightarrow ArCOOH$$

虽然甲苯类容易氧化，但不同原料结构上的差异对所需的反应条件影响很大。一般来说，芳环上带有推电子基团会使芳环电子密度增加，从而使甲基容易氧化，例如甲基萘和对甲氧基甲苯要比甲苯更容易氧化。甲苯和二甲苯最初对氧化的敏感性方面是差不多的，但是，一旦二甲苯的一个甲基被氧化，另一个甲基由于羧基的吸电子效应而失活，使第二个甲基氧化变得困难。因此，对二甲苯的氧化往往逐步发生：

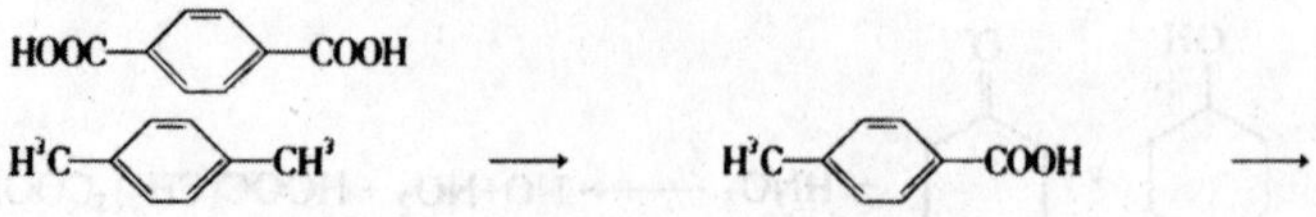

(11-33)

第二步反应比之第一步反应需要较苛刻的条件。

1. 甲苯的氧化反应

甲苯氧化与许多二甲苯的氧化过程不同之处是它不加溶剂。一般用 2-乙基己酸钴（Ⅱ）的甲苯溶液在 19℃、1.0MPa 条件下与空气反应，液体反应混合物以甲苯计转化率达 40%~65% 时排出，甲苯通过蒸馏或结晶从粗苯甲酸中分离出来再循环使用。苯甲酸经再蒸馏或重结晶纯化后的收率约是 80%。

2. 二甲苯的氧化反应

现已有多种过程可把对二甲苯氧化成对苯二甲酸或对苯二甲酸二甲酯。反应中一般用空气做氧化剂，钴盐和锰盐做催化剂。这里介绍两个主要的过程。一是 Amoco 化学公司工业化的 Mid-Century 过程，它通过对二甲苯的一步氧化生产对苯二甲酸；二是 Dynamit Nobel 过程，它是采用不加溶剂的多级反应方法得到对苯二甲酸二甲酯。

Mid-Century/Amoco 过程可以用来氧化间二甲苯和对二甲苯。一般用钴（Ⅱ）、锰（Ⅱ）的乙酸盐和溴化物的混合物做催化剂，在乙酸中进行氧化。在卤素中催化活性特别好的是溴化物。乙酸溶剂可把中间体和副产物保持在溶液中，对苯二甲酸实际上不溶于乙酸和其他有机溶剂中。

专利曾描述了一个工艺过程，即在大约 225℃、1.5MPa 条件下，以空气做氧化剂，乙酸钴、乙酸锰和溴化钠的混合物做催化剂，在乙酸中氧化对二甲苯。在反应器中滞留的 90min 时间内，大部分二甲苯被转化成对苯二甲酸。从乙酸溶液中分离出粗对苯二甲酸，乙酸重新循环使用。产品纯度约为 99.6%。

Dynamit Nobel 过程是以一系列的氧化和酯化为基础的：

$$(11-34)$$

虽然这个过程就化学意义来说要比 Mid-Century/Amoco 过程复杂，但是在工程方面可能是比较简单的，因为反应混合物的腐蚀性较弱。有趣的是这种氧化/酯化过程利用容易氧化的二甲苯来促进比较难氧化的对甲苯甲酸衍生物的氧化。纯对二甲苯可以在甲苯氧化的条件下氧化，但是主要产物是对甲苯甲酸。而当对甲苯甲酸与对二甲苯共氧化时，主要产物是对苯二甲酸单甲酯。显然在二甲苯氧化中生成的自由基中间体以类似于溴原子在 Mid-Century/Amoco 过程中的方式促进对对甲苯甲酸甲酯的甲基的攻击。

Dynamit Nobel 过程中，对二甲苯的氧化在 150℃、0.6MPa 条件进行，以 2-乙基己酸钴（Ⅱ）为催化剂。当空气导入二甲苯反应液后，一旦氧化开始，即加入对甲苯甲酸甲酯，有时还加入 2-乙基己酸锰（Ⅱ）做助催化剂。当氧化继续进行时，排出部分液体反应混合物，并把对甲苯甲酸和对苯二甲酸单甲酯产物在 250~280℃、2.0~2.5MPa 条件下用甲醇酯化，然后用蒸馏法将这些酯分离，对甲苯甲酸甲酯再循环回到氧化反应器。对苯二甲酸二甲酯经结晶达到生产聚合物所需要的纯度。

甲苯类的氧化很像丁烷和环己烷的氧化，在自由基链式反应过程中会生成能够与 O_2 结合的苄基自由基，它们的主要差别是甲苯类氧化中引发步骤要比脂肪烃更容易。已提出的两种引发机理如下：

第一，电子从芳烃转移到钴（Ⅲ）离子上给出芳烃自由基正离子，这种离子依次失掉质子、生成苄基自由基。这种机理对烷烃是不适用的。

第二，苄基氢可以用溴原子，R·、RO·和 ROO·自由基，甚至双氧络合物提取。这种提取反应对甲苯类要比对烷烃更容易，因为苄基自由基是比较稳定的。

甲苯氧化过程和 Dynamit Nobel 过程的第一步可能包括机理 1 所涉及的反应。机理 2 可能包括在所有甲苯类的氧化反应中，而且在 Mid-Century/Amoco 过程和 Dynamit Nobel 过程的第二步中特别重要。

甲苯和二甲苯氧化中钴盐的催化作用是首先钴（Ⅱ）离子氧化成钴（Ⅲ）离子，此过程有一个诱导期。当钴（Ⅲ）离子仅仅由氧-供体配位体，例如水或 OBT 或 RCOO+离子围绕时，它是一种强氧化剂（$E_0 = 1.82$）。钴（Ⅲ）离子通过电子转移使甲苯和二甲苯氧化成自由基正离子。正离子失掉质子产生苄基自由基。在甲苯氧化反应中，主要步骤如下：

$$\text{⬡—CH}_3 \xrightarrow{\text{Co}^{3+}} \text{⊕—CH}_3 \xrightarrow{-\text{H}^+} \text{⬡—CH}_2 \xrightarrow{\text{O}_2} \text{⬡—C(H}_2\text{)OO·} \qquad (11-35)$$

钴（Ⅲ）离子引发途径在许多氧化反应中是有效的，但是有着严格的限制。它强烈地受到钴（Ⅱ）离子的抑制，似乎是钴（Ⅱ）和钴（Ⅲ）离子生成了二聚体。这种二聚体不是很好地能够直接氧化甲苯和二甲苯的氧化剂。因此，氧化速率与钴（Ⅱ）离子的浓度成反比，这种现象使催化剂的总浓度和用钴（Ⅲ）离子引发可以达到的速率在实际上受到限制。即使在比较苛刻的条件下，钴（Ⅲ）离子在对甲苯甲酸的氧化反应中，也不是非常有效的。显然，吸电子的羧基把对甲苯甲酸的氧化电位提高到不易与钴（Ⅲ）离子发生反应的程度。

氢提取机理 2 对芳径 π 电子密度的敏感程度要比电子转移机理的差。奇电子物种，如溴原子和 R·、RO·或 ROO·自由基可从甲苯中的甲基提取氢。通过这种方式它们能够从对甲苯甲酸的甲基上除去氢。Dynamit Nobel 和 Mid-Century/Amoco 两种过程显然都利用这种方式来引发在二甲苯氧化中难以进行的第二步。

Dynamit Nobel 过程联用机理 1 和 2，如图 11-20 所示。电子转移机理 1 提供对甲苄基自由基，它与 O_2 反应生成烷基过氧自由基。这些自由基能够攻击对甲苯甲酸甲酯的对甲基，提取氢并产生新的自由基。对甲苄基氢过氧化物 1 再进一步转化成对甲基苄醇和对甲基苯甲醛。同样，新的苄基自由基 2 也能够氧化并引发新的反应循环。照此进行，它被转化成对苯二甲酸酯。

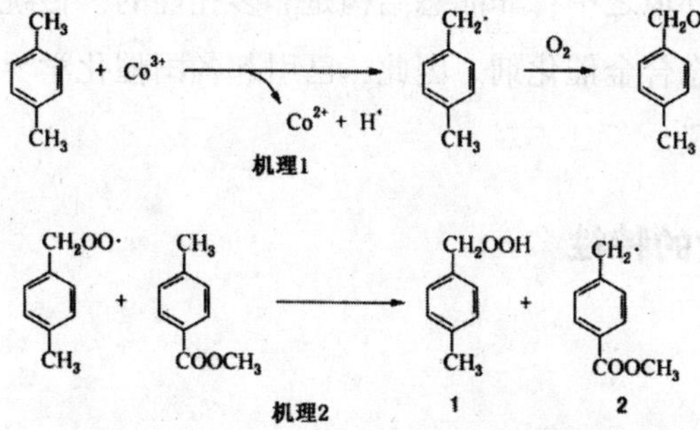

图 11-20 电子转移机理和氢提取机理在
对二甲苯和对甲苯甲酸甲酯共氧化中的联用

Mid-Century/Amoco 过程的催化剂，即锰、钴的盐和溴化物的混合物大都通过氢提取（机理 2）起作用。锰（Ⅱ）离子不是从对二甲苯提取一个电子的强氧化剂。钴和锰离子具有分解氢过氧化物产生 RO· 和 ROO· 自由基的一般功能。但是，这些离子在溴化物离子氧化成溴原子的反应中还起着另一种重要作用。它通过电子转移不断地补充溴原子，后者在从甲基提取氢原子的反应中是特别有效的。在低温下，甲基氧化的主要引发过程是用溴原子提取氢。在工业生产条件下，R·、RO· 和 ROO· 自由基可能也是重要的引发剂。

在乙酸存在的氧化反应中，另一种有意义的物种是·CH₂COOH 自由基。据研究，乙酸锰（Ⅲ）分解给出这种自由基和 Mn（OAc）₂。羧甲基自由基可以从甲苯类提取氢来引发氧化过程。但是，有两种不希望的反应即·CH₂COOH 自由基加到芳环上或与苄基自由基结合生成不需要的副产物，以及它使乙酸进一步氧化成二氧化碳和水，这使原料消耗增加，在经济上是不利的。

甲苯氧化与烷烃及环烷烃的氧化一样，是一个特别复杂的过程，这些过程的动力学描述还需要深入研究。

第五节　非静态合金催化剂

非晶态合金通常是指熔体金属经快速淬冷而得到的金属合金。它的结构独特，不同于晶态金属，其原子排列所谓短程有序、长程无序状态，类似于普通玻璃的结构，因而又称金属玻璃。从热力学上看非晶态合金属于不稳定或亚稳定状态，具有一般合金所不具备的特性，如高强度、耐腐蚀性、超导电性等优异性质。

非晶态合金用作催化剂具有很多特殊的性质，导致其优良的催化性能。它可以在很大的组成范围内改变合金的组成，从而连续控制其电子性质；催化活性中心可以单一的形式均匀地分布于化学均匀环境之中；非晶态结构是非多孔性的，传统非均相催化剂存在的扩散阻力问题不影响非晶态合金催化剂。因此，已引起各国催化学界的广泛关注，但目前大都仍处于实验室研究阶段。

一、 非晶态合金的特性

（一）短程有序

一般认为非晶合金的微观结构中，短程有序区在 1nm 范围内，即在非晶态合金中最邻近原子间距离与晶态差别很小，配位数也几乎相同。在短程有序区内原子的排列及原子间的相互作用关系（键长、键角等）与晶态合金的长程有序相似。这种短程有序结构的原子簇性对催化作用具有重要意义。

（二）长程无序

随着原子间距离的增加，原子间的相关性迅速减弱，超过若干原子间距离时原子间便不再显示出相关性，其相互关系接近于完全无序的状态，即非晶态是一种没有三维空间原子排列周期性的材料。因此，从结晶学观点看，非晶态合金不存在通常晶态合金中所存在的晶界、位错和偏析等缺陷。从这一点上看，非晶态合金是很均匀的；但另一方面，由于非晶态合金不存在长程有序的结构，又可以认为其结构是极端的缺陷。

（三）非晶态合金的长程无序、短程有序结构

非晶态合金使其表面自由能较晶态合金的高，因而处于热力学不稳定或亚稳定状态。在适当条件下，非晶态结构可以完成晶化过程而变成晶态结构。

总之，非晶态合金中原子排列长程无序、短程有序使其成为具有均匀结构和高度缺陷的矛盾统一体。因此，非晶态合金显示出一系列非同寻常的物理化学性质，预示了它在催化作用方面可能会具有某些不同的特性。

二、 非晶态合金的制备

一般情况下，熔融的合金冷却到特定的温度后，开始结晶并伴随体系自由能的降低及热量的释放，形成原子有序排列的晶体结构。但若用特殊方法使冷却速率足够快（$>10^6$

K/s），某些合金便有可能快速越过结晶温度而迅速凝结，形成非晶态结构。除冷却速率外，影响合金形成非晶态结构的因素还很多，如合金效应、尺寸效应和构型熵等。

（一）非晶态合金制备方法

1. 由气相直接凝聚成非晶态合金

如真空蒸发、溅射和化学气相沉积等。蒸发和溅射可以达到很高的冷却速率（$>10^8$ K/s），许多用液体急冷法无法实现非晶化的材料（如纯金属、半导体等）可以采用这两种方法。但在这些方法中，非晶态材料的生长速率很低，一般只能用来制备薄膜。

2. 结晶体通过辐射、离子注入和冲击波等方法制备成非晶态材料

用离子注入的方法，由于注入离子有一定射程而只能得到一薄层非晶态材料；用激光或电子束辐射晶体合金表面，可使表层局部熔化，并以 $4 \times 10^4 \sim 5 \times 10^6$ K/s 的速率冷却，得到约 400pm 厚的非晶态合金层。

3. 由液态合金经快速淬冷制备非晶态材料

这是目前制备非晶态合金的主要方法。液体急冷的方法很多，但基本原理都相似。将晶体合金放在一石英管中，在惰性气体保护下用高频感应电炉使合金熔融，控制入口惰性气体压力，将合金液体由石英管下端小孔挤出并喷射到高速转动的金属辊上。合金液体接触到金属辊时迅速冷却，由于离心作用而被从切线方向甩出，从而形成非晶态合金带。若将熔融液体直接连续流入冷却介质中（蒸馏水或食盐水等）可以制成非晶态合金丝。此外，若用超声气流将熔融合金液体吹成小滴而雾化，可以制成非晶态合金粉末。利用非晶态合金粉末的活性可以制成催化剂或储氢材料。由于液体急冷法制成的非晶态薄带的厚度与宽度均较小，限制了在工程上的应用。

4. 固态反应法

利用熔体骤冷法固然可以制备较大尺寸的非晶态合金，然而凝固技术形成非晶态材料在很大程度上受到热量传输和异质晶核排除的限制，而且非晶态合金形成的区间有限。为克服这些缺点，最近人们采用固态反应法成功地制得一系列非晶态合金，主要包括以下三种方法。

（1）机械合金化

机械合金化是将 40μm 大小的纯金属粉末按所要求的比例均匀混合，装入圆柱钢筒，在氩气保护下用 φ10mm 的高能碳化钨球或钢球进行碾磨，可制得非晶粉末。

（2）机械碾磨法（MG）

此法是将金属间化合物粉末进行碾磨。这种方法制备的非晶合金是粉末状，比表面积较大，适宜直接作为催化剂使用。

（3）机械变形法（MD）

此法是先制备多晶体试样，再对试样进行反复机械变形（如挤压、拉伸等），最后在高真空中等温退火。这种方法不仅可以制备非晶薄带或细丝，还可以获得具有三维大尺寸的非晶态合金。

（二）负载型非晶态合金催化剂制备方法

由骤冷法制备的非晶态合金由于其比表面积小和热稳定性差，因此工业化应用的可能性不大。采用化学还原法可制备超细粒子的非晶态合金，虽然可有效提高催化活性和选择性，但由于其热稳定性差，催化剂成本高且与产物分离困难，工业化应用难度大。为此开发负载型非晶态合金催化剂，不仅降低了催化剂成本，而且大大改善了催化性能（特别是热稳定性），为非晶态合金催化剂的工业化应用提供了一条有效途径。

1. 负载型 M-P 非晶态合金催化剂

将载体在含金属盐和 NaH_2PO_2 的镀液中进行化学镀，可制备 Ni-P、Co-P、Ni-Co-P、Ru-P、Ni-W-P 及 Ni-Pd-P 等二元和三元甚至多元负载型非晶态合金催化剂。

2. 负载型 M-B 非晶态合金催化剂

将载体用金属盐溶液浸渍，然后滴加硼氢化钾溶液还原，可制备 Ni-B、Co-B、Fe-B、Ru-B、Pd-B、Ni-M-B（M、Ni、Co、Mo、W、Fe、Ru、Cu、Pd）等二元和三元甚至多元负载型非晶态合金催化剂。

三、　镍基非晶态合金加氢催化剂与磁稳定床反应器研究开发

（一）实验室研究

初步探索研究，认识到非晶态合金作为实用催化剂必须解决热稳定性差和比表面积小的难题。通过向非晶态合金中加入少量原子半径大的组元，使非晶态合金的晶化温度提高160℃，达到520℃；在含镍非晶态合金中加入铝形成镍铝非晶态合金，然后以碱溶解抽提出铝，使比表面积达到100m²/g以上。在5L反应器中，证实非晶态合金加氢催化剂（SR-NA）在各种不饱和官能团加氢反应中的活性是骨架镍催化剂加氢活性的0.5~3倍。

（二）中试研究

非晶态合金制造成品率低、生产成本高，制备过程中副产的偏铝酸钠污染环境，是非晶态合金催化剂工业放大生产所必须解决的难题。为此建立了30t/a非晶态合金生产示范装置，主要解决熔融态合金堵塞喷嘴并与坩埚反应降低产品收率，以及偏铝酸钠综合利用

等难题。经过反复摸索，设计了特殊的喷嘴和选用适宜的坩埚材质，使非晶态合金生产的成品率由 20% 左右提高到 93% 以上。开发出独特的后处理和活化技术，通过提高非晶度来进一步增加其催化加氢活性。利用副产的偏铝酸钠，合成 NaY 分子筛，形成了整体的清洁生产过程。

（三）应用研究和工业应用

在 100L 反应器中，考察了 SRNA-2 加氢催化剂在制备几种药物中间体中的反应性能，并与骨架镍催化剂进行对比，证明 SRNA 催化剂的加氢活性是骨架镍催化剂的 1~3 倍，可以减少催化剂消耗量 30%~70%。

四、非晶态合金催化剂与磁稳定床反应器

镍系非晶态合金催化剂具有磁性，同时在较低温度下具有良好的加氢性能，正好满足埃克森公司作为导向性基础研究而开展多年的新型磁稳定流化床对固体催化剂的要求。磁稳定床是磁场流化床的特殊形式，它是在轴向、不随时间变化的空间均匀磁场下形成的、只有微弱运动的稳定床层。通过对气—固系统磁稳定床的研究，人们发现磁稳定床兼有固定床和流化床的许多优点。它可以像流化床那样使用小颗粒固体而不至于造成过高的压力降，外加磁场的作用有效地控制了相间返混，均匀的空隙度又使床层内部不易出现沟流；细小颗粒的可流动性使得装卸固体非常便利；使用磁稳定床不仅可以避免流化床操作中经常出现的固体颗粒流失现象，也可以避免固定床中可能出现的局部热点；同时磁稳定床可以在较宽范围内稳定操作，还可以破碎气泡改善相间传质。总之，磁稳定床是不同领域知识（磁体流动力学与反应工程）结合形成新思想的典范，是一种新型的、具有创造性的床层形式。然而，由于磁稳定床要求有空间均匀的磁场，流化颗粒具有良好的磁性，同时系统必须在较低温度下操作，因此，虽经过多年努力，但磁稳定床反应器还未在化学工业和石油加工领域实现工业化。为了结合磁稳定床和非晶态合金催化剂的优点，首先在小型冷模装置中，以铁粉为固相研究了液固和气液固三相磁稳定床的流动特性和操作规律，得到了有利于相间传质的操作状态和稳定操作区间。结果表明，由细铁粉形成的液固和气液固三相磁稳定床可以在流速较宽的范围内稳定操作。该磁稳定床有三种操作状态：散粒状态、链式状态和磁聚状态，其中对反应有利的状态是链式状态。进一步开展了提高非晶态合金催化剂磁性的研究。制备出了铁磁性好、低温加氢活性高、热稳定性好的 SRNA 催化剂，这种催化剂在较低的外加磁场作用下便可形成磁稳定床。

参考文献

[1]朱洪法,张贺,常泽军.催化剂手册[M].北京:石油工业出版社,2020.

[2]刘志锋,吴湘锋,王惠作.几类典型光催化材料的结构与性能[M].北京:中国石化出版社,2020.

[3]胡文斌,舒绪刚,罗斌.纳米技术制备有机硅新材料及其应用[M].北京:科学出版社,2020.

[4]宁平,李凯,宋辛.生物质活性炭催化剂的制备及脱硫应用[M].北京:冶金工业出版社,2019.

[5]韩勇,张继光.催化剂制备过程技术[M].北京:中国石化出版社,2019.

[6]朱刚强.碘氧化泌光催化剂的制备及其应用[M].北京:中国石化出版社,2019.

[7]黄丽容,陈宇航,金宗哲.光子—离子协合催化材料活化油节能减废研究[M].北京:冶金工业出版社,2019.

[8]查正根.有机化学实验[M].合肥:中国科学技术大学出版社,2019.

[9]覃小红,张弘楠,吴德群.微纳米纺织品与检测[M].上海:东华大学出版社,2019.

[10]陈润锋.有机化学与光电材料实验教程[M].南京:东南大学出版社,2019.

[11]邹建新,周兰花,彭富昌.钒钛功能材料[M].北京:冶金工业出版社,2019.

[12]姚其正.药物合成反应[M].北京:中国医药科技出版社,2019.

[13]刘建华.镁铝尖晶石的合成、烧结和应用[M].北京:冶金工业出版社,2019.

[14]李东光.絮凝剂配方与制备[M].北京:化学工业出版社,2019.

[15]史显磊.腈纶纤维负载催化技术[M].北京:化学工业出版社,2019.

[16]宋虹玉,吴永忠,徐丙根.高分子助剂与催化剂[M].北京:中国石化出版社,2019.

[17]侯晨涛.新型钛基复合催化剂开发及其应用[M].北京:地质出版社,2019.

[18]李爱东.先进材料合成与制备技术第2版[M].北京:科学出版社,2019.

[19]李红艳.生物质活性炭制备及性能研究[M].北京:化学工业出版社,2019.

[20]刘建周,褚睿智,苗真勇,王月伦.工业催化工程[M].徐州:中国矿业大学出版社有限责

任公司.2018.

[21]张丽芳,张双全.化工专业实验[M].徐州:中国矿业大学出版社,2018.

[22]陈优生.有机合成[M].南昌:江西科学技术出版社,2018.

[23]郑春满,李宇杰,王珲.高等合成化学方法与实践[M].北京:国防工业出版社,2018.

[24]郑玉婴.锰基低温脱硝催化剂[M].北京:科学出版社,2018.

[25]邓友全,石峰.绿色催化[M].北京:科学出版社,2018.

[26]刘仲毅.增塑剂绿色催化技术[M].北京:科学出版社,2018.

[27]辛勤,罗孟飞,徐杰.现代催化研究方法新编[M].北京:科学出版社,2018.

[28]唐爱东.新型复合催化材料的制备与应用[M].北京:化学工业出版社,2018.

[29]王延吉,李志会,王淑芳.本质安全催化工程[M].北京:化学工业出版社,2018.

[30]余家国.新型太阳燃料光催化材料[M].武汉:武汉理工大学出版社,2018.

[31]孙承林,卫皇曌,徐爱华.催化湿式氧化技术原理及工程应用[M].北京:科学出版社,2018.

[32]孙世刚.纳米材料前沿电催化纳米材料[M].北京:化学工业出版社,2018.

[33]郝一男,丁立军,王喜明.文冠果制备生物柴油技术[M].北京:科学出版社,2018.

[34]毛宗强,毛志明,余皓.制氢工艺与技术[M].北京:化学工业出版社,2018.

[35]薛俊峰.金属聚合物复合材料制备和应用[M].北京:化学工业出版社,2018.

[36]林鹿.乙酰丙酸化学与技术[M].北京:科学出版社,2018.

[37]蔡颖,许剑轶,胡锋.储氢技术与材料[M].北京:化学工业出版社,2018.